BEITRÄGE ZUM AUSLÄNDISCHEN UND INTERNATIONALEN PRIVATRECHT

HERAUSGEGEBEN VOM
MAX-PLANCK-INSTITUT FÜR AUSLÄNDISCHES UND INTERNATIONALES PRIVATRECHT

Direktor: Professor Dr. Hans Dölle

28

1960

WALTER DE GRUYTER & CO.
BERLIN

J. C. B. MOHR (PAUL SIEBECK)
TÜBINGEN

DIE BEHANDLUNG VON TREUGUT IM KONKURSE DES TREUHÄNDERS

Rechtsvergleichende Studie zur Grenzbereinigung zwischen Schuld- und Treuhandverhältnis

von

DIETER ASSFALG

Karlsruhe

1960

WALTER DE GRUYTER & CO.
BERLIN

J. C. B. MOHR (PAUL SIEBECK)
TÜBINGEN

J. C. B. Mohr (Paul Siebeck) Tübingen 1960

Printed in Germany
Satz und Druck: Buchdruckerei Eugen Göbel, Tübingen
Einband: Großbuchbinderei Heinr. Koch, Tübingen

INHALT

ABKÜRZUNGEN

A. A.	Anderer Ansicht
BBl.	(Schweizerisches) Bundesblatt
BGB	Bürgerliches Gesetzbuch
BGE	Entscheidungen des Schweizerischen Bundesgerichts (Amtliche Sammlung)
c.	chapter
C. c.	Code civil
C. com.	Code de commerce
D.	Dalloz
D. P.	Dalloz, Recueil périodique et critique mensuel
Erw.	Erwägung
HGB	Handelsgesetzbuch
HRR	Höchstrichterliche Rechtsprechung
Jher. Jahrb.	Jherings Jahrbücher für die Dogmatik des bürgerlichen Rechts
JW	Juristische Wochenschrift
KO	Konkursordnung
N.	Fußnote
N. F.	Neue Folge
OR	(Schweizerisches) Obligationenrecht
Pand. franc.	Pandectes françaises
RabelsZ	Zeitschrift für ausländisches und internationales Privatrecht, begründet von Ernst Rabel
RGR-Komm.	Das Bürgerliche Gesetzbuch mit besonderer Berücksichtigung der Rechtsprechung des Reichsgerichts und des Bundesgerichtshofs, Kommentar, hrsg. von Reichsgerichtsräten und Bundesrichtern
RGZ	Entscheidungen des Reichsgerichts in Zivilsachen (Amtliche Sammlung)
R. O.	Reputed Ownership
Rvgl. HWB	Rechtsvergleichendes Handwörterbuch
S.	Seite
SchKG	(Schweizerisches) Bundesgesetz über Schuldbetreibung und Konkurs
sec(s).	section(s)
StGB	Strafgesetzbuch
subs.	subsection
Warn. E	Warneyers Jahrbuch der Entscheidungen auf dem Gebiete des Zivil-, Handels- und Privatrechts
ZGB	(Schweizerisches) Zivilgesetzbuch
ZPO	Zivilprozeßordnung

ABGEKÜRZT ZITIERTES SCHRIFTTUM

Baudry-Lacantinerie/Wahl	Baudry-Lacantinerie, G., Wahl, Albert, Traité théorique et pratique de droit civil XXIV: Des contrats aléatoires, du mandat, du cautionnement, de la transaction, 3. éd. Paris 1907.
Dalloz	Dalloz, Codes Annotés, Nouveau Code de Commerce IV, Paris 1939.
Eckstein	Eckstein, Felix, Das englische Konkursrecht (Beiträge zum ausländischen und internationalen Privatrecht 12), Berlin-Leipzig 1935.
Gautschi	Gautschi, Georg, Auftrag und Geschäftsführung in der Schweiz, Zürich 1953.
Gerstle	Gerstle, Leo, Das reine Treuhandgeschäft im schweizerischen Privatrecht, Diss. Bern 1917.
Godefroi	Godefroi, On the Law of Trusts and Trustees, 5th ed. by Harold Greville Hanbury, London 1927.
Gubler	Gubler, Friedrich T., Besteht in der Schweiz ein Bedürfnis nach Einführung des Instituts der angelsächsischen Treuhand (trust)? Zeitschrift für Schweizerisches Recht N. F. 73 (1954) 215a–476a.
Jäger, KO	Jäger, Ernst, Kommentar zur Konkursordnung und den Einführungsgesetzen, 6./7. Aufl. Berlin-Leipzig I 1931, II 1936.
Jäger, SchKG	Jäger, C., Das Bundesgesetz betreffend Schuldbetreibung und Konkurs II, 3. Aufl. Zürich 1911.
Keeton	Keeton, George W., The Law of Trusts, 5th ed. London 1950.
Lerebours-Pigeonnière	Lerebours-Pigeonnière, Paul, Du Prête-nom Mandataire ou Gérant d'Affaires agissant en nom propre, Thèse Caen 1898.
Lewin	Lewin's Practical Treatise on the Law of Trusts, 15th ed. by Ronald Cozens-Hardy Horne, London 1950.
Lyon-Caen/Renault	Lyon-Caen, Ch., & Renault, L., Manuel de Droit commercial, 14e éd. Paris 1924.
Poncet	Poncet, André, Du Prête-nom, Étude théorique et pratique, Paris 1901.
Radke	Radke, Werner, Das Unmittelbarkeitsproblem bei der fiduziarischen Treuhand, Diss. Köln 1933.
Rudolph	Rudolph, Horst, Reputed Ownership (Leipziger rechtswissenschaftliche Studien 74), Leipzig 1932.
Siebert	Siebert, Wolfgang, Das rechtsgeschäftliche Treuhandverhältnis (Arbeiten zum Handels-, Gewerbe- und Landwirtschaftsrecht 68), Marburg 1933.

UNDERHILL — Underhill's Law Relating to Trusts & Trustees, 10th ed. by C. Montgomery White and M. M. Wells, London 1950.

WILLIAMS — Williams' Law and Practice in Bankruptcy, 16th ed. by V. R. Aronson and Muir Hunter, London 1949.

ZIMMERMANN — Zimmermann, Hellmuth O., Die sachenrechtlichen Beziehungen in der rechtsgeschäftlich begründeten Treuhand nach englisch-amerikanischem Rechte (Leipziger rechtswissenschaftliche Studien 51), Leipzig 1930.

Einleitung

Die rechtliche Ausgestaltung und die systematische Erfassung des Treuhandverhältnisses bieten für das deutsche Recht erhebliche Schwierigkeiten. Bei den zahlreichen Versuchen, für dieses Rechtsinstitut eine klare, den Bedürfnissen der Gerechtigkeit entsprechende und doch gleichzeitig das erforderliche Maß an Sicherheit für den Rechtsverkehr gewährleistende Regelung zu finden, lag der Schwerpunkt naturgemäß auf der Frage, in welcher Weise das Interesse des sogenannten Treugebers am Treugut angesichts der umfassenden Rechtsmacht des Treuhänders im Verhältnis zu Dritten zu schützen sei, also auf der Frage der *Rechtszuständigkeit*[1] am Treugut.

Neben den hier nicht interessierenden Fällen einer unerlaubten Handlung können die Interessen des Treugebers durch dritte Personen einmal in der Weise beeinträchtigt werden, daß diese durch Rechtsgeschäft mit dem Treuhänder das Treugut erwerben (oder sich ein beschränktes dingliches Recht daran einräumen lassen). Die andere Möglichkeit einer Beeinträchtigung durch Dritte besteht darin, daß die Gläubiger des Treuhänders im Wege der Einzelzwangsvollstreckung gegen diesen oder in dessen Konkurs das Treugut als Objekt zur Befriedigung wegen ihrer Forderungen in Anspruch nehmen. Die fühlbarste Beeinträchtigung würde der Treugeber im Falle des Konkurses seines Treuhänders erleiden, da er Gefahr liefe, das Treugut praktisch ersatzlos zu verlieren.

Die deutsche Rechtsordnung gewährt deshalb dem Treugeber die Befugnis, das Treugut im Konkurse des Treuhänders auszusondern. Über die rechtliche Begründung dieses *Aussonderungsrechtes* herrschen jedoch große Meinungsverschiedenheiten. Ferner setzt die Rechtsprechung mit überwiegender Zustimmung im Schrifttum der Treugutaussonderung nach zwei Seiten hin Grenzen, deren Vertretbarkeit gelegentlich angezweifelt wurde: Sie stellte den *Unmittelbarkeitsgrundsatz* auf und läßt damit

---

[1] Die Bezeichnung wird in diesem Sinne auch von SIEBERT 91 und GUBLER 227a gebraucht.

die Treugutaussonderung nur zu, wo Gegenstände aus dem Vermögen des Treugebers unmittelbar dem späteren Gemeinschuldner zu treuen Händen übertragen werden. Sie betrachtet weiter Gegenstände, die der Treuhänder mit Mitteln des Treugutes oder sonstwie als Ersatz für dasselbe erworben hat, grundsätzlich nicht als Treugut und versagt dem Treugeber hieran das Aussonderungsrecht (sogenanntes *Surrogationsverbot*).

Die vorliegende Arbeit[2] stellt einen Versuch dar, mit Hilfe der rechtsvergleichenden Methode eine brauchbare rechtliche Begründung für die Treugutaussonderung zu gewinnen und den Unmittelbarkeitsgrundsatz sowie das Surrogationsverbot auf ihre Berechtigung zu überprüfen.

[2] Abgeschlossen 1956.

1. Kapitel

Englisches Recht

A. DER BEGRIFF TREUGUT (trust property)

Einer Darstellung der rechtlichen Behandlung von Treugut im Konkurse des Treuhänders in ausländischen Rechtsordnungen muß die Klärung des Begriffes Treugut vorangehen. Da dieser Begriff in den verschiedenen Rechtsordnungen einen verschiedenen Inhalt und Umfang aufweist, kann zunächst nur folgende logische Definition gegeben werden: Treugut ist der Inbegriff der einem Treuhandverhältnis unterliegenden Gegenstände. Die Bestimmung des Begriffes Treugut setzt mithin eine Bestimmung des Begriffes Treuhandverhältnis voraus, die weder inhaltlich noch dem Umfange nach vor einer Überprüfung der einzelnen Rechtsordnungen in allgemeingültiger Weise erfolgen kann.

Um sich den Blick für fremdrechtliche Treuhandverhältnisse nicht von vornherein einzuengen, darf man sich nicht an deren Bezeichnung halten. Andererseits bedarf es der Festlegung eines Kriteriums dafür, welche Rechtsverhältnisse in den verschiedenen Ländern überhaupt als Treuhandverhältnisse in Betracht kommen. Dabei geht man richtigerweise von der typischen Funktion und der grundlegenden rechtlichen Struktur des Treuhandverhältnisses deutscher Prägung aus. Sie werden darin gesehen, daß jemandem, der am Genuß der wirtschaftlichen Vorteile von Vermögensgegenständen interessiert ist, welche zur Verwaltung in eigentümergleicher oder ähnlich umfassender Rechtszuständigkeit einer anderen Person anvertraut sind, ein irgendwie gearteter Rechtsschutz verliehen wird.

Rechtsverhältnisse, die diesen Anforderungen nicht genügen, scheiden als Treuhandverhältnisse aus und bleiben im Folgenden unberücksichtigt. Es erscheint jedoch zweckmäßig, darüber hinaus – zumindest in den Länderberichten – grundsätzlich auch solche Rechtsverhältnisse, die zwar an sich die genannten Voraussetzungen erfüllen, in dem jeweiligen Lande aber nicht nur der Bezeichnung, sondern auch dem Wesen nach aus irgendwelchen Gründen von keiner Seite als Treuhandverhältnisse angesehen werden, von der Darstellung auszuschließen.

Inwieweit dann auf Grund der aus rechtsvergleichender Perspektive gewonnenen Erkenntnisse über den wirklichen Umfang des Treuhandverhältnisses dieser Begriff auch auf derartige Rechtsverhältnisse auszudehnen ist und um welche Rechtsverhältnisse es sich dabei im einzelnen handelt, kann erst nach Untersuchung des Treuhandbegriffes in den einzelnen Rechtsordnungen erörtert werden. Im Verlaufe dieser Einzeluntersuchungen wird jeweils auch die Frage nach Funktion und Befugnissen des Treuhänders sowie der Begriff des Treuguts nach Inhalt, gegenständlicher Beschaffenheit und Umfang geklärt werden – dieses letzte Problem insbesondere unter dem Gesichtspunkt, ob und inwiefern eine Ersetzung von Treugut stattfindet.

I. Der Inhalt des Begriffes Treugut

1. Die Rechtszuständigkeit am Treugut

Die Betrachtung des Wesens des englischen Treuhandverhältnisses muß und kann sich hier auf den Gesichtspunkt der Rechtszuständigkeit am Treugut, d. h. der Verteilung und Natur der sich auf das Treugut beziehenden Rechte, beschränken. Hierfür kommen beim trust drei Personen mit verschiedenartiger Funktion in Betracht: der Begründer oder Errichter der Treuhand (settlor), der Treuhänder (trustee) als die mit der Verwaltung des Treugutes betraute Person und der Begünstigte der Treuhand (cestui que trust oder beneficiary). Es ist zu beachten, daß der Begründer zugleich Begünstigter, aber auch Treuhänder sein kann. Ferner ist es möglich, ja sogar häufig, daß in einem trust mehrere Treuhänder oder Begünstigte vorkommen. In der Funktion eines Begünstigten kann auch eine unbestimmte Mehrheit von Personen erscheinen, nämlich beim sogenannten „charitable trust". Der settlor als solcher spielt für den trust, sofern er sich nicht ausdrücklich eine Einmischung in die Verwaltung des Treugutes vorbehalten hat, nach vollständiger und mängelfreier Errichtung der Treuhand keine Rolle mehr. Seine Person ist für den einmal entstandenen trust unwesentlich. Sein Wille ist normalerweise in der Treuhandurkunde (trust instrument) niedergelegt, und allein an diese hat sich der trustee bei der Verwaltung des Treugutes zu halten. Daneben greifen ergänzend Rechtssätze und Gerichtsbeschlüsse ein, die sich nicht etwa auf Verbote beschränken, sondern gestaltend für eine sachgemäße Verwaltung des Treugutes sorgen. Der settlor kann den trustee nicht zur Erfüllung seiner Pflichten anhalten; ebensowenig kann er den trust widerrufen[1]. Der trustee ist nur dem cestui que trust verantwortlich. Eine vertragliche Bindung des trustee ist daher für den trust nicht begriffsnotwendig. Für die Verteilung der Rechtszuständigkeit kommen demnach nur der trustee und der cestui que trust in Betracht.

a) Die Rechtszuständigkeit des trustee. – Der trustee ist regelmäßig Inhaber des vollen Rechtes (Eigentümer einer Sache, Gläubiger einer Forderung) nach common law. Er ist Inhaber des „legal title" am Treugut. Seine Rechtsstellung ist nur durch die Normen des strengen und formalen Rechtes (common law) anerkannt und geschützt, nicht dagegen durch den neben dem common law bestehenden Normenkreis des Billigkeitsrechtes (equity). Neben dem legal title (oder auch legal estate) kann er aber auch einzelne Rechte am Treugut innehaben, die vom Billigkeitsrecht geschützt sind, sogenannte „equitable interests", z. B. ein Pfandrecht oder Zurückbehaltungsrecht (charge, lien). Da aber, wie weiter unten noch gezeigt werden wird, nicht nur legal rights, sondern auch equitable interests Gegenstand eines trust sein können, kommt es zuweilen vor, daß ein trustee Träger von equitable interests an einem Gegenstande als Treuhänder für einen anderen ist, ohne den legal title an diesem Gegenstande zu besitzen[2]. Es kann z. B. der Begünstigte eines bereits bestehenden trust sein equitable interest auf einen anderen in trust für einen Dritten übertragen. Doch handelt es sich hierbei um Ausnahmeerscheinungen[3].

b) Die Rechtszuständigkeit des cestui que trust. – Der cestui que trust oder beneficiary ist die Person, zu deren Gunsten der trust besteht. Zu seinem Vorteil hat der trustee das Treugut zu verwalten. Wie bereits erwähnt, kann Treugut in einzelnen Beziehungen auch dem Interesse des trustee dienen. Das Recht des cestui que trust am Treugut wird equitable interest, equitable estate oder beneficial interest genannt. Inhaltlich gewährt dieses Recht den wirtschaftlichen Genuß des Treugutes entweder ganz oder in bestimmter Hinsicht. Diese Rechtsstellung des cestui que

---

[1] *Re Cozens, Green* v. *Brisley,* [1913] 2 Ch. 478.

[2] KEETON 3; ZIMMERMANN 29; BRUNNER, Wesen und Bedeutung der englisch-amerikanischen Treuhand (Trust): Abhandlungen zum schweizerischen Recht N. F. 62 (Bern 1931) 20, 34.

[3] UNDERHILL 7: „A legal estate or interest ... is that proprietary interest which has been acquired with all the formalities which are required by the common or statute law for conferring perfect ownership, or which has devolved by legal descent or devolution. A trustee usually, but not necessarily or always, has the legal ownership of trust property."

trust ist nur von den equity-Normen, also vom Billigkeitsrecht anerkannt und geschützt.

Common law und equity waren von jeher zwei selbständige, voneinander unabhängig entwickelte Normenkreise. Der geschichtliche Ursprung der equity liegt in der Befugnis des königlichen Kanzlers (Chancellor), in eigener Rechtsprechung Härten, die bei der Anwendung des starren common law auftraten, durch Berücksichtigung von Billigkeitsgesichtspunkten zu lindern. Später wurden noch weitere Rechtsprechungskörper geschaffen, die Billigkeitsgesichtspunkte anerkannten, so daß bis zum Jahre 1873 nicht nur eine innere Zweiteilung des Rechtes bestand, sondern auch für die Anwendung der beiden Normenkreise verschiedene Gerichte zuständig waren (Common Law Courts und Courts of Chancery oder Equity). Erst der Judicature Act, 1873, brachte eine Fusion der Gerichte, und es wird seither von allen englischen Gerichten sowohl common law als auch equity angewandt. Wo common law und equity im Widerspruch zueinander stehen, hat das Billigkeitsrecht den Vorrang [4].

Hinsichtlich der *Befugnisse des Begünstigten* gegenüber Dritten stellt sich damit die Frage, wieweit das Billigkeitsrecht in der Gewährung des Schutzes des von ihm anerkannten equitable estate geht. Zu Beginn der equity-Rechtsprechung war der cestui que trust (damals cestui que use) auf einen rein persönlichen Anspruch gegen den trustee beschränkt [5]. Im Laufe der Weiterentwicklung der Billigkeitsregeln wurde die Rechtsstellung des cestui que trust immer stärker, so daß heute praktisch von einer „dinglichen" Berechtigung des Begünstigten am Treugut gesprochen werden kann. Doch muß man sich, wie unten noch auszuführen sein wird, davor hüten, das Recht des cestui que trust als „dinglich" im technischen Sinne dieses Ausdruckes zu bezeichnen.

Bei der nun folgenden Darstellung der einzelnen Befugnisse des Begünstigten bleiben die Rechte, die diesem gegen den trustee persönlich zustehen, wie das Recht auf ordnungsmäßige Verwaltung, auf Herausgabe des Treugutes bei deren Beendigung oder auf Schadensersatzansprüche, ebenso der indirekte Zwang durch Herbeiführung der Bestrafung des trustee wegen Treubruchs (breach of trust) außer Betracht. Für das Thema dieser Arbeit allein von Bedeutung sind diejenigen Befugnisse, welche dem cestui que trust in Beziehung auf das Treugut unmittelbar gegen Dritte zustehen.

---

[4] 36 & 37 Vict., c. 66, secs. 24, 25; vgl. LEWIN 13 f.

[5] HART, The Place of Trust in Jurisprudence: Law Quarterly Review 28 (1912) 290 ff. (290).

Eine Beeinträchtigung des Genusses des cestui que trust am Treugut durch Dritte kann, abgesehen von den hier nicht interessierenden Fällen einer unerlaubten Handlung (tort), insbesondere erfolgen:

(1) durch rechtsgeschäftlichen Erwerb des Treugutes vom trustee,

(2) durch Zugriff der Gläubiger des trustee auf das Treugut.

(1) Eine Veräußerung des Treugutes durch den trustee ist entweder erlaubt oder unerlaubt. Eine erlaubte Veräußerung ist voll wirksam, so daß der Erwerber stets geschützt wird. Verstößt die Veräußerung des Treugutes aber gegen den Zweck der Treuhand, liegt insbesondere ein breach of trust vor (ein Verschulden des trustee ist hierfür nicht Voraussetzung), so kann der Begünstigte vom Erwerber die Herausgabe des Treugutes an seinen derzeitigen trustee verlangen – der frühere kann inzwischen, etwa wegen Treubruchs, durch einen neuen ersetzt sein. Der Begünstigte hat hier das Recht, „to follow the trust property". Solange die Herausgabe nicht erfolgt ist, wird der Erwerber selbst als trustee, und zwar nach überwiegender Meinung als „constructive trustee", des Begünstigten angesehen, wodurch das Treugut vor einer Weiterveräußerung durch den Erwerber gleichermaßen geschützt ist.

Eine bedeutsame Ausnahme von diesem Grundsatz besteht für den Fall des gutgläubigen Erwerbes von Treugut gegen Entgelt. Der „purchaser for value without notice" wird in seinem Erwerbe voll geschützt. Voraussetzung ist einmal, daß der Erwerber volles Entgelt entrichtet hat (full value), und zum anderen, daß er gutgläubig war (without notice)[6].

Guter Glaube bedeutet in vorliegendem Zusammenhang Mangel an Kenntnis (actual, express notice) und grobfahrlässiger Unkenntnis (constructive notice). Für den gutgläubigen Erwerb beweglicher Sachen (chattels) schadet jedoch nur actual notice[7]. Die Kenntnis oder das Kennenmüssen bezieht sich auf die Tatsache des Vorliegens eines trust an dem zu erwerbenden Gegenstande, nicht etwa auf die Unvereinbarkeit der Veräußerung mit dem Zwecke des betreffenden trust, d. h. auf das Vorliegen eines „breach of legal duty"[8]. Actual notice liegt also vor, wenn der Erwerber wußte, daß an dem zu erwerbenden Gegenstande eine von dem Veräußerer verschiedene Person ein equitable interest hatte. Constructive notice wird dementsprechend angenommen, wenn der Erwerber das Bestehen eines trust auf Grund der ihm zumutbaren Ermittlungen

---

[6] Lewin 722: „... if a bona fide purchaser [for full value] have not notice, either expressly or constructively, he then merits the full protection of the Court, and his title, even in equity, cannot be impeached ...".

[7] Keeton 366. [8] Lewin 726.

hätte erkennen müssen [9]. Man kann constructive notice in diesem Zusammenhang ohne Bedenken mit grobfahrlässiger Unkenntnis übersetzen [10]. Der Erwerber von Treugut handelt auf eigene Gefahr, wenn er trotz Kenntnis oder grobfahrlässiger Unkenntnis des Bestehens eines trust erwirbt. Besteht zur Zeit seines Erwerbs ein beneficial interest eines Begünstigten am Treugut und widerspricht die Veräußerung dem Zwecke des trust, so hat der Begünstigte das Recht „to follow the trust property". UNDERHILL [11] drückt sich folgendermaßen aus: „A person who has notice of a trust is bound to see that it is discharged; and he will be liable if he accepts a forged discharge, however careful he may have been." Maßgebender Zeitpunkt für das Vorliegen der Gutgläubigkeit ist die Übertragung (transaction) des Gegenstandes auf den Erwerber [12]. Dieser Grundsatz hat allerdings seine Grenze dort, wo der Inhaber des equitable interest selbst bei dem sich erkundigenden Erwerber den Eindruck hervorruft, er habe kein Benefiziarrecht mehr an dem betreffenden Gegenstande, etwa, er sei wegen seines nach equity bestehenden Pfandrechtes am Treugut bereits befriedigt. Dies kommt in *Jared* v. *Clements* [13] deutlich zum Ausdruck: „... In order to get a good title, it is for him to see that the outstanding interest is got in or destroyed, unless indeed the owner of the interest has been guilty of some conduct which renders it inequitable or improper on his part to set up his outstanding interest against the purchaser." Es handelt sich hier um ein „venire contra factum proprium", wodurch sich der cestui que trust des ihm vom equity-Recht gewährten Schutzes begibt, weil die Anerkennung eines Rechtes „to follow trust property" in einem solchen Falle unbillig wäre. Auf die Angaben des trustee, er sei zur Veräußerung des Treugutes befugt, darf sich aber niemand verlassen. Ein Fall der actual notice liegt also immer auch dann vor, wenn der Erwerber, selbst schuldlos, annimmt, die Veräußerung erfolge zu Recht, jedoch weiß, daß der zu erwerbende Gegenstand Treugut ist.

Erfolgte dagegen die Veräußerung des Treugutes durch den trustee unentgeltlich, so wird der Erwerber nicht geschützt, und zwar ohne Rücksicht auf guten Glauben. Man ist der Auffassung, daß der cestui que trust

---

[9] In sec. 199 (I) des Law of Property Act, 1925 (15 & 16 Geo. 5, c. 20), ist gesagt: „an instrument, fact, or thing which would have come to the party's knowledge, or to the knowledge of his counsel, solicitor or agent as such, ... if such inquiries or inspections had been made as ought reasonably to have been made by them." Vgl. UNDERHILL 587.

[10] GUBLER 314a nimmt m. E. zu Unrecht an, der gute Glaube beziehe sich auf die Nichtbegehung eines Treubruchs durch den trustee; anders allerdings wieder a.a.O. 371a.

[11] UNDERHILL 581.

[12] UNDERHILL 585.

[13] [1903] 1 Ch. 428.

von einem „volunteer" oder „purchaser without value" die Herausgabe des Treugutes verlangen kann [14].

Ist das Treugut in den Händen eines Erwerbers umgesetzt worden, so hat der cestui que trust auf das Surrogat denselben Anspruch wie auf das ursprüngliche Treugut, und auch bezüglich des Surrogates wird der Erwerber constructive trustee für den cestui que trust. Da das Surrogationsprinzip auch in anderen Fällen gilt und von ganz allgemeiner Bedeutung ist, wird hierüber unten [14a] näher berichtet werden.

Bisher wurden nur Fälle erörtert, in denen der trustee auch den legal title am Treugut auf Dritte überträgt. Wenn aber Gegenstand der Veräußerung nur das equitable (oder beneficial) interest am Treugut ist, so kommt es auf den guten oder bösen Glauben des Erwerbers nicht an, vielmehr ist eine unerlaubte Übertragung des beneficial interest an Dritte grundsätzlich unwirksam. Nach dem Grundsatz „prior tempore potior iure" bleibt der ursprüngliche Inhaber des beneficial interest in seiner Rechtsstellung als Treuhandbegünstigter [15]. Nur ausnahmsweise verliert der cestui que trust sein equitable interest an den Dritten, nämlich dann, wenn seine Rechtsstellung infolge Kollusion mit dem trustee zum Nachteil des Dritten oder infolge eines sonstigen grob nachlässigen Verhaltens nach Billigkeitsrecht nicht mehr schutzwürdig erscheint [16].

(2) An dieser Stelle bedarf auch die Behandlung von Treugut in der *Einzelzwangsvollstreckung* gegen den Treuhänder einer kurzen Prüfung, um ein vollständiges Bild vom Ausbau der Rechtszuständigkeit des cestui que trust zu erhalten und damit die sehr umstrittene Natur dieser Rechtszuständigkeit besser erfassen zu können.

Das Treugut haftet für Verbindlichkeiten des trustee nicht, und zwar auch nicht für Verbindlichkeiten, die der trustee als solcher für den trust eingegangen ist, unbeschadet des ihm zustehenden Rückgriffsrechtes auf das Treugut (right of indemnity). Daher können die Gläubiger des trustee

---

[14] Lewin 721. [14a] S. 51 ff.

[15] Underhill 590: „Where, however, the third party has only acquired an equitable interest, the question of notice is, as a rule, immaterial, for he has not got the legal estate, and therefore his equity being no stronger than that of the beneficiaries, the maxim ‚qui prior in tempore, potior in iure est' applies." Lewin 727: „So a trustee who has the legal estate cannot, without a transfer of the legal estate, create an equity, in breach of his duty; as if a trustee holding a mortgage were wrongfully to deposit the deeds by way of security, the depositee could not hold the deeds as against the cestuis que trust, for the transaction conferred no equitable interest upon him." Ähnlich Godefroi 586, 589. *Newton* v. *Newton* (1868), L.R. 6 Eq. 135, L. R. 4 Ch. 143; *Cave* v. *Cave* (1880), 15 Ch. D. 639.

[16] *Lloyd Bank* v. *Jones* (1885), 29 Ch. D. 221. Godefroi 586, 589.

Treugut nicht pfänden lassen. Im Judgment Act, 1838 [17], ist vorgesehen, daß Kapitalien oder Gesellschaftsanteile (stock or shares of or in any public company in England), die entweder in jemandes eigenem Rechte stehen (in his own right) und auf dessen Namen lauten, oder die auf den Namen irgendeiner anderen Person lauten, die sie als Treugut für den Vollstreckungsschuldner innehat, der Pfändung unterliegen („it shall be lawful ... to order that such stocks... shall stand charged..."). Diese Bestimmung hat den englischen Gerichten Anlaß gegeben, sich mit der Frage zu befassen, ob Treugut von den Gläubigern des trustee gepfändet werden kann. Es ging vor allem darum, welche Bedeutung den Worten „standing in his own right" zukommt, insbesondere, ob damit auch das bloße legal right gemeint ist. Es wurde in fast ständiger Rechtsprechung die Auffassung vertreten, daß Gegenstände, die der Schuldner als Treugut für einen anderen besitzt, also an denen er nur das legal interest innehat, dem Zugriff seiner Gläubiger nicht unterliegen. In *Cooper* v. *Griffin* [18] wird ausgeführt: „The intention of the legislature is... clearly shewn to charge that only which is the debtor's real and true property, and not to charge shares which, though they may stand in the name of the debtor, are not his real and true property." Weiter unten [19]: „... the meaning of a shareholder holding shares ‚in his own right', is that he must not only have the legal right to deal with them, but must have the beneficial ownership of them..." Ferner [20]: „... it does not follow that the creditor of the trustee can attach the trust property." Und endlich [21]: „The judgment creditor [Vollstreckungsgläubiger] finds shares in the company standing in the name of the judgment debtor [Vollstreckungsschuldner] and seeks to charge them. The judgment debtor says, ‚They are not mine, for I hold them on trust'. If they are not the debtor's property, the judgment creditor has no right to charge them." Dieselbe Auffassung findet sich in den Entscheidungen *Howard* v. *Sadler* [22] und *Pulbrook* v. *Richmond Consolidated Mining Co.* [23]. Zusammenfassend kann demnach gesagt werden, daß Treugut als Gegenstand der Einzelzwangsvollstreckung durch die Gläubiger des trustee ausscheidet.

Die Frage, ob und inwieweit Treugut im Konkurse des Treuhänders in die Konkursmasse fällt, wird als das eigentliche Thema der Arbeit in einem besonderen Abschnitt erörtert werden. Für die Untersuchung der Natur der Rechtszuständigkeit des cestui que trust am Treugut sei hier

---

17 1 & 2 Vict., c. 110, sec. 14.
18 [1892] 1 Q.B. 740 (C.A.), 743.
19 A.a.O. 745.
20 A.a.O. 751.
21 A.a.O. 752.
22 [1893] 1 Q.B. 1.
23 (1878), 9 Ch. D. 610.

vorwegnehmend gesagt, daß der cestui que trust im Konkurse des trustee Treugut grundsätzlich aussondern kann.

Die Summe der *Befugnisse des cestui que trust* zur Erhaltung seines Genusses der wirtschaftlichen Vorteile des Treugutes wird gewöhnlich als „equitable estate" bezeichnet [24]. Die den equitable estate bildenden Einzelansprüche wurden dem cestui que trust im Laufe einer jahrhundertelangen Entwicklung von der Billigkeitsrechtsprechung ohne irgendein System zugewiesen. Es hieße, das englische Recht vergewaltigen, wollte man die Rechtsstellung des cestui que trust in Kategorien römisch-rechtlichen Ursprungs einordnen. Es hat nicht an Versuchen gefehlt, das Recht des Begünstigten in das Sachenrecht einzureihen, insbesondere es als eine Art des Eigentums oder als beschränktes dingliches Recht zu qualifizieren, oder andererseits es in das Obligationenrecht zu verweisen. So bezeichnet zum Beispiel ROTH [25] das Recht des Begünstigten als ein neben dem des trustee bestehendes Eigentum. Er erklärt sich dieses doppelte Eigentum als eine Erscheinung, die auf die altgermanischen Rechte zurückgeht: „In den besitzenden Markgenossen und Lehensleuten sah das germanische Rechtsgefühl Eigentümer, dem unmittelbaren titelmäßigen Eigentumsrecht der Gesamtheit und des Oberherrn stellte es ein praktisches, historisch gefestigtes Quasi-Eigentumsrecht des Einzelnen gegenüber. Und darin, in der Ausarbeitung dieser beiden Eigentumsbegriffe sehe ich den Ursprung der Eigentümerrechte des trustee und des cestui que trust, der Rechte des legal und equitable owner." Es ist ROTH mit ZIMMERMANN [26] insofern zuzustimmen, als es sich eben um Arten und Formen des Eigentums germanischer Prägung handelt. Das germanische Eigentum kann in die Fülle der in ihm enthaltenen Befugnisse zerlegt werden. Dem römisch-rechtlichen Eigentumsbegriff ist eine solche Zerlegbarkeit fremd. Aus diesem Grunde kann die Rechtsstellung des cestui que trust für die Zwecke einer vergleichenden Betrachtung mit kontinentaleuropäischen Rechten nicht als Eigentum angesprochen werden. ZIMMERMANN [27] kommt zu dem Ergebnis, der cestui que trust habe ein beschränktes dingliches Recht am Treugut, das inhaltlich auf bestimmungsgemäßen Genuß desselben gerichtet sei. Einer solchen Annahme steht die Tatsache nicht entgegen, daß der Inhalt dieses Rechtes in jedem einzelnen trust verschieden sein kann. Das englische Recht kennt keinen

---

[24] BRUNNER (oben S. 5 N. 2) 30.

[25] ROTH, Der Trust in seinem Entwicklungsgang vom Feoffee to Uses zur amerikanischen Trust Company (Greifswald 1928).

[26] ZIMMERMANN 56. [27] ZIMMERMANN 57.

numerus clausus der Sachenrechte. Der bestimmungsgemäße Genuß erfordere aber, so fährt ZIMMERMANN fort, daß das Treugut von einem trustee verwaltet werde. Hieraus erklärt er den Anspruch gegen bösgläubige oder unentgeltliche Erwerber auf Herausgabe an den trustee. Herausgabe sei gleichbedeutend mit Rückgabe und Rückübereignung. ZIMMERMANN steht also auf dem Standpunkt, daß ein bösgläubiger oder unentgeltlicher Erwerber vom trustee zwar das Eigentum erwirbt, jedoch belastet mit dem beschränkt dinglichen, auf bestimmungsgemäßen Genuß des Treugutes gerichteten Recht, welches die sofortige Rückübereignung an den veräußernden oder an den diesem nachfolgenden trustee verlange. Damit ließe sich übrigens auch die Erscheinung erklären, daß der Erwerber bis zur Rückübertragung des Treugutes als (constructive) trustee angesehen wird, denn das scheint doch darauf hinzudeuten, daß der Dritte den legal title vom veräußernden trustee zunächst erwirbt.

Doch nicht nur kontinentale Juristen haben den Versuch unternommen, das Benefiziarrecht unter die eine oder andere Kategorie zu bringen. Auch in England hat man sich damit beschäftigt und ist auch dort zu verschiedenen Ergebnissen gelangt. Eine knappe Zusammenstellung der von englischen Juristen vertretenen Auffassungen gibt HART [28]. Die einen nennen das Benefiziarrecht ein „ius in rem", die anderen ein „ius in personam". HART kommt zu dem Ergebnis, es handle sich um ein „right in personam", obgleich es nicht nur dem Treuhänder gegenüber besteht, sondern auch gegenüber bestimmten Gruppen von Dritten. Er geht davon aus, daß ein dingliches Recht ausnahmslos gegen jedermann gerichtet sein müsse („against the world at large"), während ein persönliches Recht nicht nur gegen *eine* bestimmte Person gerichtet sein dürfe, sondern auch dann vorliege, wenn es gegen mehrere Personen geltend gemacht werden kann („a personal right is available only against particular persons"). HART schließt mit der Feststellung [29]: „... his right ought to be regarded as ius in personam, since, although it can be enforced against a great many people, it cannot be enforced against everybody." Gemeint ist hier die für den gutgläubigen, entgeltlichen Erwerber geltende Ausnahme. Für deutsches Rechtsdenken ist dies allerdings kein Beweis gegen die Dinglichkeit des Begünstigtenrechtes, denn es wird niemand an der Dinglichkeit des Eigentumsrechtes deshalb zweifeln, weil ein gutgläubiger Erwerb des Eigentums vom Nichtberechtigten zugelassen ist. SALMOND sieht dagegen

[28] HART (oben S. 6 N. 5) 290 ff.
[29] HART a.a.O. 297.

das Begünstigtenrecht als „ius in rem" an [30]. Zu seiner Ansicht ist dasselbe zu sagen wie zu derjenigen ROTHS. Ein doppeltes Eigentum läßt sich nur im Sinne einer Zerlegung der in ihm enthaltenen Befugnisse denken und paßt nicht in die Kategorien römisch-rechtlicher Herkunft.

Schon HART [31] hat in diesem Zusammenhang bemerkt: „Cardinal Newman is credited with the saying that most of the disputes of this world turn on the meaning of words ...". Es hat in der Tat jede der verschiedenen Ansichten über die Rechtsnatur des Benefiziarrechtes ihre Richtigkeit, denn jede gründet sich auf einen anderen Sinn der zugrunde gelegten Begriffe „Eigentum", „dingliches Recht", „obligatorisches Recht". Sieht man den Begriff „Dinglichkeit" nur als eine Zusammenfassung einzelner, bereits festliegender Befugnisse gegenüber Dritten bezüglich eines Gegenstandes an, so dürfte diese Bezeichnung dem Wesen des Benefiziarrechtes am nächsten kommen. Doch eine solche Benennung ist praktisch von geringem Werte, da sich hieraus keinerlei Rückschlüsse ziehen lassen. Sobald die Bezeichnung „dinglich" in ihrem technischen Sinne, d. h. in

---

[30] SALMOND, Jurisprudence² (London 1907) 230 ff., zitiert bei HART (oben S. 6 N. 5) 292. SALMOND erklärt, ein trust sei ein bedeutsames und merkwürdiges Beispiel doppelten Eigentums und fährt fort: „Trust property is that which is owned by two persons at the same time, the relations between the two owners being such that one of them is under an obligation to use his ownership for the benefit of the other. The former is called the trustee, and his ownership ist trust-ownership; the latter is called the beneficiary, and his is beneficial ownership. The trustee is destitute of any right of beneficial enjoyment of the trust property. His ownership, therefore, is a matter of form rather than of substance, and nominal rather than real. If we have regard to the essence of the matter rather than to the form of it, a trustee is not an owner at all, but a mere agent upon whom the law has conferred the power and imposed the duty of administering the property of another person. In legal theory, however, he is not a mere agent but an owner. He is the person to whom the property of someone else is fictitiously attributed by the law, to the intent that the rights and powers thus vested in a nominal owner shall be used by him on behalf of the real owner. As between trustee and beneficiary the law recognizes the truth of the matter; as between these two the property belongs to the latter and not to the former. But as between the trustee and third persons the fiction prevails. The trustee is clothed with the rights of his beneficiary and is so enabled to personate or represent him in dealings with the world at large ... A trust is to be distinguished from two other relations which resemble it. It is to be distinguished in the first place from a mere contractual obligation to deal with one's property on behalf of some one else. A trust is more than an obligation to use one's property for the benefit of another; it is an obligation to use it for the benefit of another in whom it is already concurrently vested. The beneficiary has more than a mere personal right against his trustee to the performance of the obligations of the trust. He is himself an owner of the trust property. That which the trustee owns, the beneficiary owns also. If the latter owned nothing save the personal obligation between the trustee and himself there would be no trust at all."

[31] HART (oben S. 6 N. 5) 295.

dem Sinne verwendet wird, daß aus der Tatsache, daß ein Recht dinglich ist, diese oder jene einzelnen Befugnisse abgeleitet werden, die dem Wesen der Dinglichkeit eben entsprechen, wird die Bezeichnung sehr gefährlich, ja geradezu falsch, weil derartige Folgerungen aus der Charakterisierung des Benefiziarrechtes englischem Rechtsdenken völlig fern liegen. Deswegen spielt diese Frage in der englischen Literatur auch eine sehr untergeordnete Rolle. Die Befugnisse des Begünstigten sind nicht die Folge oder der Ausfluß einer dinglichen Natur des Benefiziarrechtes. Nicht weil der cestui que trust einen equitable estate hat, stehen ihm die und die Ansprüche zu, sondern weil er Begünstigter eines trust ist, hat er die und die einzelnen, bestimmt umschriebenen Befugnisse [32]. Es gibt kein einheitliches Recht des Begünstigten, sondern nur eine Anzahl systematisch voneinander unabhängiger Einzelbefugnisse des cestui que trust, deren Summe einem dinglichen Recht vergleichbar ist. BRUNNER [33] drückt diesen Gedanken sehr plastisch aus: „Kein englisches Gericht wird diesen Schutz gegenüber einer Person, gegen die es bisher keinen Schutz gewährt hat, aus dem Grunde ausdehnen, weil es sich um ein dingliches Recht handle, das gegenüber jedermann sollte durchgesetzt werden können." Auch SIEBERT [34] wehrt sich gegen die Bezeichnung der Rechtszuständigkeit des Begünstigten als „dingliches Recht", wenn er sagt: „Daher liegt die Sache m. E. so, daß um der Billigkeit willen die an sich obligatorische Zweckbeschränkung aus dem Treuhandverhältnis mit erhöhten Wirkungen ausgestattet wird. Deshalb braucht man aber noch nicht eine dingliche Natur der Zweckbeschränkung zu konstruieren, genauso wenig, wie man bei uns den obligatorischen Anspruch aus der fiducia trotz seiner erhöhten ‚dinglichen' Wirkungen in der Zwangsvollstreckung für einen dinglichen Anspruch erklärt ...". SIEBERT fährt weiter unten [35] fort, das Recht des Begünstigten lasse sich am ehesten mit dem landrechtlichen „ius ad rem" [36] vergleichen. Doch ist auch diese Bezeichnung (SIEBERT spricht selber nur von einem „Vergleich") lediglich von beschränkter Brauchbarkeit, da sich auch hieraus keine Befugnisse ableiten lassen, die etwa nicht oder noch nicht anerkannt werden. Die Befugnisse des Treuhandbegünstigten wurden empirisch geschaffen und nicht deduktiv gewonnen, und sie werden es weiterhin, solange in England das Fallrecht (case law) vorherrscht.

---

[32] BRUNNER (oben S. 5 N. 2) 30 f.
[33] BRUNNER a.a.O. 31.
[34] SIEBERT 91 ff. (96).
[35] SIEBERT 97.
[36] Vgl. ALR I, 10 §§ 18 ff., 25; I, 19 §§ 5, 6.

2. Gegenständliche Beschaffenheit des Treugutes

Nach Klärung der Frage, wem das Treugut rechtlich zugeordnet ist und in welcher Weise, ist weiter zu prüfen, was zum Gegenstand eines Treuhandverhältnisses gemacht werden kann.

a) Der Grundsatz der Bestimmtheit des Treuguts. – Vorauszuschicken ist, daß es sich immer um ganz bestimmte oder doch bestimmbare Gegenstände handeln muß. Ein unbestimmter Vermögenswert kann nicht Gegenstand eines Treuhandverhältnisses sein. Auf diesem Grundsatz der „Spezialität" fußen sämtliche Entscheidungen, bei denen es um die Frage ging, ob nur ein bestimmter Vermögensgegenstand oder ob auch ein beliebiger Vermögenswert, der weder bestimmt noch bestimmbar ist, Gegenstand einer treuhänderischen Gebundenheit sein kann [37]. Diese Frage tauchte naturgemäß am häufigsten in Fällen auf, in denen jemand ein Aussonderungsrecht auf Grund eines (behaupteten) Treuhandverhältnisses geltend machte. So führt auch ECKSTEIN [38] das Spezialitätsprinzip im Zusammenhang mit der Darstellung der Treugutaussonderung als einen spezifisch konkursrechtlichen Grundsatz an. Dieses Erfordernis der Bestimmtheit wird tatsächlich fast nur im Konkurse praktisch, abgesehen von den Fällen der Übertragung des gesamten Vermögens; denn wenn das (vermeintliche oder behauptete) Treugut nicht bestimmt ist, wird kaum jemand auf den Gedanken kommen, der Veräußerung von irgendwelchen Gegenständen durch eine Person, die er als seinen Treuhänder ansieht, oder einer Pfändung solcher Gegenstände in dessen Vermögen zu widersprechen. Solange der Gegenstand eines Treuhandverhältnisses nicht bestimmt ist, kann vernünftigerweise auch nicht gesagt werden, daß gerade dieser oder jener das Treugut darstelle. Wenn dagegen das Konkursverfahren gegen den (angeblichen) trustee eröffnet wird, also eine Verwertung und Verteilung des gesamten Vermögens desselben bevorsteht, so steht im allgemeinen doch fest, daß sich der, wenn auch unbestimmte, Gegenstand in der Masse befinden muß. Ob, wieweit und in welcher Form in diesen Fällen eine Sonderbehandlung solcher Interessen erfolgt, d. h. ob und in welchen Fällen trotz Unbestimmtheit des fraglichen Gegenstandes ein trust angenommen wird, ist weiter unten zu erörtern.

---

[37] Z. B. *Re Diggles, Gregory* v. *Edmondson* (1888), 39 Ch. D. 253: „... uncertainty of the property and object are reasons for not construing the will as creating a trust ...".

[38] ECKSTEIN 168.

b) Die einzelnen Gegenstände. – Treugut kann grundsätzlich jeder veräußerliche Gegenstand sein. In Betracht kommen hauptsächlich bewegliche und unbewegliche Sachen, gleichgültig ob sie im Inland oder im Ausland belegen sind, Forderungen und sonstige Rechte, auch Anwartschaften. Es ist ferner gleichgültig, ob die Rechte nach common law oder nur nach equity anerkannt werden. Es kann also, wie bereits erwähnt, ein equitable interest zu Treugut gemacht werden [39]. Weiterhin kommt es nicht darauf an, ob ein Recht bestritten ist oder nicht. UNDERHILL [40] beschreibt die Gegenstände, die Treugut sein können, wie folgt: „All property, real or personal, legal or equitable, at home or abroad, and whether in possession or action, remainder, reversion or expectancy, may be made the subject of trust, unless – (a) the policy of the law or any statutory enactment has made it inalienable; or (b) being land, the tenure is inconsistent with the trusts sought to be created." Auch bei LEWIN [41] findet sich eine ähnliche Aufstellung. Die Grenze der Treugutsfähigkeit bilden also nur ausdrückliche gesetzliche Verbote und der ordre public.

II. Der Umfang des Begriffes Treugut

Die Frage nach dem Umfang des Begriffes Treugut ist, abgesehen von den noch zu behandelnden Fällen der Surrogation, zugleich die nach dem Umfange des Treuhandverhältnisses. Sie hat die Voraussetzungen zu ergründen, unter denen das Bestehen eines Treuhandverhältnisses und damit das Vorhandensein von Treugut anerkannt wird. Man geht hierbei zweckmäßigerweise von der üblichen Klassifizierung der trusts nach deren Entstehungsgründen aus und zeigt für jede Art die Voraussetzungen einer wirksamen Entstehung bzw. die darunter in Gruppen zusammengefaßten Anwendungsfälle auf.

1. Arten des trust

Man unterscheidet nach der Art der Entstehung [42] durch Parteiwillen geschaffene trusts („trusts created by act of party") und durch Rechtssatz entstandene trusts („trusts created by operation of law"). Zur ersten

---

[39] *Gilbert* v. *Overton* (1864), 2 Hem. & M. 110.

[40] UNDERHILL 63. [41] LEWIN 35.

[42] Andere Einteilungsarten, wie „private" und „charitable trusts" oder „simple" und „special trusts" beziehen sich auf den Zweck der Treuhand oder auf den Umfang der Pflichten des Treuhänders und sind für diese Arbeit wenig ergiebig. Sie werden daher nur im Zusammenhang mit der Behandlung anderer Fragen erwähnt werden, für deren Verständnis sie von Bedeutung sind.

Gruppe gehören die „express trusts" und „implied trusts"; die zweite umfaßt die „resulting" und die „constructive trusts".

a) Express trust. – Der express trust bildet mit dem implied trust die Gruppe der rechtsgeschäftlich errichteten Treuhandverhältnisse. Im Unterschied zum implied trust verlangt der express trust eine direkte oder indirekte Erklärung des Errichters, einen trust zu begründen. Beide aber wurzeln in der Absicht des Errichters, einen trust zu schaffen. Zur Begründung eines rechtsgeschäftlichen trust ist kein Vertrag erforderlich, wenn auch häufig ein solcher vorauszugehen pflegt. Es genügt für den express trust die Erklärung einer Person (nämlich des Begründers), einen trust zu schaffen („declaration" oder „manifestation of intention"). So heißt es bei LEWIN [43]: „Generally speaking, an express trust may be said to arise from the intention of a person to create a trust declared directly or indirectly ..."

Der Errichter eines trust hat zwei verschiedene Möglichkeiten, einen trust zu schaffen: Er kann entweder einen Dritten zum trustee für den Begünstigten, der er auch selbst sein kann, bestellen oder sich selbst zum trustee für den Begünstigten bestellen.

Der Eintritt der Wirksamkeit eines trust ist verschieden, je nachdem, ob derselbe im Hinblick auf eine Gegenleistung (consideration) oder unentgeltlich (voluntarily) errichtet wird. Maßgebend ist hierbei immer das Stadium, in dem sich die Errichtung befindet. Man unterscheidet deswegen zwischen vollständig und unvollständig errichteten trusts („completely and incompletely constituted trusts" oder „perfectly and imperfectly created trusts").

Für den *gegen Entgelt* (for valuable consideration) *errichteten trust* spielt das Stadium seiner Errichtung keine Rolle; für seine Wirksamkeit kommt es nicht darauf an, ob er vollständig oder unvollständig errichtet ist. Da der Begründer eine Gegenleistung für die Schaffung des trust erhält, greift im Falle der noch unvollkommenen Errichtung der Satz des Billigkeitsrechtes ein, wonach das, was geschehen soll, als geschehen gilt („Equity regards as done that which ought to be done") [44].

Um überhaupt von einem (wenn auch noch unvollständig errichteten) express trust sprechen zu können, muß wenigstens eine „declaration of intention", d. h. die Kundgebung der Absicht, einen trust zu schaffen, vorliegen. Diese ist aber in den Fällen, wo der settlor sich selbst zum trustee bestellt, wie noch gezeigt werden wird, zur vollständigen Errich-

---

[43] LEWIN 16.

[44] KEETON 74; vgl. auch LEWIN 51: „... if the transaction cannot take effect by way of trust executed, it may be enforced by a Court of equity as a contract."

tung des trust ausreichend, weil hierdurch bereits das equitable interest an den cestui que trust übertragen wird (equitable assignment) und der legal title infolge des Umstandes, daß der settlor nunmehr selbst trustee wird, nicht erst der Übertragung bedarf und in Fällen, in denen der settlor nur ein „equitable interest" besitzt, das er zu Treugut machen will, eine Übertragung (Verschaffung) des legal title deswegen nicht notwendig ist, weil ja auch bloße equitable interests Gegenstand eines trust sein können. Der Satz „equity regards as done that which ought to be done" gewinnt daher in vorliegendem Zusammenhang nur für den Fall Bedeutung, daß der settlor einen Dritten zum trustee bestellt. Der Sinn dieses Satzes ist der, das Recht des Begünstigten am Treugut trotz unvollkommener Errichtung des trust (ein Zustand, der, wie ebenfalls noch dargelegt werden wird, bis zum Zeitpunkt der Übertragung des Treugutes auf den trustee andauert) wirksam werden zu lassen, weil nach den Grundsätzen der Billigkeit auch einem unvollkommen ausgeführten Rechtsgeschäft ein Wert beizumessen und ein solches wenigstens dann zu erhalten ist, wenn es im Hinblick auf eine Gegenleistung vorgenommen wurde. Zur Errichtung des trust genügt eine einseitige Erklärung des settlor. Um so mehr reicht eine entsprechende Vereinbarung zwischen settlor und Begünstigtem aus. Die Erklärung oder Vereinbarung muß allerdings so beschaffen sein, daß die Erfüllung (specific performance) erzwungen werden kann. Vor allem muß „valuable consideration" vorliegen [45]. Der Begünstigte kommt schon bei unvollständiger Errichtung des trust in den Genuß des Treugutes, und zwar in der Weise, daß bis zur Vervollständigung des trust der settlor als trustee angesehen wird. Da dieser einen Dritten zum Treuhänder bestellen wollte und deswegen bei ihm nicht die Absicht vorliegen konnte, sich selbst zum Treuhänder zu machen, wird er constructive trustee. Letzteres ist zwar, soweit ersichtlich, nirgends ausdrücklich gesagt, doch ergibt sich

[45] *Westminster Bank* v. *Wilson*, [1938] 3 All E.R. 652, 662: „A trust may undoubtedly be brought into being by such a unilateral act, as in the common case of a declaration of trust of property by the person in whom the property is vested at law. Equally, there can be no question but that it may be brought into being by a bilateral act, for a person in whom property is vested, whether at law or in equity, may agree with another that the property shall be held by himself (if the property is vested in him at law) or by his trustee (if the property is his only in equity) in trust for that other or for a third party. Equity will, in proper circumstances, give effect to such an agreement as creating a valid trust, but in such a case there must be an agreement in fact, and to establish the fact the consensus of the two parties must be shown ...". UNDERHILL 41 bemerkt hierzu: „... validity depends on the question whether the agreement is one of which the courts of equity would decree specific performance. If it was merely a voluntary promise (or even a covenant under seal, not supported by valuable consideration), no trust will be created."

das aus dem Wesen des weiter unten noch zu erörternden constructive trust.

Es bleibt nun noch zu untersuchen, wann ein entgeltlicher und wann ein unentgeltlicher trust vorliegt. Die Frage lautet: Was versteht man unter „valuable consideration"?

Nach KEETON [46] ist der Begriff „valuable consideration" im Treuhandrecht derselbe wie im Vertragsrecht, nämlich irgendein in Geld wertbarer Gegenstand („some valuable thing assessable in terms of money"), mit dem Vorbehalt, daß sowohl die Heirat als auch die Unterlassung einer Leistungsklage („forbearance to sue") als solcher angesehen wird. Wo immer eine consideration dieser Art vorhanden sei, könne man nicht von einem unentgeltlichen trust sprechen. CURTI [47] erklärt etwas ausführlicher und allgemeiner: „Die consideration ist irgendein vernünftiger Grund, meistens eine Gegenleistung, ob sie nun in Geld besteht oder in irgendeinem anderen Interesse ... Es ist nicht möglich, den Begriff dieses technischen Ausdrucks der englischen Rechtssprache, consideration, in einem einzigen Worte einer anderen Sprache genau wiederzugeben. Denkt man an das lateinische consideratio, so kommt man zu dem Worte ‚Überlegung', ‚Überlegungsgrund' oder ‚Erwägungsgrundlage'. Es soll sich niemand abstrakt verpflichten können. Die Verpflichtung muß vielmehr auf genauer Überlegung beruhen. Wird der Vertrag in besonderer Form, z. B. unter Siegel, abgeschlossen [48], so wird dies als Beweis der Überlegung betrachtet. Liegt aber keine solche feierliche Form vor, so soll doch sonst aus dem Vertrag klar hervorgehen, daß das Versprechen zu einer Leistung gemacht wurde gegen irgendein ‚benefit', einen Vorteil, Gewinn oder ein ‚detriment', d. h. einen Verlust, einen Schaden, eine Unterlassung, eine Übernahme einer Verantwortung, mögen diese ‚Gegenleistungen' auch ohne greifbaren Wert sein ... Die Gegenleistung muß nach Ansicht des Versprechenden einen Wert haben; sie muß wertbar (valuable) sein."

Obwohl LEWIN [49] behauptet, der Streit sei heute beendet, scheint man immer noch verschiedener Ansicht darüber zu sein, ob die Eheschließung (marriage) als consideration angesehen werden soll. LEWIN betrachtet marriage nicht als valuable consideration, sondern als „meritorious" consideration (verdienstlicher Erwägungsgrund) und verlangt daher für die

---

[46] KEETON 77.

[47] CURTI, Englands Privat- und Handelsrecht (Berlin 1927) II 10 f.

[48] Für die Treuhanderrichtung heißt das entsprechend: „Wird der trust vollkommen errichtet ... ".

[49] LEWIN 58 f.

Wirksamkeit eines „marriage settlement" (d. h. eines im Hinblick auf die Gründung einer Familie zugunsten eines oder mehrerer Mitglieder derselben geschaffenen trust) vollständige Errichtung. „After much conflict of authority", so heißt es weiter, „it may now be considered as settled that an agreement founded on meritorious consideration will not be executed as against the settlor himself", unter Berufung auf die Entscheidungen *Antrobus* v. *Smith*[50], *Holloway* v. *Headington*[51] und *Walrond* v. *Walrond*[52]. KEETON[53] sieht, wie erwähnt, die Eheschließung als valuable consideration an; allerdings nur dann, wenn das „settlement" entweder bereits vor der Eheschließung im Hinblick auf diese oder aber nach der Eheschließung in Erfüllung einer vorher getroffenen Abmachung geschaffen wird. Er stützt sich insbesondere auf die Entscheidungen *Re Holland*[54] und *Re Plumptre's Marriage Settlement*[55].

Aus den zitierten Definitionen der consideration geht ebenfalls klar hervor, daß diese nicht nur im Vertragsrecht, sondern auch im Recht der trusts viel weiter reicht als der Begriff „Gegenleistung" oder „Entgelt". Wenn im folgenden der Ausdruck „unentgeltlich" verwendet wird, so hat er stets die Bedeutung „ohne valuable consideration".

Für den Eintritt der Wirksamkeit eines *unentgeltlichen trust* (voluntary trust) kommt es darauf an, ob dieser vollständig errichtet ist oder nicht. Der unentgeltliche trust muß „completely constituted" oder, wie man auch sagt, „perfectly created" sein. Die Erfordernisse einer vollständigen Errichtung sind sehr verschieden, je nachdem, ob der settlor einen Dritten zum Treuhänder bestellen will oder sich selbst. Im letzteren Falle ist für eine vollständige Errichtung die eindeutige Kundgebung der Absicht, einen unbedingt wirksamen, den settlor endgültig bindenden trust zu schaffen, erforderlich, aber auch ausreichend[56]. Diese Erklärung, die auch durch konkludente Handlung erfolgen kann, ist nicht notwendig empfangsbedürftig, doch wird häufig beim Fehlen einer Mitteilung („communication") auf einen nicht ernstlichen Errichtungswillen geschlossen[57]. In den Fällen, in denen der settlor sich selbst zum trustee bestellt, wird immer nur das equitable interest an einem Gegenstande übertragen, und ein solches „equitable assignment" ist stets zulässig und wirksam, sofern eine ausreichende „declaration of intention" vorliegt. Der Umstand, daß in gewissen Fällen das legal right nicht übertragen werden kann, bereitet hier deswegen keine Schwierigkeiten, weil der settlor ja gerade im Besitz des

[50] (1806), 12 Ves. 46.
[51] (1837), 8 Sim. 324.
[52] (1858), Johns. 18.
[53] KEETON 77.
[54] [1902] 2 Ch. 360.
[55] [1910] 1 Ch. 609.
[56] KEETON 77.
[57] *Re Cozens, Green* v. *Brisley*, [1913] 2 Ch. 478.

legal title bleiben soll[58]. Einziges Erfordernis ist also eine declaration of intention, den Gegenstand, den der settlor bisher für sich selbst innehatte, von nun an in trust für einen anderen innezuhaben. Ihr Vorliegen wurde verneint im Falle *Re Cozens*[59]. Es handelte sich dort um gewisse mit Bleistift vorgenommene Buchungen, die auf die Absicht, einen trust zugunsten einer bestimmten Person zu errichten, hindeuteten. Jedoch wurden diese Vermerke niemandem mitgeteilt und schienen von Zeit zu Zeit geändert worden zu sein.

Im Falle der Treuhanderrichtung im Wege der Bestellung eines Dritten zum trustee muß außer der declaration of intention ein Weiteres geschehen: Der Gegenstand, der zu Treugut werden soll, muß an den bestellten trustee in aller Form übertragen werden. Bevor die Übertragung nicht vollzogen ist, liegt kein wirksamer trust vor, und der settlor kann eine etwa abgegebene Erklärung, einen trust zu begründen, jederzeit frei widerrufen[60]. Die vollständige Errichtung des trust setzt voraus, daß der settlor alles getan haben muß, was zur Übertragung des jeweiligen Gegenstandes, der Treugut werden soll, erforderlich ist. Er muß jeden Gegenstand in der gerade für dessen Übertragung nach common law vorgeschriebenen Form an den trustee übertragen, also durch „conveyance", „assignment", „delivery", „transfer" usw.

Hinsichtlich der Anforderungen, die an die Wirksamkeit eines unentgeltlichen trust gestellt werden, hat Lord Eldon in *Ellison* v. *Ellison*[61], einer der bekanntesten und meistzitierten Entscheidungen auf diesem Gebiet, wie folgt Stellung genommen: „I take the distinction to be, that if you want the assistance of the Court to constitute you cestuy que trust, and the instrument is voluntary, you shall not have that assistance for the purpose of constituting you cestuy que trust; as upon a covenant to transfer stock, &c., if it rests in covenant, and is purely voluntary, this Court will not execute that voluntary covenant: but if the party has completely transferred stock, &c., though it is voluntary, yet the legal conveyance

[58] Anders in den Fällen, wo der settlor selbst nur ein equitable interest hat; hierüber weiter unten. Vgl. ferner Underhill 47: „A donor is also bound in equity if he has declared himself a trustee for the object; for equity regards a declaration of trust as the equitable equivalent of a common law gift."

[59] Oben N. 57.

[60] Godefroi 34: „It is to be understood that as the Court will not compel a man to complete ‚a mere act of volition' (*Wycherley* v. *Wycherley*, 2 Ed. 177), there is a locus poenitentiae during the life of the settlor, so long as the voluntary disposition remains incomplete, to revoke it: *Antrobus* v. *Smith*, 12 Ves. 39; *Dening* v. *Ware*, 22 Bea. 184 . . .".

[61] (1802), 6 Ves. 656, 662, 31 E.R. 1243.

being effectually made, the equitable interest will be enforced by this Court." Und in der gleichfalls viel zitierten Entscheidung *Milroy* v. *Lord*[62] formuliert LORD JUSTICE TURNER allgemeiner: „... in order to render a voluntary settlement valid and effectual, the settlor must have done everything which, according to the nature of the property comprised in the settlement, was necessary to be done in order to transfer the property and render the settlement binding upon him. He may of course do this by actually transferring the property to the persons for whom he intends to provide, and the provision will then be effectual[63], and it will be equally effectual if he transfers the property to a trustee for the purposes of the settlement, or declares that he himself holds it in trust for those purposes ... but in order to render the settlement binding, one or other of these modes must, as I understand the law of this Court, be resorted to, for there is no equity in this Court to perfect an imperfect gift"[64]. LEWIN[65] sagt zusammenfassend: „It is evident that a trust is not perfectly created where there is a mere intention of creating a trust, or a voluntary agreement to do so, and the settlor himself contemplates some further act for the purpose of giving it completion."

Zur Veranschaulichung der Frage möge der Fall *Jefferys* v. *Jefferys*[66] dienen. Ein Erblasser übertrug zu Lebzeiten formgerecht freie Grundstücke (freeholds) an Treuhänder zugunsten seiner Töchter. Er vereinbarte ferner die Übertragung von Lehnsgütern (copyholds) an dieselben Treuhänder für denselben Zweck, ohne jedoch die Übertragung zu vollziehen. Eine Gegenleistung (consideration) von seiten der Töchter war in keinem Falle vereinbart und vorgesehen. Durch letztwillige Verfügung vermachte er einen Teil sowohl der freeholds als auch der copyholds an seine Ehefrau. Nach seinem Tode beanspruchten seine Töchter beides als Treugut für sich. Es wurde für Recht erkannt, daß zwar der trust an den freeholds Wirksamkeit erlangt hatte, da er mit formgerechter Übertragung der Grundstücke an die Treuhänder vollständig errichtet war, daß jedoch bezüglich der copyholds kein gültiger trust angenommen werden könne, da er unvollständig errichtet sei. Der settlor habe nämlich die copyholds weder an Treuhänder übertragen, noch sich selbst daran als

---

[62] (1862), 4 De G.F. & J. 264, 45 E.R. 1185.

[63] Dieser Weg führt natürlich zu keinem trust; es handelt sich um die Vollziehung einer gewöhnlichen Schenkung.

[64] Ähnlich *Re Fry, Chase National Executors and Trustees Corporation* v. *Fry*, [1946] Ch. 312.

[65] LEWIN 51.

[66] (1841), Cr. & Ph. 138, 41 E.R. 443.

Treuhänder eingesetzt. Die Vereinbarung der Übertragung der copyholds zu treuen Händen für die Töchter stelle sowohl nach common law als auch nach equity ein „nudum pactum“ dar.

Sollte ein unentgeltlicher trust durch Einsetzung eines Dritten als trustee geschaffen werden, ist der trust aber noch nicht vollständig errichtet, so kann er auch nicht etwa dadurch wirksam werden, daß man bis zur Übertragung des Treugutes an den trustee den settlor als trustee ansieht. Als express trustee kann er deshalb nicht angesehen werden, weil er dies nur mit seinem Willen wird. Die Absicht des settlor, einen anderen als trustee einzusetzen, schließt aber einen solchen Willen aus [67]. Als constructive trustee scheidet er, obwohl es bei einem solchen auf die Willensrichtung nicht ankommt, deshalb aus, weil diese Konstruktion aus Billigkeitsgründen nur beim „trust for valuable consideration“ gewählt wird. Beim „voluntary trust“ dagegen vermag das Billigkeitsrecht die unvollständige Errichtung nicht zu heilen.

Eine Ausnahme von dem Erfordernis, daß zur Wirksamkeit eines unentgeltlichen trust der legal title auf den trustee übertragen werden muß, gilt dann, wenn der legal title aus irgendeinem Grund nicht übertragbar ist. Es reicht in solchen Fällen aus, daß der settlor die Übertragung wenigstens soweit vornimmt, wie diese möglich ist, denn wollte man sich damit nicht begnügen, so hieße das, ihn der Möglichkeit zu berauben, an einem Vermögensgegenstande, der für ihn nach common law nicht übertragbar ist, ein Treuhandverhältnis zu begründen – ein Ergebnis, das den Grundsätzen der Billigkeit widerspräche [68]. Diese Annahme wird besonders in den Fällen praktisch, wo der settlor selbst nur ein equitable interest an einem zum Treugut bestimmten Gegenstande besitzt, weil der legal title an diesem bei einem anderen als trustee für ihn selbst steht. Da er den legal title dieses trustee nicht antasten kann, würde er auf die Möglichkeit beschränkt sein, den trustee anzuweisen, von nun an den Gegenstand für einen anderen innezuhaben [69]. Ein solches „equitable assignment“ ist wirksam auch ohne Zustimmung des früheren settlor [70] oder des trustee, der den legal

[67] Vgl. hierzu *Green* v. *Paterson* (1886), 32 Ch. D. 95, 103: „Is there any intention shewn that she shall hold it as trustee for them? In my opinion the intention expressed here is quite the contrary. There is a covenant in the ordinary form that Mrs. Green will surrender the copyholds to the trustees of the settlement. That is inconsistent with any idea of her intention to constitute herself a trustee for these parties. The intention shewn is to transfer ... but she did not do what she covenanted ...“.

[68] Lewin 53.

[69] Lewin 55.

[70] Lewin 55.

title besitzt. Diese Grundsätze wurden 1808 in *Sloane* v. *Cadogan*[71] festgelegt, und diese Entscheidung hat heute „Gesetzeskraft"[72].

In dem einige Jahrzehnte später ergangenen Urteil *Kekewich* v. *Manning*[73] ist folgendes Beispiel aufgeführt: A ist für B und C trustee an einem bestimmten, ihm rechtmäßig übertragenen Kapital mit der Maßgabe, daß dem B zeit seines Lebens und im weiteren dem C der Genuß des Treugutes zukommen solle. Es steht C in diesem Falle frei, auch zu Lebzeiten des B sein equitable interest an dem Kapital an D unentgeltlich zu übertragen, und zwar durch „equitable assignment". Der legal title des A bleibt dabei völlig unberührt und braucht nicht etwa auf C oder einen Dritten als trustee überzugehen, weswegen es auf die Zustimmung des A nicht ankommt.

Doch auch wo dem settlor die Übertragung des legal title auf einen trustee möglich gewesen wäre, tritt in gewissen Ausnahmefällen die Wirksamkeit eines unvollständig errichteten unentgeltlichen trust ein. So sind die in formgerecht vorgenommenen Schenkungen von Todes wegen oder letztwilligen Verfügungen enthaltenen treuhänderischen Zuwendungen vom Zeitpunkt des Todes des Schenkers bzw. Testators an auch dann wirksam, wenn die Übertragung des Treugutes an den trustee zu Lebzeiten des Schenkers bzw. Testators nicht erfolgt war, denn das ist ja der Sinn solcher Rechtsgeschäfte[74]. Ebenso wird eine unvollständige, sonst mit dem Tode des Schenkers endgültig unwirksam werdende Schenkung dann wirksam, wenn der settlor zwar stirbt, ohne den Gegenstand, den er jemandem unentgeltlich zuzuwenden versprochen oder bezüglich dessen er eine Absicht hierzu kundgetan hatte, an den trustee übertragen zu haben, wenn sein Testamentsvollstrecker aber den betreffenden Gegenstand als diesem trustee zustehend behandelt und ihn auf diesen überträgt[75]. Ferner besteht eine Ausnahme für den Fall, daß jemand an X etwas unentgeltlich zuzuwenden verspricht (oder eine solche Absicht in genügend klarer Weise zu erkennen gibt), ohne den betreffenden Gegenstand zu übertragen, und daß X später Testamentsvollstrecker (executor) oder Nachlaßverwalter (administrator) des Schenkers wird. Dann geht der Gegenstand vollständig auf X über, und ein vom Erblasser etwa durch letztwillige Ver-

---

[71] Wiedergegeben als App. XXIV bei SUGDEN, A practical Treatise of the Law of Vendors and Purchasers of Estates[11] (London 1846) II 1119 ff.

[72] LEWIN 55.

[73] (1851), 1 De G.M. & G. 176, 188, 42 E.R. 519.

[74] KEETON 79.

[75] LEWIN 52. *Carter* v. *Hungerford,* [1917] 1 Ch. 260; *Strong* v. *Bird* (1874), 18 Eq. 315.

fügung eingesetzter Begünstigter kann für sich keinen trust geltend machen. Dieses Ergebnis wird mit dem Satze „qui prior tempore est potior iure“ [76] begründet. X darf also den betreffenden Gegenstand behalten, obgleich die Schenkung bis zum Tode des Schenkers unvollständig war. Diese Ausnahme dürfte so zu erklären sein, daß X als executor oder administrator mit dem Tode des Schenkers (kraft Amtes) trustee am Nachlasse wird und damit im Augenblick des Todes die zu einer vollständigen Errichtung des unentgeltlichen trust erforderliche Übertragung an den trustee ipso iure erfolgt, der in diesem Augenblick durch Vereinigung von trustee und cestui que trust in seiner Person Eigentümer sowohl nach common law als auch nach equity wird. Zwar wird in demselben Augenblick, in dem sich die Vereinigung von trustee und cestui que trust in der Person des X vollzieht, auch das zugunsten des später Bedachten erfolgte Zuwendungsgeschäft vervollständigt, nämlich ebenfalls durch den Übergang des legal title an den trustee X. Doch da der trust für beide zur selben Zeit vollständig errichtet ist, greift man auf den Zeitpunkt der declaration of intention zurück, woraus sich in dem gewählten Beispiel der Vorrang des X ergibt.

Es soll nunmehr untersucht werden, welcher Form die zur Begründung eines express trust notwendige *manifestation of intention* bedarf und vor allem, welchen inhaltlichen Voraussetzungen eine ausreichende manifestation of intention genügen muß.

(1) Hinsichtlich der *Form* gilt, daß die manifestation of intention grundsätzlich formfrei ist: es genügt eine direkte oder indirekte mündliche Erklärung. Dieser Grundsatz gilt aber nicht ausnahmslos.

Nach sec. 53 (1) des Law of Property Act, 1925 [77] (früher sec. 4 des Statute of Frauds, 1677), muß die Erklärung eines trust, der Grundstücke oder irgendein Interesse an solchen zum Gegenstande hat, schriftlich zum Ausdruck gebracht werden und sie kann auch nur durch Vorlage eines Schriftstückes bewiesen werden [78]. Das Schriftstück muß vom settlor unterschrieben sein. Es ist nicht nötig, daß die Erklärung selbst in schriftlicher Form vorgenommen wird; es genügt vielmehr, wenn die Absicht, den trust zu errichten, irgendwie geschrieben zum Ausdruck kommt, z. B. in einem vom settlor unterschriebenen Briefe, in dem der trust in einer solchen

---

[76] KEETON 79; LEWIN 52. *In re James*, [1935] Ch. 449.

[77] Siehe oben S. 8 N. 9.

[78] Sec. 53 des Law of Property Act (a.a.O.) lautet: „A declaration of trust respecting any land or any interest therein must be manifested and proved by some writing signed by some person who is able to declare such trust or by his will.“

Weise erwähnt ist, daß aus dem Brief allein auf das Vorhandensein der Absicht, den trust zu schaffen, geschlossen werden kann. Ist dies nicht der Fall, so kann die, vielleicht früher schon abgegebene, mündliche Erklärung nicht ergänzend herangezogen werden. Nur was in dem Schriftstück zum Ausdruck kommt, gilt als bewiesen [79]. Eine Rückwirkung auf den Zeitpunkt einer etwa vorher schon abgegebenen mündlichen Erklärung käme danach nur in Frage, wenn der Zeitpunkt dem Schriftstück zu entnehmen ist.

Zu den „interests in land" gehören vor allem „chattels real" (Rechte an unbeweglichem Vermögen), aber auch Pachtzinsansprüche, wenn Gegenstand der Pacht ein Grundstück ist. In *Ex p. Hall, In re Whitting* [80] wurde das Bestehen eines trust deswegen abgelehnt, weil die Erklärung eines Darlehnsempfängers, das Darlehn aus dem ihm vom Pächter seines Hofgutes geschuldeten Pachtzins zurückzahlen zu wollen, nicht schriftlich bewiesen werden konnte. Es heißt in der Entscheidung: „Held, that as the rent was an interest in land, the agreement was one which, by virtue of sec. 4 of the Statute of Frauds, could not be proved by parol evidence . . ." Hätte der Darlehnsgeber die Erklärung des Darlehnsempfängers in der Form von sec. 4 des Statute of Frauds, 1677 [81] (die mit sec. 53 (1) des Law of Property Act, 1925, übereinstimmt), beweisen können, so wäre der Darlehnsempfänger als trustee für ihn bezüglich der Pachtzinsforderung anzusehen gewesen.

Formbedürftig ist ferner die Errichtung eines trust durch letztwillige Verfügung. Ein solcher trust bedarf der in sec. 9 des Wills Act, 1837 [82], für letztwillige Verfügungen allgemein festgelegten qualifizierten Form [83]. Wollte man die Schaffung eines trust durch letztwillige Verfügung nicht auch dieser Vorschrift unterstellen, so wäre damit die Möglichkeit gegeben, die Formvorschrift leicht zu umgehen. Eine Ausnahme kann auch dann nicht zugelassen werden, wenn der trust durch letztwilliges equitable

---

[79] LEWIN 42: „. . . trusts . . . are not necessarily to be declared in writing, but only to be manifested and proved by writing; for if there be written evidence of the existence of a trust, the danger of parol declarations . . . is effectually removed . . .".

[80] 10 Ch. D. 615. [81] 29 Car. 2, c. 3.

[82] 7 Will. 4 & 1 Vict., c. 26.

[83] „. . . No will shall be valid unless it shall be in writing, and executed in manner herein-after mentioned; (that is to say), it shall be signed at the foot or end thereof by the testator, or by some other person in his presence and by his direction; and such signature shall be made or acknowledged by the testator in the presence of two or more witnesses present at the same time, and such witnesses shall attest and shall subscribe the will in the presence of the testator, but no form of attestation shall be necessary."

assignment geschaffen werden sollte. Man steht auf dem Standpunkt, daß das equitable interest ein gleich wichtiger Bestandteil des absoluten Eigentums sei wie das legal interest [84].

Eine dritte Formvorschrift besteht für die Schaffung eines trust „in consideration of marriage". Sec. 4 des Statute of Frauds, 1677 [85], die insoweit heute noch gilt, verlangt „evidence by a memorandum in writing signed by the party to be charged or his agent", d. h. der Beweis eines solchen trust kann wiederum nur geführt werden durch Vorlage eines Schriftstückes, das durch den settlor oder dessen Vertreter unterschrieben ist.

Obwohl die Begründung eines trust an beweglichen Sachen (chattels personal) formfrei ist, d. h. auch durch mündliche oder stillschweigende declaration of intention erfolgen kann, unterliegt doch die Errichtung eines trust an solchen, wenn sie mittels einer schriftlichen Urkunde (bill of sale [86]) ohne Besitzübertragung und nicht im Rahmen des ordentlichen Geschäftsbetriebes vorgenommen wird, ebenso wie eine Eigentumsübertragung und Verpfändung nach common law den Vorschriften der Bills of Sale Acts, 1878 und 1822 [87], und bedarf daher der Eintragung in das hierfür bestimmte öffentliche Register der bills of sale. Wenn also z. B. jemand an seine Bank ein Schriftstück aushändigt, in dem er verspricht, zur Sicherung eines begehrten Darlehns bestimmte Warenvorräte fortan als Treugut für die Bank zu besitzen und mit dem Verkaufserlös das Darlehn zurückzubezahlen, so gilt das Schriftstück als eine bill of sale und der trust wäre bei Unterlassung der Registrierung unwirksam [88]. Andererseits finden die Vorschriften der Bills of Sale Acts keine Anwendung, wenn das Schriftstück nicht die declaration of trust enthält, sondern etwa nur die Bedingungen, wie der trustee mit dem Treugut zu verfahren hat. So lag

---

[84] LEWIN 44: „... a testator cannot by an informal instrument affect the equitable, any more than the legal, estate, for the one is a constituent part of the ownership as much as the other."

[85] Siehe oben N. 81.

[86] REED, The Bills of Sale Acts with an Epitome of the Law (London 1926) 47: „For the purposes of sect. 4 a bill of sale has been defined as a document transferring, or intended to transfer, or to be a record or evidence of the transfer of chattels personal, unless given in the ordinary course of business, or in other cases excluded from the operation of the Acts."

[87] 41 & 42 Vict., c. 31, bzw. 45 & 46 Vict., c. 43, sec. 4. Vgl. ECKSTEIN 168; WILLIAMS 279. REED (vorige Note) 51 erläutert: „Declarations of trust in chattels are not required to be in writing by s. 7 of the Statute of Frauds; but if contained in any document require registration under the Acts. Every defeasance, condition, or declaration of trust is to be deemed part of, and registered with, the bill of sale."

[88] *R. v. Townshend*, 15 Cox 466.

der Fall in *Re David Allester, Ltd.* [89], in welchem eine Handelsgesellschaft Frachtbriefe bei einer Bank deponierte zu deren Sicherstellung wegen eines Betrages, um den die Gesellschaft ihr Konto überzogen hatte, und die Briefe gemäß der vorher schriftlich abgefaßten Treuhandvereinbarung wieder ausgehändigt erhielt, um die Waren in Empfang nehmen zu können und sie sowie den Erlös aus ihrem Verkauf fortan als trustee für die Bank zu besitzen.

(2) Die Frage, was *inhaltlich* als ausreichende manifestation of intention gewertet wird, ist deshalb nicht einfach zu beantworten, weil die von der Rechtsprechung herausgearbeiteten Grundsätze nicht so allgemein gefaßt sind, daß sie einer systematischen Darstellung zugänglich wären [90]. Es handelt sich durchweg um Auslegungs- und Abgrenzungsfragen, die zu einer sehr umfangreichen Rechtsprechung Anlaß gegeben haben. Eine auch nur annähernd vollständige Darstellung dieser Rechtsprechung würde den Rahmen der Arbeit weit überschreiten. Indessen scheint es unerläßlich, wenigstens eine Auswahl solcher Entscheidungen wiederzugeben, um einen Eindruck davon zu vermitteln, mit welch bewundernswertem Sinn für gerechte Lösungen die englischen Gerichte die hier auftauchenden Schwierigkeiten bewältigen.

Ganz allgemein ist vorauszuschicken, daß die Gerichte einen trust dann nicht als gegeben erachten, wenn sie nach Erwägung aller Umstände zu der Überzeugung gelangen, daß der angebliche Begründer eines trust gar nicht beabsichtigt haben konnte, einen solchen zu schaffen [91]. Aus einer belanglosen Unterhaltung z. B. kann eine ernste und endgültige Absicht, einen trust zu schaffen, nicht entnommen werden [92]. Andererseits ist der Gebrauch eines bestimmten technischen Ausdrucks für eine wirksame declaration of intention nicht erforderlich [93].

In *Dooby* v. *Watson* [94] wurde der Grundsatz aufgestellt, daß in den (häufig vorkommenden) Fällen, wo jemand seinen Anwalt (solicitor) mit der

---

[89] [1922] 2 Ch. 211.

[90] Die bei WILLIAMS 274 ff. vorgenommene Einteilung nach dem Gesichtspunkt, in wessen Händen sich das Treugut befindet (entweder zu Händen des Begünstigten oder zu Händen eines Vertreters des trust-Errichters oder zu Händen des letzteren selbst), scheint dies genügend zu bestätigen. Sie bringt mehr Verwirrung als Klarheit, weshalb es ratsam erscheint, sie unter Verzicht auf eine Systematik hier nicht zu übernehmen.

[91] LEWIN 59: „It is obviously essential to the creation of the trust that there should be the intention of creating a trust, and therefore if upon a consideration of all the circumstances the Court is of opinion that the settlor did not mean to create a trust, the Court will not impute a trust where none in fact was contemplated."

[92] *Paterson* v. *Murphy* (1853), 11 Ha. 88; *Peckham* v. *Taylor* (1862), 31 Bea. 250.

[93] LEWIN 61 f.

[94] (1888), 39 Ch. D. 178.

Anlage bestimmter, diesem übergebener Geldmittel betraut, nicht immer ein trust an diesem Gelde entsteht. Es kommt auf den Grad der Selbständigkeit und Verantwortlichkeit des Anwalts an, mit dem er den Auftrag auszuführen hat. Ein trust entsteht nur, wenn es dem Anwalt überlassen wurde, die Art der Anlage nach eigenem Gutdünken zu bestimmen. Wenn dagegen der Kunde sich seines Anwalts nur zum Abschluß des zur Anlage notwendigen Rechtsgeschäfts bedient, die Wahl der Anlage jedoch selbst trifft, und sei es auch auf Ratschlag des Anwalts, so wird der Anwalt nicht als trustee seines Kunden angesehen [95].

Die Hauptschwierigkeiten ergeben sich in den Fällen, in denen der settlor sich selbst zum trustee bestellt, und zwar in der Weise, daß er den legal title zurückbehält und ein equitable interest oder das gesamte equitable estate an seinen Begünstigten überträgt (equitable assignment), ferner dort, wo der settlor an einen trustee bestimmte Gegenstände überträgt, die von diesem für ganz bestimmte Zwecke zu verwenden sind, und zwar entweder zugunsten eines Dritten oder zugunsten des settlor selbst (specific appropriation).

In *Rodick* v. *Gandell* [96] wurde der Grundsatz herausgearbeitet, daß eine Vereinbarung zwischen Gläubiger und Schuldner, wonach dieser die bestehende Schuld mit einem bestimmten, ihm von einem Dritten geschuldeten Kapital bezahlen soll, oder eine vom Schuldner seinem Gläubiger gegebene Anweisung an einen Dritten, der dem Schuldner seinerseits Geld schuldet oder Gegenstände besitzt, die dem Schuldner gehören, das geschuldete Geld oder die betreffenden Gegenstände an den Gläubiger zu bezahlen bzw. zu übertragen, ein equitable assignment dieser Forderung oder Gegenstände darstelle. Der Schuldner wird also hiernach zum trustee des Gläubigers in Ansehung seiner Forderung oder der betreffenden Gegenstände. Der Entscheidung lag folgender Sachverhalt zugrunde: Eine Eisenbahngesellschaft war an ihren Ingenieur A verschuldet, der seinerseits bei seiner Bank noch größere Schulden hatte. Auf Drängen der Bank, entweder zu bezahlen oder Sicherheit zu leisten, bevollmächtigte A mittels Briefes den Anwalt der Eisenbahngesellschaft, das ihm von letzterer geschuldete Geld in Empfang zu nehmen und es an die Bank zu bezahlen. Der Anwalt versprach der Bank in einem Briefe, das Geld sofort nach Erhalt an sie zu überweisen. Es wurde entschieden, daß hier ein equitable assignment bezüglich der Forderung des A gegen die Eisenbahngesellschaft zugunsten der Bank deswegen nicht anzunehmen sei, weil der von A an

[95] (1890), *Hamilton* v. *Lane*, 25 L.R. Ir. 188, 218.

[96] (1852), 1 De G. M. & G. 763.

den Anwalt geschriebene Brief nicht den oben aufgestellten Voraussetzungen entspricht, da die briefliche Anweisung weder an einen Schuldner des A gerichtet war noch an irgend jemanden, der ein bestimmtes Kapital des A besaß, bei dem Anwalt sich aber zur Zeit der Anweisung auch kein Gegenstand befand, auf den sich die Anweisung hätte beziehen können. Man erblickte in diesem Briefe eine bloße Einziehungsvollmacht, die die Eisenbahngesellschaft zwar berechtigte, jedoch nicht verpflichtete, an den Anwalt zu leisten. Die Anweisung war weder an die Eisenbahngesellschaft direkt noch an einen ihrer Beamten oder Vertreter gerichtet und daher für die Gesellschaft gar nicht maßgebend. Diese hätte nach wie vor an A direkt oder an irgendeinen anderen von A bestimmten Einziehungsbevollmächtigten leisten können; ferner wäre es nicht ausgeschlossen gewesen, daß die Forderung gestundet, mit ihr aufgerechnet oder sie sonstwie erloschen war.

Im Falle *Fisher* v. *Miller*[97] war folgender Sachverhalt gegeben: A hatte an B eine Schiffsladung Fische in Verkaufskommission übergeben. C hatte zuvor an A ein Darlehn zum Einkauf der Fische gewährt gegen die Verpflichtung des A, sich den Erlös der Fische von B nicht direkt überweisen zu lassen, sondern auf dem Umweg über C, damit C für sein Darlehn gesichert sei. A schrieb aber trotz seines Versprechens dem B, die Schiffsladung könne von C zur Sicherung für irgendwelche Vorschüsse nicht beansprucht werden. B überwies nach Erhalt des Briefes von A dennoch den Verkaufserlös an C, der ihn zur Deckung des Darlehns zurückbehielt. In der von A gegenüber C eingegangenen Verpflichtung wurde eine „specific appropriation" der Ladung Fische an B zugunsten von C erblickt, die für A bindend war. B war demnach trustee für C an den Fischen, die sich in seinem Besitz befanden, und somit – so muß die Entscheidung zum besseren Verständnis ergänzt werden – nach dem noch zu erörternden Surrogationsgrundsatz auch am Erlös.

In *Ex p. Imbert*[98] stand folgender Sachverhalt zur Entscheidung: S. & J. in Buenos Aires nahmen von Latham & Co. mit dem Sitz am selben Ort im Mai und Juni zehn Wechsel in Zahlung, die von letzteren auf Latham Brothers in Liverpool gezogen waren. Latham & Co. in Buenos Aires versicherten S. & J. ausdrücklich, nach Liverpool Überweisungen zur Deckung der Wechsel vornehmen zu wollen. Am 1. August übersandten Latham & Co. an Latham Brothers Wechsel mit der Bestimmung, daß diese ausschließlich als Deckung der ersten fünf auf sie bezogenen und

[97] (1823), 1 Bing. 150.
[98] (1857), 1 De G. & J. 152, 44 E. R. 681.

an S. & J. ausgestellten Wechsel zu dienen hätten. Man führte diesen Fall auf folgenden einfachen Sachverhalt zurück: A vereinbart mit B gegen „valuable consideration", an C zugunsten von B etwas zu überweisen, und führt diese Überweisung dementsprechend durch. Es wurde darin ein wirksamer trust erblickt, wobei der Mangel der anfänglichen Unbestimmtheit des Treugutes durch die Überweisung der nunmehr bestimmten Wechsel geheilt wurde. Die Wechsel waren also an Latham Brothers zum Zwecke der Verwendung für S. & J. übersandt worden, und da dieser Vorgang eine „specific appropriation" darstellt, wurden Latham Brothers trustees für S. & J.

Eine andere Entscheidung, die den durch specific appropriation oder equitable assignment entstandenen trust abgrenzt von einer bloßen Angabe der Mittel, mit denen der Schuldner zu bezahlen beabsichtigt, ist *The Citizens' Bank of Lousiana* v. *The Bank of New Orleans*[99]. Danach stellt die Erklärung eines Wechselausstellers an den Wechselnehmer, der Bezogene werde den Wechsel bestimmt einlösen, da er (der Aussteller) an diesen zuvor größere Geldbeträge überwiesen habe, kein equitable assignment eines entsprechenden Teils des Guthabens des Wechselausstellers beim Bezogenen zugunsten des Wechselnehmers dar und auch keine specific appropriation des entsprechenden Teils des Guthabens an den Bezogenen zugunsten des Wechselnehmers. In den Gründen der Entscheidung wird ausgeführt, daß, wenn eine solche Erklärung eine specific appropriation oder ein equitable assignment wäre, jedes dieser handelsüblichen Rechtsgeschäfte dann zur Entstehung eines trust führen würde, wenn der Gläubiger den Schuldner nach seiner Leistungsfähigkeit frage. Aus diesem Grunde, so geht aus der Entscheidung hervor, begründet die Erklärung eines Schuldners, der seinem Gläubiger einen Scheck aushändigt, es sei genügend Deckung vorhanden, kein equitable assignment des Bankguthabens in Höhe der Schecksumme und erst recht nicht die bloße Aushändigung des Schecks ohne eine solche Versicherung[100]. Dies müsse, so wird weiter argumentiert, schon deswegen gelten, weil die Begebung eines ungedeckten Schecks einen Betrug darstelle und deswegen gewöhnlich vom Empfänger nicht nach dem Vorhandensein einer Deckung gefragt werde. Ein „Übervorsichtiger" soll hier also nicht bessergestellt sein.

Ein equitable assignment ist auch dann nicht gegeben, wenn jemand erklärt, er werde seine Schuld bezahlen, sobald ihm ein Dritter eine ihm

[99] (1873), L.R. 6 H.L. 352, 365.

[100] (1874), *Hopkinson* v. *Forster,* L.R. 19 Eq. 74. Vgl. auch sec. 53 (1) des Bills of Exchange Act, 1882.

gegenüber bestehende Schuld begleiche. In einer solchen Erklärung kommt nicht zum Ausdruck, daß die Bezahlung gerade mit den Mitteln erfolgen werde, die der Erklärende in Erfüllung der Verbindlichkeit seitens des Dritten erhält. Es fehlt an der Bestimmtheit des Treugutes [101]. Dagegen stellt die Vereinbarung einer Tilgung von Schulden mit dem Erlös eines künftigen Verkaufes wiederum ein equitable assignment der künftigen Kaufpreisforderung dar [102]. In *Tailby* v. *Official Receiver* [103] wird ganz allgemein gesagt, daß ein equitable assignment künftig zu erwerbender Gegenstände wirksam sei. Es ist aber zu beachten, daß nach secs. 4 und 5 des Bills of Sale Act, 1882 [104], die Übertragung künftig zu erwerbender beweglicher Sachen (after-acquired chattels personal) auch nach equity nicht möglich ist. Selbst wenn gemäß sec. 4 die Sachen in einer „schedule" verzeichnet sind, bestimmt doch sec. 5, daß der Veräußerer, sofern nicht die Übertragung unwirksam sein soll, zur Zeit der Ausfertigung der „bill" bereits wirklicher Eigentümer (true owner) der Sachen sein muß [105].

Ein durch specific appropriation zu schaffender trust bedarf dann, wenn die appropriation nicht in Verfolg einer vorangegangenen Vereinbarung (antecedent contract) vorgenommen wurde, der Mitteilung (communication) an den Gläubiger, zu dessen Gunsten sie erfolgte; andernfalls ist die declaration of intention nicht ausreichend und wird lediglich als widerrufliche Vollmacht zur Leistung an den Gläubiger ausgelegt [106]. Ein equitable assignment oder eine specific appropriation liegt auch dann nicht vor, wenn jemandem nur das Recht eingeräumt werden sollte, sich durch eigene Handlung in den Besitz des betreffenden Gegenstandes zu setzen, etwa um ihn zu verwerten (sog. licence to seize) [107].

Ein trust ist endlich in all den Fällen ausgeschlossen, wo die Parteiabsicht auf reines Schuldverhältnis deutet. Eine specific appropriation und damit ein trust ist dann gegeben, wenn der trustee gerade mit dem ihm übertragenen Gegenstand in bestimmter Weise zugunsten einer anderen

---

[101] WILLIAMS 275. *Re Irving* (1877), 7 Ch. D. 419.

[102] *Cotton* v. *Heyl*, [1930] 1 Ch. D. 510.

[103] (1888), 13 App. Cas. 523, 543, 546: „It has long been settled that future property, possibilities and expectancies are assignable in equity for value. The mode or form of assignment is absolutely immaterial provided the intention of the parties is clear."

[104] Siehe oben S. 27 N. 87.

[105] ECKSTEIN 169 ist insofern ungenau, als er zur Begründung der Unmöglichkeit, künftig zu erwerbende bewegliche Sachen nach equity zu übertragen, nur sec. 4, nicht auch sec. 5 heranzieht.

[106] WILLIAMS 278. *Wilson* v. *Balfour* (1811), 2 Camp. 579.

[107] WILLIAMS 276; ECKSTEIN 170. *Ex p. South* (1818), 3 Swans. 392.

Person zu verfahren hat, ein Schuldverhältnis, wenn derjenige, dem ein Gegenstand übertragen wurde, diesen seinem Vermögen einverleiben darf und die Verpflichtung durch Leistung nur der Gattung nach bestimmter Gegenstände zu erfüllen hat [108]. Die Feststellung, ob das eine oder andere beabsichtigt war, ist eine Auslegungsfrage, wobei auch ein etwa bestehender Handelsbrauch den Ausschlag geben kann. In *Brown, Shipley & Co. v. Kough* [109] war dem Bezogenen einer Wechselverbindlichkeit vom Aussteller aufgetragen worden, den Erlös der ihm von letzterem als Deckung übergebenen Waren dem allgemeinen Konto des Ausstellers gegen Zinsen gutzuschreiben. Diese Erklärung schloß die Absicht einer specific appropriation zugunsten des Wechselnehmers aus, denn wenn der Bezogene für das Geld Zinsen zahlen sollte, so mußte er es auch für sich verwenden können und nur gehalten gewesen sein, den Wechsel mit irgendwelchem Geld aus seinen Beständen einzulösen [110]. Da zwischen Aussteller und Wechselnehmer ein jahrelanger Handelsbrauch (course of dealing) des Inhalts bestand, daß der Aussteller laufend an den Bezogenen Waren zur Deckung zu übersenden hatte, ohne daß diese speziell für die Deckung bestimmter Wechsel zu verwenden gewesen wären, so konnte, selbst wenn zwischen Aussteller und Bezogenem eine specific appropriation zugunsten des Ausstellers selbst vorgelegen hätte, mangels Übertragung der Rechte aus dieser specific appropriation an den Wechselnehmer auch kein equitable assignment vorliegen.

b) Implied trust. – Der implied trust unterscheidet sich vom express trust nur dem Grade nach. Er beruht wie letzterer auf dem Willen eines Errichters, ist also ein „trust created by act of party", ein rechtsgeschäftlich errichteter trust. Der einzige Unterschied ist der, daß ein express trust durch ausdrückliche oder stillschweigende manifestation of intention ent-

---

[108] Eckstein 181.

[109] (1885), 29 Ch. D. 848, 866: „If they [the goods and proceeds] were carried to the general account that disposes of any idea of appropriating, because if there is to be an appropriation, the goods and proceeds would be carried to an account which will shew that they are obtained simply for the purpose of paying these acceptances, and until the acceptances are paid the consignee has no right to them ... if it had been shewn that there was a separate account of these shipments, or if the money when received, even though carried into the general account, had been treated as money which still remained the money of the consignors, then the evidence would have been met ... If there had been any such appropriation, the money must have been held, and not employed by Jones & Co. [Bezogener], for their general purposes. Interest is paid for the use of money, but if the money was appropriated for the specific purpose of answering these bills, it is difficult to see how any interest could be credited on those proceeds to the consignors."

[110] *Ex p. Dever, re Suse* (1885), 14 Q.B.D. 611.

steht, während das Vorliegen eines implied trust durch Heranziehung des mutmaßlichen Willens einer Person oder der Parteien, einen trust zu schaffen, festgestellt wird [111]. Der Unterschied zwischen einem stillschweigend erklärten express trust und einem implied trust dürfte hauptsächlich darin zu erblicken sein, daß beim ersteren die Absicht des settlor primär auf die Gründung eines trust gerichtet ist, während es dem settlor beim implied trust in erster Linie auf einen weiteren, zugunsten eines anderen eintretenden Erfolg ankommt, zu dessen Sicherung der in Frage kommende Gegenstand einstweilen, bis zum Eintritt des endgültigen Erfolges, dem mutmaßlichen Parteiwillen entsprechend von den Gerichten als Treugut behandelt wird. Doch ist eine klare Grenze zwischen den beiden Arten nicht zu ziehen [112].

Der beim express trust on „land or any interests therein" durch sec. 53 (1) Law of Property Act, 1925 [113], vorgesehene schriftliche Beweis ist weder für den implied trust noch für den resulting oder constructive trust erforderlich [114].

In der englischen Literatur wird der Begriff implied trust, ebenso wie die noch zu besprechenden Begriffe resulting und constructive trust, nicht immer in demselben Sinne verwendet. Schon in der Einteilungsweise zeigen sich erhebliche Unterschiede. UNDERHILL macht überhaupt keinen Unterschied zwischen express und implied trust, während KEETON den implied und resulting trust als eine Gruppe behandelt. LEWIN stellt jede dieser Arten als eine selbständige Gruppe dar und scheint am klarsten zu unterscheiden. Es soll daher grundsätzlich die Einteilung bei LEWIN übernommen werden. Eine praktische Bedeutung hat jedoch weder die eine noch die andere der Einteilungsweisen. Verschiedenheiten bestehen indessen nicht nur in der äußeren Einteilung, sondern die Begriffe implied und constructive trust werden zumindest insofern auch in verschiedenem Sinne verwendet, als gewisse Fälle, die der eine als implied trust ansieht, vom anderen als constructive trust behandelt werden und umgekehrt. Doch haben auch diese Verschiedenheiten keine praktische Bedeutung.

Ein implied trust liegt, ganz allgemein gesprochen, immer dann vor, wenn jemand durch sein Verhalten den Willen bekundet, daß ein Gegenstand, der in seiner vollen Verfügungsmacht steht, einem anderen zu-

---

111 KEETON 181: „The function of the Court in enforcing implied ... trusts is to carry out the presumed intention of the settlor ... ".

112 KEETON 181: „As MAITLAND said, it is hard to draw a strict line of demarcation between them [express and implied trusts], and in any event the division is not usually of importance."

113 Siehe oben S. 8 N. 9.

114 KEETON 181; LEWIN 168.

kommen solle. „Wherever a person, having a power of disposition over property", so bemerkt LEWIN[115], „manifests any intention with respect to it in favour of another, the Court, where there is sufficient consideration, or in a will where consideration is implied, will execute that intention through the medium of a trust, however informal the language in which it happens to be expressed." [116] Es genügt, wenn im Zusammenhang mit der Übertragung eines Gegenstandes an einen anderen der bestimmte Wunsch geäußert wird, der andere möge den Gegenstand für einen Dritten verwalten oder verwenden. So entsteht an einem mit einer Bedingung oder Auflage vermachten Gegenstande zugunsten der bedachten (allerdings bestimmt zu bezeichnenden) Person ein implied trust in dem Umfang, in welchem der Gegenstand dieser zugute kommen soll[117].

Ein implied trust liegt auch dann vor, wenn A mit eigenen Mitteln einen Gegenstand im Namen eines anderen, B, erwirbt und sich aus den Umständen nicht ergibt, daß der wirtschaftliche Genuß an dem Gegenstande B zukommen soll. LEWIN ebenso wie UNDERHILL sehen darin allerdings einen resulting trust. Nach Billigkeitsrecht wird in diesem Falle B trustee des A[118]. A muß aber den Kaufpreis als Erwerber des Gegenstandes zu bezahlen beabsichtigt haben. Wenn der von A bezahlte Kaufpreis nur als Darlehen für B gedacht war, wird B voller Eigentümer, auch nach Billigkeitsrecht[119]. Ein ähnlich liegender Fall ist im Zusammenhang mit der Besprechung der Stellvertretungsfälle[120] noch zu erwähnen.

Bemerkenswert ist vor allem der in den Fällen des Verkaufes von Vermögensgegenständen für die Zeit zwischen Kaufabschluß und Erfüllung entstehende trust. Dieser trust wird von der Lehre überwiegend als constructive trust behandelt; nur LEWIN sieht ihn als implied trust an. Der Verkäufer wird hier bis zur vollwirksamen Übertragung des verkauften Gegenstandes trustee für den Käufer. Da es beim Verkauf von beweglichen Sachen nach common law zur Eigentumsübertragung der Übergabe nicht bedarf, sondern allein der Parteiwille entscheidet (Sale of Goods Act, 1893[121], secs. 17, 18) und regelmäßig vermutet wird, daß nach dem Parteiwillen das Eigentum mit Kaufabschluß bereits übergehen soll (beim Gattungskauf mit Absendung der Ware), hat der trust an ver-

---

115 LEWIN 80.

116 Vgl. auch *Knight* v. *Knight* (1840), 3 Beav. 148, 172.

117 LEWIN 87 f.

118 KEETON 181. *Rochefoucauld* v. *Boustead*, [1897] 1 Ch. 196; *Dyer* v. *Dyer* (1788), 2 Cox. 92.

119 *Bartlett* v. *Pickersgill* (1759), 1 Eden 515. KEETON 183.

120 Siehe unten S. 42 ff., insbes. 44 ff.

121 56 & 57 Vict., c. 71.

kauften beweglichen Sachen wenig Bedeutung; immerhin ist er nicht ausgeschlossen [122]. Bei Grundstücken hat diese Regelung jedoch eine große Bedeutung [123]. Der Verkäufer eines Grundstückes ist vor Übertragung desselben an den Käufer dessen trustee, und zwar nicht nur bezüglich des Grundstückes selbst, sondern auch im Hinblick auf die Erträgnisse [124]. Der Verkäufer hat das Grundstück für den Käufer vor Schaden zu bewahren [125] und haftet dem Käufer für „breach of trust". Doch gehen zufällige Verschlechterungen und die Zerstörung des Treugutes zu Lasten des Käufers. Dafür kommt dem Käufer aber auch eine nach Kaufabschluß eintretende Werterhöhung zugute [126]. Es ist indes zu beachten, daß mit Kaufabschluß allein noch nicht der ganze equitable estate an den Käufer übergeht. Dem Verkäufer steht vielmehr ein eigenes equitable interest an dem verkauften Gegenstande zu, solange und soweit er den Kaufpreis noch nicht erhalten hat. Der Verkäufer ist, so sagt man, nur ein trustee „sub modo" und kann, da sein Recht auf Wahrung der Verkäuferinteressen gegenüber dem Rechte des Käufers vor vollständiger Bezahlung des Kaufpreises höher gewertet wird, nicht zur Übertragung des Gegenstandes gezwungen werden [127]. Der Verkäufer hat also, falls er sich nicht zur Vorleistung verpflichtet hat, ein pfandähnliches Zurückbehaltungsrecht (lien, charge) bis zur vollständigen Bezahlung des Kaufpreises. Diese Grundsätze sind in *Lysaght* v. *Edwards* [128] besonders klar formuliert: „What is that doctrine? It is that the moment you have a valid contract for sale the vendor becomes in equity a trustee for the purchaser of the estate sold, and the beneficial ownership passes to the purchaser, the

---

[122] Eckstein 168. *Holroyd* v. *Marshall* (1861/62), 10 H.L.C. 191, 11 E.R. 999: „A contract to transfer the property, given for valuable consideration, provided it is capable of being the subject of a decree for specific performance [auf Erfüllung des Vertrages lautendes Urteil], passes it at once, and the vendor becomes a trustee for the vendee. This rule applies to personal property as well as to real estate."

[123] *Ex p. Rabbidge, re Poolrey* (1878), 8 Ch. D. 367, 38 L.T. 663; *Re Taylor, ex p. Norwell*, [1910] 1 K.B. 562, 102 L.T. 84, 17 Mans. 145.

[124] *Wilson* v. *Clapham* (1819), 1 J. & W. 36, 38; *Shaw* v. *Foster* (1872), L.R. 5 H.L. 321, 338. Lewin 89.

[125] *Raffety* v. *Schofield*, [1897] 1 Ch. 937.

[126] Lewin 90.

[127] Lewin 91: „It should be observed, however, that the vendor is, after all, a trustee sub modo only, for he has a paramount right to protect his interest as vendor, and cannot be compelled to deliver up the possession until the purchase-money has been paid." Vgl. auch folgende Entscheidungen: *Shaw* v. *Foster* (oben Note 124); *Acland* v. *Gaisford* (1816), 2 Madd. 28, 32; *M'Creight* v. *Foster* (1870), L.R. 5 Ch. 604; *Lysaght* v. *Edwards* (1876), 2 Ch. D. 499, 45 L. J. Ch. 534; *Ridout* v. *Fowler*, [1904] 1 Ch. 568, [1904] 2 Ch. 93; *Tasker* v. *Small* (1836), 3 My. & C. 70.

[128] Vorige Note.

vendor having a right to the purchase-money, a charge or lien on the estate for the security of that purchase-money, and a right to retain possession of the estate until the purchase-money is paid, in the absence of express contract as to the time of delivering possession. In other words, the position of the vendor is something between what has been called a naked or bare trustee, or a mere trustee (that is, a person without beneficial interest), and a mortgagee who is not, in equity (any more than a vendor), the owner of the estate, but is, in certain events, entitled to what the unpaid vendor is, viz., possession of the estate and a charge upon the estate for his purchase-money ...". Der Käufer wird dementsprechend auch nur als cestui que trust „sub modo" angesehen, der sein equitable interest erst nach vollständiger Erfüllung des Kaufvertrages seinerseits geltend machen kann [129].

Ein trust an einem verkauften Gegenstande kann, dem Grundsatz der Bestimmtheit des Treuguts entsprechend, nur dann entstehen, wenn die verkaufte Sache individuell bestimmt ist. Solange im Falle des Gattungskaufes noch nicht konkretisiert ist, ist der Verkäufer mangels Bestimmtheit des Treugutes auch kein trustee für den Käufer [130].

c) Resulting trust. – Der resulting trust entsteht, wie der anschließend zu besprechende constructive trust, ohne Rücksicht auf den Parteiwillen, wenn er auch in manchen Fällen tatsächlich diesem Willen entspricht. Er ist ein „trust created by operation of law", also nicht unmittelbar rechtsgeschäftlich begründet. Er wird von der Billigkeitsrechtsprechung als das notwendige „Resultat" gewisser Rechtsgeschäfte angesehen und verhängt. Die Tatbestände, welche zu einem resulting trust führen, lassen sich in zwei Gruppen einteilen: einmal solche Fälle, in denen bei Übertragung eines Gegenstandes nach common law das equitable interest oder ein Teil desselben nicht übertragen wurde oder dessen Übertragung nicht beabsichtigt war bzw. unter normalen Umständen nicht beabsichtigt sein konnte [131]; zum anderen Fälle, in denen ein express trust infolge irgendwelcher Umstände nicht wirksam entstehen konnte. Bei LEWIN und UNDERHILL findet sich noch eine dritte Gruppe von resulting trusts, nämlich solche, wo jemand mit eigenen Mitteln im Namen eines anderen etwas erwarb, doch wurden diese Fälle hier, mit KEETON, als solche des implied trust bereits behandelt.

[129] LEWIN 91. *Tasker* v. *Small* (vorletzte Note). [130] ECKSTEIN 168.

[131] LEWIN 130: „The general rule is, that wherever, upon a conveyance, devise or bequest, it appears to have been the intention of a donor that the grantee, devisee or legatee was not to take beneficially, the equitable interest, or so much of it as is left undisposed of, will result to the donor or his representatives."

Im Zusammenhang mit der Übertragung des legal title an einem Gegenstande wird gewöhnlich durch declaration of intention ein express trust geschaffen. Es gibt aber Fälle, in denen ein bestimmter Grund für die Übertragung nicht oder nur teilweise ersichtlich ist oder wo ein nach Billigkeitsrecht unbeachtlicher Grund zur Übertragung des Gegenstandes geführt hat. Der Übertragende kann entweder den Übergang des equitable interest ausdrücklich ausgeschlossen haben, ohne zu sagen, wem dieses zukommen solle. Er kann aber auch einen Gegenstand einer anderen Person ohne solche Erklärung übertragen haben, wobei sich jedoch aus irgendwelchen Umständen ergibt, daß der Erwerber des legal title nicht gleichzeitig auch beneficial owner werden sollte, und nun nicht klar ist, wem der wirtschaftliche Genuß des Gegenstandes zustehen soll. Ferner ist es möglich, daß jemand einen Gegenstand einem anderen überträgt, damit dieser den Gegenstand nur in bestimmter Hinsicht oder in Höhe eines bestimmten Betrages, der unter dem Wert des übertragenen Gegenstandes liegt, für sich nutzen solle, jedoch keine bestimmte Absicht darüber ersichtlich ist, wem der verbleibende Teil des beneficial interest zukommen soll [132]. In all diesen Fällen entsteht bezüglich des equitable interest oder seines restlichen Teils ein trust zugunsten des Veräußerers des Gegenstandes, dessen trustee der Erwerber wird [133]. Wo die Veräußerung auf Grund einer consideration erfolgte oder wo feststeht, daß sie eine Schenkung darstellen sollte [134], oder wo der Wille des Übertragenden, selbst Begünstigter zu sein, klar ist, ist natürlich kein Raum für einen resulting trust. Bei Übertragung eines Gegenstandes an die Ehefrau oder die Kinder des Veräußerers besteht die Vermutung, daß diese auch in den Genuß des beneficial interest kommen sollten [135].

Ein bedeutsames Anwendungsgebiet des resulting trust stellen die Fälle dar, wo die Übertragung eines Gegenstandes infolge eines Irrtums des

---

[132] LEWIN 132: „If upon a conveyance ... a trust be declared of part of the estate, and nothing is said as to the residue, then, clearly, the creation of the partial trust is regarded as the sole object in view, and the equitable interest undisposed of by the settlor will result to him or his representative."

[133] LEWIN 131: „If an estate be granted either without consideration or for merely a nominal one, and no trust is declared of any part, then if the conveyance be simply to a stranger and no intention appear of conferring the beneficial interest, as the law will not suppose a person to part with property without some inducement thereto, a trust of the whole estate ... will result to the settlor." Vgl. auch *Duke of Norfolk* v. *Browne* (1697), Pr. Ch. 80; *Elliot* v. *Elliot* (1677), 2 Ch. Cas. 232.

[134] LEWIN 132. Im Falle *Custance* v. *Cunningham*, (1850) 13 Beav. 363, wird die Absicht einer Schenkung sogar prima facie als erwiesen betrachtet.

[135] LEWIN 131.

Veräußerers oder eines arglistigen oder in sonstiger Weise Treu und Glauben widersprechenden Verhaltens des Erwerbers erfolgte. Der Erwerber wird in all diesen Fällen trustee für den Veräußerer an dem erworbenen Gegenstande [136]. Man erreicht damit, daß der Erwerber nicht ungerechtfertigt bereichert bleibt. Wo aber der Veräußerer selbst eine rechtswidrige Absicht verfolgte, „springt" das equitable interest auf ihn nicht „zurück", es sei denn, der Erwerber wäre damit einverstanden oder der rechtswidrige Erfolg würde nicht erreicht [137]. Wurde ein Gegenstand an einen anderen treuhänderisch für einen Dritten übertragen und mit der Schaffung dieses trust ein rechtswidriger Zweck verfolgt, so ist der trust weder zugunsten des Benefiziars wirksam, noch entsteht zugunsten des Errichters ein resulting trust [138].

Die Tatsache, daß ein express trust formal so leicht zu errichten ist, bringt es mit sich, daß ein solcher nach Übertragung des Treugutes auf den trustee regelmäßig Wirksamkeit erlangt. Doch wo für den Nachweis des trust Schriftform notwendig ist, wie z. B. für trusts an Grundstücken, und er nicht erbracht werden kann, erlangt zwar der Dritte kein beneficial interest an dem Grundstück, doch entsteht hier durch das „Zurückspringen" des equitable interest an den settlor ein resulting trust zu Händen des ursprünglich für den Dritten bestellten trustee [139].

d) Constructive trust. – Der constructive trust umfaßt eine andere Gruppe von Treuhandverhältnissen, die nicht durch Rechtsgeschäft, sondern „by operation of law" entstehen. Wie der resulting trust, so dient auch der constructive trust dazu, in Fällen, in welchen es die Billigkeit erfordert, unabhängig vom Willen der Parteien durch gewisse Rechtsgeschäfte hervorgerufene unbefriedigende Rechtslagen durch Auferlegung einer Treuhand zum gerechten Ausgleich zu bringen.

Eine klare Grenzziehung zwischen resulting und constructive trusts ist

---

[136] LEWIN 131: „The Court will not permit the grantee to retain the beneficial interest if there was any mistake on the part of the grantor or any mala fides on the part of the grantee." Siehe dazu *Birch* v. *Blagrave* (1755), Amb. 264; *Childers* v. *Childers* (1857), 1 De G. & J. 482; *Manning* v. *Gill* (1872), 13 L. R. Eq. 485; *Hutchins* v. *Lee* (1737), 1 Atk. 448; *Lloyd* v. *Spillet* (1740), 2 Atk. 150.

[137] LEWIN 131: „But if the grantor himself intended a fraud upon the law, the assurance, if the defendant set up the defence, will remain absolute against the grantor; but if the defendant admit the trust, it seems the Court will relieve. If, however, the illegal purpose fail to take effect, there is a resulting trust for the settlor." *Cottington* v. *Fletcher* (1740), 2 Atk. 156; *Gasgoine* v. *Gasgoine*, [1918] 1 K.B. 223.

[138] LEWIN 100. *Cottington* v. *Fletcher* (vorige Note); *Muckleston* v. *Brown* (1801), 6 Ves. 68.

[139] UNDERHILL 176.

nicht möglich. Es scheint, daß unter dem Begriff constructive trust alle diejenigen Fälle einer durch Rechtssatz entstehenden Treuhand zusammengefaßt werden, die man allgemein glaubt, nicht in die Gruppe der resulting trusts einreihen zu können [140], obgleich manche der als constructive trusts behandelten Fälle eher dem Wesen des resulting trust entsprechen. Doch da, wie schon erwähnt, die Einreihung eines Treuhandverhältnisses in die eine oder andere Gruppe der trusts von keinerlei praktischer Bedeutung ist, soll auch hier insoweit der herkömmlichen Übung gefolgt werden.

Constructive trusts entstehen einmal dort, wo jemand, dem fremde Vermögensgegenstände zu treuen Händen übertragen sind, aus seiner Stellung als trustee einen persönlichen Vorteil zu ziehen sucht. Ein trustee soll seine Verfügungsmacht über fremdes Vermögen nicht mißbrauchen können. Einem solchen Vorhaben „schiebt" die Billigkeitsrechtsprechung dadurch einen „Riegel" vor, daß sie den trustee auch in Ansehung der Vorteile, die er durch Verwendung des Treugutes für sich selbst gezogen hat, als Treuhänder, und zwar als constructive trustee für den Begünstigten behandelt [141]. Wenn etwa der trustee das ihm zu treuen Händen übertragene Grundstück, das er zugunsten des cestui que trust verpachtet hatte, nach Ablauf der Pachtzeit für eigene Rechnung erneut verpachtet oder den alten Pachtvertrag für eigene Rechnung verlängert, wird er auch bezüglich des für sich selbst eingezogenen Pachtzinses trustee für den Begünstigten [142].

Ein constructive trust entsteht ferner zugunsten des Verkäufers eines Gegenstandes an diesem, wenn der Verkäufer den Kaufpreis noch nicht vollständig erhalten hat und sich in keiner anderen Weise für die Kaufpreisforderung gesichert hatte. Der Käufer erwirbt den Gegenstand des Kaufvertrages insoweit, als er den Kaufpreis noch nicht bezahlt hat, nur treuhänderisch für den Verkäufer; er ist „trustee pro tanto". Das equitable

---

[140] UNDERHILL 204: „In every case (not coming within the scope of any of the proceeding articles) where the person in whom real or personal property is vested at law has not the whole equitable interest therein, he is pro tanto a trustee of that property for the persons having such equitable interests."

[141] LEWIN 155: „A constructive trust is raised by a Court of equity wherever a person, clothed with a fiduciary character, gains some personal advantage by availing himself of his situation as trustee; for as it is impossible that a trustee should be allowed to make a profit by his office, it follows that so soon as the advantage in question is shown to have been acquired through the medium of a trust, the trustee, however good a legal title he may have, will be decreed in equity to hold it for the benefit of his cestui que trust."

[142] LEWIN 155 ff.

interest des Verkäufers besteht in einem „lien" an dem verkauften Gegenstande in Höhe der noch ausstehenden Kaufpreisforderung [143].

Der Inhaber eines Pfandrechtes (mortgage) ist, wenn er den Besitz an dem verpfändeten Gegenstande hat, in Höhe des den gesicherten Forderungsbetrag übersteigenden Wertes des Pfandgegenstandes constructive trustee für den Pfandschuldner [144], insbesondere hat er den Pfandgegenstand ordnungsmäßig zu verwalten und ist verpflichtet, die Erträgnisse so zu verwenden, wie dies vorgesehen war. Ist der Pfandgläubiger dagegen nicht im Besitze der Pfandsache (in England gibt es nicht nur das Faustpfand), so wird er bezüglich seines Rechtes, die Pfandsache zu verkaufen (power of sale), nicht als trustee angesehen, da ihm dieses Recht zu seinem eigenen Nutzen eingeräumt wurde [145]. Hat er aber die Pfandsache zum Zwecke der Befriedigung für die gesicherte Forderung verkauft, so wird er bezüglich des überschüssigen Erlöses wiederum trustee für den Pfandschuldner und hat diese Summe zu verzinsen [146].

Als constructive trust dürfte, obwohl das, soweit ersichtlich, nirgends ausdrücklich erwähnt wird, auch der bereits bei der Darstellung des express trust behandelte Fall anzusehen sein, daß jemand die Absicht geäußert hat, für valuable consideration einen Gegenstand zugunsten eines anderen an einen Dritten als trustee zu übertragen, jedoch die Übertragung noch nicht vollständig vorgenommen hat. Nach Billigkeitsrecht entsteht hier der trust bereits vor dessen Vervollständigung. Dies kann nur dadurch geschehen, daß der settlor ohne Rücksicht auf seinen Willen bis zur Übertragung des Gegenstandes an den von ihm vorgesehenen Treuhänder selbst als trustee behandelt wird. Ein so entstandener trust wird ohne Bedenken als constructive trust bezeichnet werden dürfen.

Man sagt, daß constructive trusts auch in den Fällen zur Entstehung kommen, wo das ursprüngliche Treugut durch irgendwelche Handlungen des trustee oder sonstige Ereignisse eine Umwandlung erfährt oder die Gegenstände des Treugutes durch andere ersetzt werden (Surrogation).

---

[143] UNDERHILL 206 (im Anschluß an den dort als constructive trust behandelten Fall des Verkäufers als trustee): „In the converse case, where the vendor has actually conveyed the property, but the purchaser has not paid the purchase-money, or has only paid part of it, the vendor has a lien upon the property for the unpaid portion, and the purchaser will hold the estate as a trustee pro tanto, unless by his acts or declarations the vendor has plainly manifested his intention to rely not upon the estate, but upon some other security, or upon the personal credit of the individual." *Mackreth* v. *Symmons* (1808), 15 Ves. 329.

[144] UNDERHILL 206; LEWIN 166. *Coppring* v. *Cooke* (1684), 1 Vern. 270, 35 Digest 643.

[145] UNDERHILL 206; LEWIN 165. *Warner* v. *Jakob* (1882), 20 Ch. D. 220.

[146] LEWIN 166. *Charles* v. *Jones* (1887), 35 Ch. D. 544.

Ferner werden diejenigen Fälle, in denen ein Dritter entweder unentgeltlich oder bösgläubig Treugut erwirbt, vielfach im Zusammenhang mit dem constructive trust dargestellt. Da auch in der englischen Literatur über die Einordnung der genannten Fälle Meinungsverschiedenheiten bestehen und besonders LEWIN [147] die Ansicht vertritt, daß es sich hier eher um die Fortsetzung bereits bestehender trusts handle als um neuentstehende trusts, und deswegen diesen Fällen besondere Abschnitte widmet, soll die Surrogation von Treugut auch in dieser Arbeit in einem besonderen Abschnitt behandelt und bezüglich der Entstehung eines trust zu Händen des bösgläubigen oder unentgeltlichen Erwerbers von Treugut auf die oben angestellten Erörterungen verwiesen werden, ohne auf den einer praktischen Bedeutung entbehrenden Streit über die Bezeichnung dieser trusts einzugehen.

e) Die Stellvertretungsfälle. – Einer besonderen Erörterung bedarf die im englischen Schrifttum fast nur unter dem Gesichtspunkt des constructive trust behandelte Frage nach dem Verhältnis zwischen trust und Stellvertretung (agency). Die im Zusammenhang mit der Stellvertretung zu unserem Thema allein interessierende Frage ist die, ob und inwiefern die Rechtsbeziehungen zwischen Geschäftsherrn (principal) und Stellvertreter (agent) als Treuhandverhältnis angesehen werden. Dieses Problem taucht nur dort auf, wo dem agent als solchem über bestimmte Gegenstände eine Verfügungsmacht irgendwelcher Art eingeräumt ist. Dabei ist auf Grund der Herkunft der dem agent zur Verfügung gestellten Gegenstände zu unterscheiden zwischen solchen, die aus dem Vermögen des principal stammen (Hauptbeispiel Verkaufskommission), und solchen, die aus dem Vermögen eines Dritten herrühren (Hauptbeispiel Einkaufskommission).

(1) Hinsichtlich der *aus dem Vermögen des Geschäftsherrn stammenden Gegenstände* kann dieser dem Stellvertreter zum Zwecke der Verfügung über sie, etwa zu ihrer Veräußerung, entweder nur eine Ermächtigung (authority) [148] erteilen, ohne das Recht an dem Gegenstande auf den Vertreter zu übertragen. Er kann aber auch, um dem Stellvertreter eine nach außen stärkere Stellung zu verschaffen, den Gegenstand zu vollem Recht, bei Sachen zu Eigentum, übertragen. Im ersten Falle, d. h. wo der Geschäftsherr Inhaber des Rechtes an dem Gegenstande bleibt, ist kein Raum für ein Treuhandverhältnis zwischen principal und agent. Der principal

---

[147] LEWIN 168.

[148] SIEBERT 77. Hiernach ist „authority" die Macht, mit Wirkung unmittelbar für den principal zu handeln.

ist nach wie vor Eigentümer sowohl nach common law als auch nach equity. Im zweiten Falle, d. h. wo der Geschäftsherr an den Stellvertreter das Recht an dem Gegenstande, über den der agent verfügen soll, überträgt, kommt normalerweise, nämlich wenn eine declaration of intention vorliegt, ein express trust zustande, denn da der agent über den Gegenstand zugunsten des Geschäftsherrn verfügen soll, behält letzterer das beneficial interest zurück, und der agent ist nur legal owner. Es handelt sich hier um einen Fall, in dem der settlor (principal) selbst cestui que trust wird. Die dem trustee (agent) obliegende Verwaltungstätigkeit besteht im Falle der Verkaufskommission in der Veräußerung des Kommissionsgutes.

Die Frage, ob der principal dem agent das Eigentum an dem Gegenstande, über den dieser verfügen soll, übertragen hat oder ob nur eine authority erteilt wurde, d. h. also, ob ein trust vorliegt oder nicht, ist nicht immer einfach zu beantworten, da die Parteierklärungen meist nicht so genau formuliert sind, daß ohne weiteres das eine oder andere als gewollt zum Ausdruck käme. Der Fall, daß der principal dem agent Geld oder sonstige vertretbare Sachen mit der Bestimmung übergeben hat, daß der vom agent für den principal zu beschaffende Gegenstand nicht speziell mit diesen Mitteln, sondern mit irgendwelchen Mitteln der betreffenden Gattung erworben werden soll, bleibt außer Betracht, denn es handelt sich hier um einen vorweggenommenen Aufwendungsersatz, und der principal hat, wenn das geplante Geschäft nicht zur Ausführung gelangt, nur einen persönlichen Anspruch gegen den agent auf Rückerstattung des Geldes. In den anderen Fällen, wo der agent über einen ganz bestimmten Gegenstand verfügen soll, kommt es dafür, ob der Gegenstand als Treugut zu behandeln ist, also für die Frage, ob der agent das legal right übertragen erhielt, darauf an, ob das Verhältnis zwischen agent und principal einen treuhänderischen Charakter (fiduciary oder confidental relationship) aufweist oder nicht. Im Falle einer erklärten oder „implizierten" manifestation of intention bestehen keine Zweifel darüber, ob der legal title übertragen wurde oder nicht. Kraft Parteierklärung besitzt das Innenverhältnis zwischen principal und agent einen treuhänderischen Charakter. Schwierigkeiten ergeben sich erst dort, wo aus dem Verhalten des principal nicht ohne weiteres eine solche Absicht erkennbar ist. Der agent wird dann, wenn dem Innenverhältnis ein treuhänderischer Charakter anhaftet, ohne Rücksicht auf seinen Willen constructive trustee für den principal bezüglich der ihm „anvertrauten" Gegenstände. Der fiduziarische Charakter des Rechtsverhältnisses zwischen agent und principal bestimmt sich nach dem Zwecke der Übertragung des betreffenden Gegenstandes, also nach dem Inhalt des Auftrages oder Geschäftsbesorgungsvertrages. War der agent mit der Verwahrung, dem Verkauf oder der Anlage eines bestimmten Gegenstandes beauftragt, so wird seine Tätigkeit als treuhänderische angesehen. So wird ein Geschäftsanwalt, dem Geldmittel zur Investierung übergeben wurden, ebenso ein Börsenmakler (stockbroker) [149] oder Grundstücksmakler (land agent), dem Geld zum Erwerbe von Wertpapieren bzw. Grundstücken ausgehändigt wurde, an dem Gelde constructive trustee für den Auftraggeber [150]. Dasselbe gilt für einen Versteigerer (auctioneer) bezüglich des zu versteigernden Gegenstandes [151]. Dagegen ist jemand, der eine Forderung seines Geschäftsherrn im eigenen Namen einziehen soll, z. B. den fälligen Pachtzins, kein trustee in Ansehung der Forderung [152]. Im Zweifel liegt in derartigen Fällen lediglich eine Einziehungsermächtigung und keine Inkassozession vor.

(2) Hinsichtlich der *aus dem Vermögen Dritter stammenden Gegenstände* ist zwischen sogenanntem „Surrogationserwerb" und „Ersterwerb" zu unterscheiden. Der Fall kann entweder so liegen, daß der principal an den agent zunächst Gegenstände übertragen hatte, die vom agent – befugt oder unbefugt – umgesetzt wurden, oder es kann der agent lediglich zum Erwerbe von Gegenständen aus dem Vermögen Dritter beauftragt sein, ohne daß er selbst die Gegenleistung zu bewirken hat. Im ersten Falle liegt ein Surrogationserwerb vor, dessen rechtliche Bedeutung weiter unten zu untersuchen sein wird. Im zweiten Falle handelt es sich um einen Ersterwerb, und hier erhebt sich die Frage, ob und auf welche Weise der principal an dem vom agent erworbenen Gegenstande eine „dingliche" Berechtigung erlangt.

Obwohl das englische Recht bezüglich der unmittelbaren obligatorischen Berechtigung und Verpflichtung des Geschäftsherrn aus Rechtsgeschäften des Stellvertreters keinen Unterschied zwischen offener (disclosed agency) und verdeckter Stellvertretung (undisclosed agency) macht, vielmehr der principal gegen den Drittkontrahenten immer dann einen persönlichen Anspruch erwirbt und diesem persönlich verpflichtet wird, wenn der

---

[149] *Ex p. Cooke, re Strachan* (1876), 4 Ch. D. 123.

[150] Keeton 218. Bei Underhill heißt es 208 f.: „It is submitted that where property is handed to an agent either for investment, sale, safe custody, or otherwise, then he is a trustee of that property. But where an agent merely collects rents, or debts, or the like on commission, or receives illicit commissions, the relation of trustee and cestui que trust does not generally arise, unless the agency is of an exceptionally fiduciary character." *Re Bell, Lake* v. *Bell* (1886), 34 Ch. 462. *Marris* v. *Ingram* (1879), 13 Ch. D. 338.

[151] *Crowther* v. *Elgood* (1887), 34 Ch. D. 691.

[152] Vgl. Underhill (vorletzte Note).

agent mit „authority" gehandelt hat, so ist doch bei der Frage eines „dinglichen" Rechtserwerbes des principal danach zu unterscheiden, ob der agent im fremden oder im eigenen Namen Vermögensgegenstände für den principal erworben hat. Hat der agent im fremden Namen (also im Namen des principal) erworben, so geht der betreffende Gegenstand zu vollem Recht unmittelbar auf den principal über, und von einem Treuhandverhältnis an dem erworbenen Gegenstande kann keine Rede sein. Handelte dagegen der agent bei dem Erwerb im eigenen Namen, so tritt dieser Erfolg nicht ein, da das englische Recht einen unmittelbaren „dinglichen" Rechtserwerb des Geschäftsherrn durch Handeln des Vertreters im eigenen Namen nicht kennt[153]. Die Stellvertretung als solche scheidet hier als Grund eines „dinglichen" Rechtserwerbes durch den principal aus. Der im eigenen Namen auftretende agent erwirbt selbst das Eigentum an der betreffenden Sache, bzw. wird selbst Gläubiger der gekauften Forderung usw. Die gegen den Dritten durch das zwischen diesem und dem agent abgeschlossene Rechtsgeschäft entstandene Forderung, z. B. eine Kaufpreisforderung, erwirbt aber unmittelbar der principal[154], so daß vor Erfüllung des Rechtsgeschäftes seitens des Dritten sich in der Hand des agent kein Gegenstand befindet, der als Treugut in Betracht käme[155].

Wenn gesagt wurde, der agent erwerbe das volle Recht an dem Gegenstande des Rechtsgeschäfts, so bedarf dies einer Einschränkung. Der agent erwirbt nur den legal title. Da er im Innenverhältnis für seinen principal handelt, kann er nicht auch beneficial owner sein. Wohl aber kann er neben seinem legal right ein equitable interest an dem Gegenstand haben, nämlich insoweit, als ihm auf Grund des Auftragsverhältnisses gegen den principal Ansprüche zustehen, die dieser noch nicht erfüllt hat. Der agent,

---

[153] SIEBERT 89.

[154] BOWSTEAD, A Digest of the Law of Agency[11] (London 1925) 193: „Every principal, whether disclosed or undisclosed, may sue or be sued in his own name on any contract duly made on his behalf . . . ." Und weiter unten: „A factor, acting on behalf of his principal, sells goods in his own name. The principal may sue for the price." S. auch SIEBERT 85. MÜLLER-FREIENFELS, The undisclosed principal: Modern Law Review 16 (1953) 299 ff., 306 f., erklärt diese direkten Beziehungen zwischen Geschäftsherrn und Drittem mit dem Hinweise darauf, daß es nach englischem Recht nicht, wie etwa im deutschen Recht, auf das „meeting of the minds" und das objektiv Erklärte ankomme. Das Entscheidende sei, daß auch bei der undisclosed agency die consideration vom Geschäftsherrn ausgehe, während der Stellvertreter dem Vertrage als Fremder gegenüberstehe. Aus diesem Grunde, so folgert MÜLLER-FREIENFELS, sei die Heranziehung des trust-Rechtes zur Erklärung der direkten vertraglichen Beziehungen zwischen dem undisclosed principal und dem agent unverständlich, wohingegen für die Anwendung der „doctrine of consideration" im Sachenrecht kein Platz sei.

[155] SIEBERT 88.

so sagt man, hat ein „possessory lien" (Zurückbehaltungsrecht) [156]. Es fragt sich nun, auf welche Weise der principal an den vom agent zu legal right erworbenen Gegenständen beneficial owner wird; mit anderen Worten, auf welche Weise ein trust für den principal zu Händen des agent entsteht. Der Vorgang ist genau derselbe wie bei der Entstehung eines trust außerhalb des Bereiches der agency. Hat der agent durch eine (entweder dem Erwerb vorangehende oder gleichzeitig mit ihm getroffene) Vereinbarung mit dem principal seiner Absicht Ausdruck verliehen, den Gegenstand für diesen zu erwerben, so besteht kraft declaration of intention ein express trust. Ein implied trust liegt dementsprechend dann vor, wenn der mutmaßliche Wille des agent auf einen Erwerb zugunsten des principal gerichtet ist. Der im Zusammenhang mit der agency auftretende express oder implied trust wird in der englischen Literatur – wohl als eine Selbstverständlichkeit – soweit ersichtlich nicht besonders behandelt [157]. Für unser Thema war jedoch eine Betrachtung dieser Fälle notwendig, zumal sie den Normalfall der Entstehung von Treugut durch mittelbare Stellvertretung darstellen.

Die indirekte Stellvertretung ist aber auch ein bedeutsames Anwendungsgebiet des resulting und constructive trust. Ein agent, der in Ausführung des Auftrages mit Mitteln des principal einen Erwerb macht, wird, wenn nicht schon ein express oder implied trust vorliegt, resulting trustee für den principal. (Dies gilt jedoch nur dort, wo diese Mittel auch nach common law bis zur Veräußerung im Eigentum des principal geblieben waren, denn wenn an den agent der legal title übertragen worden wäre, läge Surrogationserwerb vor.) Diesem Ergebnis liegt der Gedanke zugrunde, daß es billig ist, einen Gegenstand, der mit Mitteln einer anderen Person erworben wurde, sofort auf diese übergehen zu lassen. Dies kann, weil den legal title der agent erwirbt, nur dadurch geschehen, daß der principal beneficial owner wird und man den agent nach dem allgemeinen Grundsatz „Equity considers as done what ought to be done" als trustee für seinen principal ansieht [158]. Ein constructive trust zu Händen des agent entsteht grundsätzlich dort, wo dieser im Zusammenhang mit

[156] Bowstead (oben N. 154) 151 erklärt hierzu: „Every agent has a general or particular possessory lien on the goods and chattels of his principal in respect of all lawful claims he may have as such agent against the principal, either for remuneration earned, or advances made, or losses or liabilities incurred, in the course of agency ...", wobei er „possessory lien" versteht als „the right of a person who has possession of goods or chattels belonging to another, to retain possession thereof until the satisfaction of some debt or obligation by the owner of the goods or chattels", a.a.O. 150 f.

[157] So auch Siebert 82.

[158] Siebert 84 f.; Godefroi 131.

der Stellvertretung einen Erwerb macht, ohne daß der principal ihm die Mittel zum Erwerbe zur Verfügung gestellt hat [159], aber auch und besonders in den Fällen, wo der agent für sich selbst erwerben will, sei es, daß er mit Mitteln des principal oder daß er mit eigenen Mitteln bezahlt. Es kommt nur darauf an, daß der Erwerb objektiv auf der Grundlage der Stellvertretung erfolgte [160]. Ebenso wie bezüglich der dem agent vom principal (etwa zum Verkauf) übergebenen Gegenstände kommt es auch bezüglich der vom agent aus dem Vermögen Dritter erworbenen Gegenstände für die Frage, ob diese Treugut geworden sind, darauf an, ob die agency einen fiduziarischen Charakter aufzuweisen hat oder nicht. Dies ist auch hier kraft „act of party" immer dort der Fall, wo der settlor (agent) eine declaration of intention dahin abgegeben hat, den erworbenen Gegenstand als Treugut für den principal zu besitzen. Will dagegen der agent die erworbenen Gegenstände für sich selbst besitzen, so auferlegt ihm die Rechtsprechung (wenn der Gegenstand nicht schon kraft Surrogation Treugut geworden ist) in der Regel einen constructive trust. Keeton [161] sagt hierzu: „It is certainly clear that an agent cannot make a profit out of his position as agent, and if he does, he is accountable for that profit to his employer as a constructive trustee of it." Voraussetzung ist aber, wie gesagt, daß eine fiduziarische Beziehung zwischen principal und agent besteht. Die Fälle, in denen eine solche „fiduciary relationship" angenommen wird, scheinen auf den ersten Blick dieselben zu sein wie die bereits bei der Erörterung der Frage angeführten, ob Gegenstände Treugut werden, die dem agent aus dem Vermögen des principal übergeben werden. Es wird nämlich gesagt, derjenige, welcher mit der Einziehung einer Geldforderung betraut wird, sei nicht nur bezüglich der Forderung kein trustee, sondern auch nicht in Ansehung des eingezogenen Geldes [162]. Vielmehr sei der principal hier immer auf eine „common law action for money had and received", d. h. auf den persönlichen Anspruch aus ungerechtfertigter Bereicherung beschränkt [163]. Underhill [164] bemerkt hierzu m. E. mit Recht, diese Ansicht sei „curiously enough", und versucht sie

---

[159] Siebert 85.

[160] Siebert 87. *Bourdic* v. *Garrick* (1870), L.R. 5 Ch. 233.

[161] Keeton 218.

[162] „The fact is ... ‚it is not every agent who is fiduciary'", wie Underhill 210 mit der Entscheidung *Piddocke* v. *Burt*, [1894] 1 Ch. 343, feststellt, in welcher man zu dem Ergebnis kam, daß „a partner who collected debts due to the firm and misapplied the money so collected, was not liable as a trustee", wie Underhill formuliert. Siehe auch *Re Hindmarsh* (1860), 1 Dr. & Sm. 129.

[163] Underhill 209. [164] Underhill 210.

damit zu erklären, daß jemand, der Geld einziehen soll, dieses nicht zu verwahren habe. Die Verwahrung stelle aber eine dem trust wesensgemäße Verwaltungstätigkeit dar. Diese Erklärung ist, oberflächlich betrachtet, ebenso verwunderlich wie die genannte Ansicht, die damit erläutert werden soll. Doch kann mit beidem nur der Fall gemeint sein, daß es dem agent gestattet war, das eingezogene Geld mit eigenem zu vermischen, mit anderen Worten, daß es dem principal nicht darauf ankommt, gerade das eingezogene Geld in specie zu erhalten, womit, mangels Bestimmtheit des Treugutes, nicht das Verhältnis trustee–cestui que trust, sondern Schuldner–Gläubiger vorliegt. Man wird die Rechtsansicht, daß der Einziehungsermächtigte nicht trustee an dem eingezogenen Gelde wird, in dieser so allgemein gehaltenen Formulierung so verstehen müssen, daß im Zweifel, d. h. wo keine anderslautende manifestation of intention vorliegt, angenommen wird, der Geschäftsherr habe kein Interesse daran gehabt, das eingezogene Geld in specie zu erhalten. Dieser Fall dürfte auch von UNDERHILL gemeint sein, denn nur hier kann wirklich von einer Verwahrung des Geldes nicht die Rede sein. Die Forderung selbst ist allerdings, wenn nicht eine Inkassozession ausdrücklich erfolgt ist, wie schon erwähnt, nicht Treugut, doch ist dies deswegen gerechtfertigt, weil hier der principal ohnehin voller Inhaber der Forderung bleibt. In allen anderen Fällen, also wenn die Forderung auf Leistung anderer Gegenstände als Geld oder sonstige nur der Gattung nach bestimmte Gegenstände gerichtet war oder wo es dem principal erklärtermaßen darauf ankam, den eingezogenen Geldbetrag in specie zu erhalten, wird der agent bezüglich der empfangenen Gegenstände, insbesondere auch in Ansehung des erhaltenen Geldes, constructive trustee für den principal, ob er dies will oder nicht [165].

Die Bedeutung der Unterscheidung zwischen Stellvertretung mit und solcher ohne fiduziarischen Charakter wird im allgemeinen sehr überschätzt. Sie ist, wie schon gezeigt, lediglich ein Ausfluß des Grundsatzes der Bestimmtheit von Treugut und hat nur in den Fällen eine Bedeutung, in denen es dem Geschäftsherrn nicht darauf ankommt, einen bestimmten Gegenstand in den Händen eines Stellvertreters zu wissen. Dies kommt

[165] BOWSTEAD (oben S. 45 N. 154) 88: „Where an agent who is employed to purchase property on behalf of his principal, purchases it in his own name or on his own behalf, and it is conveyed or transferred to him, he becomes a trustee thereof for the principal." Und 238: „On the bankruptcy of an agent the principal is entitled, as against the trustee in bankruptcy and creditors of the bankrupt, to all moneys and property held by the bankrupt, and all outstanding debts due to the bankrupt, as his agent [es heißt nicht „as his trustee"], subject to any lien of the bankrupt thereon."

praktisch nur dann vor, wenn der agent auf Grund der im Zusammenhang mit der Stellvertretung abgeschlossenen Rechtsgeschäfte einen Geldbetrag erhalten hat, gleichgültig, ob durch die Einziehung einer Forderung oder auf sonstige Weise. In solchen Fällen spricht eine tatsächliche, allerdings widerlegbare Vermutung dafür, daß der principal keinen Wert darauf legte, gerade diesen Geldbetrag in specie zu erhalten, sondern daß zwischen ihm und dem agent das Verhältnis Gläubiger–Schuldner besteht und damit von einer „fiduciary relation" nicht gesprochen werden kann. Der bei UNDERHILL [166] als Hauptbeispiel für eine Stellvertretung ohne fiduziarischen Charakter angeführte Fall *Lister & Co.* v. *Stubbs* [167] dürfte diese Auffassung bestätigen: Der Kläger, eine Fabrikationsgesellschaft, hatte den Beklagten mit dem Einkauf bestimmter Rohmaterialien beauftragt. Der Beklagte, der in der Auswahl des Lieferanten freie Hand hatte, ließ sich von einer Firma V. durch Versprechen einer Provision zum Abschluß eines Kaufvertrages über solche Rohmaterialien bewegen. Der Kläger überwies in Unkenntnis dieser Bestechung an Firma V. den Kaufpreis. Der Beklagte empfing von der Firma V. hieraus die ihm zugesagte Provision und legte einen Teil hiervon in Sachwerten an. Der Kläger konnte auf Grund seiner vertraglichen Abmachungen mit dem Beklagten von diesem Rechnungslegung verlangen und die Provision, die dieser von der Firma V. erhalten hatte, an der ihm zustehenden Entlohnung in Abzug bringen. Da der Kläger zu spät davon erfahren hatte, klagte er auf Herausgabe der von der Firma V. erhaltenen Provision und der mit einem Teil derselben angeschafften Sachwerte mit der Begründung, es handle sich um Treugut. Es wurde entschieden, der Beklagte sei bezüglich der von der Firma V. erhaltenen Provision nur Schuldner des Klägers und nicht trustee, da er den zur Bezahlung der Rohmaterialien dienenden Geldbetrag nicht vom Kläger erhalten hatte. Auch könne die Firma V. nicht als Stellvertreterin für den Beklagten im Empfang der diesem vom Kläger geschuldeten Provision angesehen werden, da der ihr vom Kläger als Kaufpreis bezahlte Geldbetrag bereits vor Bezahlung der Provision in ihr Eigentum übergegangen war und sie außerdem ihr Provisionsversprechen infolge Sittenwidrigkeit gar nicht einzuhalten brauchte. In den Gründen der Entscheidung heißt es [168] : „There can be no doubt that if the money had been paid by the Plaintiffs to the Defendant, to be applied by him in payment of the goods ordered, then the Defendant would have received

---

[166] UNDERHILL 209 f.

[167] (1890), 45 Ch. D. 1, 1 Digest 482, 1623.

[168] *Lister & Co.* v. *Stubbs* (1890), 45 Ch. D. 1, 4.

those moneys in a fiduciary capacity, and they would have come to his hands clothed with a trust, to be applied only for a specific purpose ..." Weiter unten wird ausgeführt[169]: „The Defendant simply gave orders to ... V. for goods which were supplied to the Plaintiffs and paid for by them. Those orders were, no doubt, given by the Defendant in the expectation that a commission would in course of time be paid to him on the purchase-money; but there was not any legal obligation on the part of ... V. to pay it ... It seems to me that it was money, not of the present Plaintiffs, but of ... V., and that it could not have been laid hold of in the hands of ... V. by the Plaintiffs." Und endlich[170]: „I apprehend that he [Defendant] is liable to account for it the moment that he gets it. It is an obligation to pay and account to ... Lister & Co. [Plaintiffs], with or without interest, as the case may be ... But the relation between them is that of debtor and creditor; it is not that of trustee and cestui que trust." Dies ist ein Fall, der zwar nicht die Einziehung einer Forderung zum Gegenstand hat, bei dem aber ebenfalls ein Gelderwerb des agent vermöge der ihm vom Prinzipal eingeräumten Befugnis (und zwar der, für ihn einen Kaufvertrag abzuschließen) erfolgt ist. Da angenommen werden kann, daß der vom Dritten erhaltene Geldbetrag bei pflichtgemäßer Anzeige an den principal gegen die dem agent von seiten des letzteren zustehende Provision verrechnet worden wäre, ergibt sich, daß es dem principal auf den Erhalt der Provision in specie nicht ankommen konnte und daß somit nur ein Schuldverhältnis bestand. Auch bei WILLIAMS[171] findet sich eine klare Bestätigung der hier vertretenen Auffassung: „The cases in which Courts of bankruptcy have refused to appropriate to the principal money intermixed by a factor with his own moneys seem to be so decided not ... because the money cannot be distinguished, but because according to the ordinary course of business merchants voluntarily become the creditors, and not the cestuis que trustent of their factors. It is otherwise in the case of, say, an auctioneer, at any rate in the absence of evidence that the vendor agreed to look solely to the auctioneer for payment." Zusammenfassend ergibt sich, daß an Gegenständen, die in die Hände eines mittelbaren Stellvertreters gelangt sind, immer dann ein trust zugunsten des Geschäftsherrn entsteht, wenn es sich um nicht vertretbare Gegenstände handelt oder, falls sie vertretbar sind, es dem Geschäftsherrn nach dem Auftragsverhältnis auf den Erwerb gerade dieser bestimmten Gegenstände ankam, was allerdings von ihm zu beweisen ist.

---

[169] A.a.O. 10 f. [170] A.a.O. 15. [171] WILLIAMS 282.

f) Treuhandverhältnisse kraft Amtes. – Endlich sei noch eine letzte Gruppe von trusts erwähnt, nämlich die trusts „virtute officii" [172]. In England haben verschiedene Gruppen von Personen, die kraft Amtes fremdes Vermögen zu verwalten haben, eine treuhänderische Rechtsstellung. So ist der Testamentsvollstrecker (executor) und der Nachlaßverwalter (administrator) trustee bezüglich des Nachlasses für die gesetzlichen bzw. durch letztwillige Verfügung eingesetzten Erben oder die hierdurch in sonstiger Weise bedachten Personen. Ferner verwaltet der Vormund (guardian) das Vermögen des Mündels als dessen trustee. Von besonderer Bedeutung für diese Untersuchung ist vor allem die Tatsache, daß auch der Konkursverwalter (trustee in bankruptcy), wie schon sein Name sagt, die Stellung eines Treuhänders bezüglich der Konkursmasse einnimmt.

2. *Die Surrogation von Treugut*

Sind bisher die verschiedenen Arten einer Neuentstehung von Treugut dargestellt worden, so soll nun die Frage erörtert werden, ob, inwieweit und auf welche Weise an die Stelle bereits vorhandenen Treugutes Gegenstände treten können, die als Ersatz für das ursprüngliche Treugut in die Hände des trustee gelangen, mit anderen Worten, inwiefern von einer Treugutsurrogation mit der Wirkung, daß an dem surrogierten Treugut dieselbe Rechtszuständigkeit wie am ursprünglichen besteht, gesprochen werden kann.

Auch diese Frage kann zur Hauptsache mit einem Hinweis auf die Entstehung des express trust beantwortet werden. Liegt nämlich eine genügend klare manifestation of intention des trustee vor (der bezüglich der als Ersatz für ursprüngliches Treugut erlangten Gegenstände als settlor anzusehen ist), so wird der betreffende Gegenstand kraft act of party wiederum Treugut. Es liegt in diesem Falle eine rechtsgeschäftliche Surrogation vor. Entsprechendes gilt bei mutmaßlichem Willen des trustee (settlor) für die Entstehung eines implied trust an dem Ersatzgegenstand. Die Surrogation kraft act of party ist in der englischen Literatur, soweit ersichtlich, wohl als Selbstverständlichkeit nur am Rande erwähnt. Die Rechtsprechung ist naturgemäß auch nur mit solchen Fällen befaßt worden, in denen ein solcher rechtsgeschäftlicher Wille in Abrede gestellt wurde, nämlich dort, wo der trustee unbefugt Treugut veräußerte und den Erlös für sich verwenden wollte. Doch es ist ganz allgemein im eng-

[172] Ringwood's Principles of Bankruptcy[18] (London 1947) 79; Williams 272.

lischen Recht „anerkannt, daß jedes für Treugut erlangte Austauschprodukt an dessen Stelle tritt und in gleicher Weise behandelt wird, als ob es ursprüngliches Treugut wäre“ [173]. Diese Surrogation tritt ein sowohl bezüglich der Gegenstände, die der trustee im Austausch gegen Treugut erwirbt, als auch bezüglich der Forderungen, die er z. B. infolge des Verkaufes von Treugut, des Verlustes oder einer sonstigen Beeinträchtigung desselben erwirbt. Diesem umfassenden Surrogationsgrundsatz liegt der Gedanke des „trust-fund“ zugrunde, d. h. das Bestreben, dem Begünstigten einer Treuhand den Vermögenswert, den das ursprüngliche Treugut darstellt, zu erhalten. Eine Surrogation findet deshalb auch bezüglich solcher Gegenstände statt, die einen Ersatz für bereits einmal oder mehrmals ersetztes Treugut bilden [174]. Von diesem Surrogationsprinzip werden ferner auch die Gegenstände erfaßt, die ein bösgläubiger oder unentgeltlicher Erwerber von Treugut als Ersatz für dieses erlangt.

Der als Austauschprodukt erlangte Gegenstand braucht nicht von der gleichen Art zu sein wie das ursprüngliche Treugut. Er kann auch in etwas völlig anderem bestehen. Ein durch den Austausch oder eine sonstige Ersetzung erlangter Vorteil kommt nicht etwa dem trustee zugute, sondern wächst dem Treugut an [175].

Wie bereits angedeutet, findet eine Surrogation von Treugut auch dort statt, wo der trustee unbefugt Treugut veräußert, sei es, um das Austauschprodukt dem cestui que trust zukommen zu lassen, sei es, daß er es für sich selbst verwenden will [176]. In der Begründung zum Urteil *Re Hallett's Estate* [177] ist folgendes ausgeführt: „The modern doctrine of Equity as regards property disposed of by persons in a fiduciary position is a very clear and well-established doctrine. You can, if the sale was rightful take the proceeds of sale ... If the sale was wrongful you can still take the proceeds of sale, in a sense adopting the sale for the purpose of taking the proceeds ... There is no distinction, therefore, between a rightful and a wrongful disposition of the property, so far as regards the right of the beneficial owner to follow the proceeds.“ Da bei einer unbefugten Ver-

---

[173] So ZIMMERMANN 42.

[174] ZIMMERMANN 43.

[175] KEETON 359.

[176] In *Taylor* v. *Plumer* (1815), 3 M. & S. 574, wird ausgeführt: „An abuse of trust can confer no rights on the party abusing it, nor on those who claim in privity with him.“ Damit wurde das dort zunächst vorgebrachte Argument, „as the property purchased was not in a form consistent with the trust, and the cestui que trust would be under no obligation to accept it in lieu of the rightful property the cestui que trust should come in as a general creditor“, ausgeräumt.

[177] *Re Hallett's Estate, Knatchbull* v. *Hallett* (1879), 13 Ch. D. 696, 708.

äußerung von Treugut bezüglich des Rechts des cestui que trust „to follow the proceeds" der Wille des trustee unberücksichtigt bleibt, sieht man hierin gewöhnlich einen constructive trust. Auf jeden Fall steht fest, daß das englische Recht hiermit auch eine Surrogation „by operation of law", also eine Surrogation „kraft Gesetzes" anerkennt. Diese Erscheinung beruht, wie alle Befugnisse des cestui que trust am Treugut, auf Billigkeitserwägungen. Der trustee soll eben aus seiner Stellung als „legal owner" keinen persönlichen Vorteil erlangen können.

Die Surrogation von Treugut findet, wie die ursprüngliche Entstehung von Treugut, dort ihre Grenze, wo der als Treugut in Frage stehende Gegenstand unbestimmt ist. Solange der als Ersatz für Treugut erlangte Gegenstand von dem Vermögen des trustee oder von dem Vermögen eines Dritten in den Händen des trustee unterschieden werden kann, hat das Surrogationsprinzip seine Bedeutung [178]. Die Frage, in welchen Fällen Treugut oder dessen Surrogat unterscheidbar ist, soll, da sie fast nur im Konkurse des trustee praktische Bedeutung erlangt hat, im Rahmen des nun folgenden Abschnitts näher untersucht werden.

B. DIE BEHANDLUNG VON TREUGUT IM KONKURSE DES TRUSTEE

I. Die Auswirkung des Konkurses auf das Vermögen des Gemeinschuldners im allgemeinen

1. *Grundsätzliches zum englischen Konkursverfahren*

Da in der Funktion als trustee nicht nur Einzelpersonen auftreten können, sondern auch Personenmehrheiten, insbesondere Gesellschaften (trust-companies), muß vorausgeschickt werden, daß nach englischem Recht ein Konkurs (bankruptcy) nur über das Vermögen physischer Personen stattfinden kann [179]. Für die „juristischen Personen" wurde ein besonderes Insolvenzrecht geschaffen, das im Rahmen der für die Liquidation solcher Gesellschaften geltenden Bestimmungen geregelt ist [180]. Diese Bestimmun-

---

[178] Lewin 728: „If the trust estate has been wrongfully disposed of by the trustee, the cestui que trust may attach and follow the property that has been substituted in the place of the trust estate, so long as the metamorphosis can be traced."

[179] Bancruptcy Act, 1914, 4 & 5 Geo. 5, c. 59, sec. 126.

[180] Eckstein 2.

gen weichen zum Teil erheblich von den für den Konkurs physischer Personen geltenden Vorschriften ab, jedoch gelten in den hier zu erörternden Fragen die für physische Personen bestimmten Rechtssätze grundsätzlich ohne Unterschied auch für Gesellschaften [181], weshalb im Folgenden nur von ersteren die Rede sein wird; soweit sich Abweichungen ergeben, soll auf diese jeweils besonders hingewiesen werden.

Zum besseren Verständnis der folgenden Ausführungen erscheint es ferner notwendig, darauf hinzuweisen, daß das vornehmliche Ziel des englischen Konkursverfahrens darin besteht, eine Schuldbefreiung (discharge) des Gemeinschuldners (bankrupt) herbeizuführen. Man hat verschiedene Stadien zu unterscheiden, die das Konkursverfahren bis zur Erreichung dieses Zieles durchläuft. Das Konkursverfahren beginnt, sobald es bei Vorliegen eines Konkursgrundes (regelmäßig von einem Gläubiger) beantragt wird. Als Konkursgrund kommt aber nicht etwa die Zahlungsunfähigkeit des Schuldners in Betracht, sondern eine der im Bankruptcy Act, 1914 [182], sec. 1 (1) aufgezählten Bankrotthandlungen (acts of bankruptcy). Diese Bankrotthandlungen sind allerdings ganz typische Äußerungen der Zahlungsunfähigkeit, doch wenn keine Bankrotthandlung vorliegt, kann deren Mangel nicht durch Nachweis der Insolvenz ersetzt werden [183]. Liegt ein solcher act of bankruptcy vor, so ergeht auf Antrag ein gerichtlicher Einleitungsbeschluß (receiving order). Nach Erlaß des Einleitungsbeschlusses wird in der Regel ein Zwangsvergleich angestrebt. Kommt ein solcher nicht zustande, dann erfolgt, wiederum durch Gerichtsbeschluß, die Bankrotterklärung (adjudication of bankruptcy). Erst nach dieser Bankrotterklärung ist es unter gewissen Voraussetzungen möglich, dem Gemeinschuldner Schuldbefreiung zu erteilen. Eine Schuldbefreiung kommt jedoch nicht immer in Betracht; sie kann auch nur befristet oder unter gewissen Bedingungen erteilt werden, so insbesondere, wenn der Gemeinschuldner in betrügerischer Absicht seine Pflichten aus einem Treuhandverhältnis verletzt hatte [184].

Der Konkurs wird auf den Zeitpunkt der Begehung der ersten Bankrotthandlung innerhalb von drei Monaten vor Stellung des Konkursantrages zurückbezogen. Von dieser Bankrotthandlung an soll das Vermögen des Gemeinschuldners nur noch der konkursmäßigen Befriedigung der Gläubiger dienen. Der Schuldner kann zwar nach wie vor über sein Vermögen verfügen, und diese Verfügungen sind, falls es zu keiner Bankrotterklärung kommt, voll wirksam. Sie gelten aber im Falle einer nachfolgenden

---

[181] Eckstein 191 f. [182] Siehe oben N. 179. [183] Eckstein 259.
[184] Sec. 26 (3) (e), Bankruptcy Act (oben N. 179). Eckstein 294 ff.

„adjudication of bankruptcy“ als Verfügungen eines Nichtberechtigten und sind nur insoweit gültig, als gutgläubige Kontrahenten geschützt werden [185].

2. Das Vermögen des Gemeinschuldners nach der Bankrotterklärung

Bis zur Bankrotterklärung bleibt der Schuldner Träger der zu seinem Vermögen gehörenden Rechte. Mit diesem Zeitpunkt geht aber sein Vermögen ipso iure auf den Konkursverwalter (trustee in bankruptcy) über. Dieser Übergang ist endgültig; er wird insbesondere durch die Erteilung der Schuldbefreiung an den Gemeinschuldner nicht rückgängig gemacht [186]. Bis zur Bankrotterklärung hat ein amtlicher Sequester (official receiver) darüber zu wachen, daß der Schuldner sein Vermögen dem Zugriff der Gläubiger nicht entzieht; doch bleibt während dieser Zeit, wie gesagt, der Schuldner selbst Träger der zu seinem Vermögen gehörenden Rechte. Ist zur Zeit der Bankrotterklärung noch kein Konkursverwalter ernannt oder fällt ein bereits ernannter Konkursverwalter nachträglich aus, so tritt in die vorhandene Lücke der official receiver ein, diesmal allerdings mit denselben Befugnissen wie der trustee in bankruptcy. Nach sec. 72 (3) des Bankruptcy Act gelten für den als Konkursverwalter tätigen official receiver dieselben Bestimmungen wie für den ordentlichen Konkursverwalter. Der trustee in bankruptcy hat die rechtliche Stellung eines Treuhänders am Vermögen des Gemeinschuldners für die Konkursgläubiger (creditors), und zwar in dem gleichen Umfang, wie dieses bisher dem Gemeinschuldner selbst zustand [187]. Seine Aufgabe besteht im wesentlichen darin, die Passiva nach Grund und Höhe festzustellen, die Masse zu sammeln und sie an die Gläubiger zur Verteilung zu bringen [188].

3. Der Umfang der Konkursmasse

Der Umfang der Konkursmasse, d. h. des unter die Konkursgläubiger zu verteilenden Vermögens des Gemeinschuldners, ist in sec. 38 des Bankruptcy Act wie folgt festgelegt:

> „The property of the bankrupt divisible amongst his creditors, and in this Act referred to as the property of the bankrupt, shall not comprise the following particulars:

---

[185] Eckstein 21. [186] Eckstein 20.

[187] Williams 253: „... the trustee ... steps into his shoes and takes a title no better and no worse than the bankrupt's ...“.

[188] Eckstein 78.

(1) Property held by the bankrupt on trust for any other person;

(2) The tools (if any) of his trade and the neccessary wearing apparel and bedding of himself, his wife and children, to a value, inclusive of tools and apparel and bedding, not exceeding twenty pounds in the whole: But it shall comprise the following particulars:

a) All such property as may belong to or be vested in the bankrupt at the commencement of the bankruptcy, or may be acquired by or devolve on him before his discharge; and

b) The capacity to exercise and to take proceedings for exercising all such power in or over or in respect of property as might have been exercised by the bankrupt for his own benefit at the commencement of his bankruptcy or before his discharge, except the right of nomination to a vacant ecclesiastical benefice; and,

c) All goods being, at the commencement of the bankruptcy, in the possession, order or disposition of the bankrupt, in his trade or business, by the consent and permission of the true owner, under such circumstances that he is the reputed owner thereof; provided that things in action other than debts due or growing due to the bankrupt in the course of his trade or business shall not be deemed goods within the meaning of this section."

Zusammenfassend kann man also sagen, daß danach grundsätzlich das gesamte dem Gemeinschuldner gehörende Vermögen in die Masse fällt [189], mit Ausnahme der Gerätschaften seines Geschäftes, der Kleidungsstücke und des Bettzeuges für sich, seine Ehefrau und seine Kinder, bis zu einem Gesamtwert von 20 Pfund Sterling. Darüber hinaus fallen auch bestimmte Vermögenswerte Dritter in Händen des Gemeinschuldners in die Masse, soweit die weiter unten zu besprechenden Voraussetzungen der „reputed ownership clause" vorliegen. Das dem Gemeinschuldner gehörende Vermögen besteht in der Gesamtheit der ihm mindestens nach equity zustehenden Rechte [190].

II. Die Behandlung von Treugut

In sec. 38 (1) bestimmt der Bankruptcy Act ausdrücklich, daß Gegenstände, die der Gemeinschuldner für einen anderen treuhänderisch innehat, nicht in das unter die Gläubiger zu verteilende Vermögen des Ge-

[189] WILLIAMS 253: „As a general rule, all bankrupt's property vests in the trustee."

[190] WILLIAMS 253: „Broadly speaking, the bankrupt's estate consists of every beneficial interest which the bankrupt has." *Smith* v. *Coffin* (1795), 2 H. Bl. 444.

meinschuldners, also nicht in die Konkursmasse fallen. Diese Regel gilt nicht nur für den express trust, sondern in gleicher Weise auch für die anderen Arten von Treuhandverhältnissen [191] und findet namentlich auch auf surrogiertes Treugut Anwendung. Jeder Anspruch auf Leistung eines bestimmten Gegenstandes oder auf Leistung aus einem bestimmten Gegenstande gibt grundsätzlich (die durch Anwendung der reputed ownership clause geltende Ausnahme ist weiter unten zu behandeln) im Konkurse ein Aussonderungsrecht. Konkursforderungen sind daher nur solche, die auf Leistung unbestimmter Vermögensgegenstände gerichtet sind, namentlich Geldforderungen [192].

Das englische Recht kennt zwar die Begriffe der Aussonderung und Absonderung nicht, doch läßt sich unbedenklich sagen, daß nach sec. 38 (1) Bankruptcy Act Treugut grundsätzlich aussonderungsfähig ist [193]. In vielen Fällen gleicht das Recht des cestui que trust, einen Gegenstand im Konkurse des trustee für sich in Anspruch zu nehmen, zwar eher einem Absonderungsrecht; da jedoch die Grenzen sehr flüssig und die Voraussetzungen für den Erwerb von Rechten, die ein Aussonderungsrecht im Sinne des deutschen Rechtes, und von Rechten, die nur ein Absonderungsrecht gewähren, nach englischem Recht meist dieselben sind, empfiehlt es sich speziell für die Darstellung des englischen Rechtes, eine solche Unterscheidung nicht vorzunehmen [194]. Im Folgenden wird daher die Befugnis des Begünstigten, einen Gegenstand ganz oder teilweise gegen die Masse in Anspruch zu nehmen, als Aussonderungsrecht bezeichnet, womit auch die Fälle gemeint sind, die eher einem Absonderungsrecht gleichen.

Der cestui que trust ist also nicht Konkursgläubiger, sondern Aussonderungsberechtigter. Er kann je nach dem Inhalt des Treuhandverhältnisses entweder Herausgabe des Treugutes an sich selbst verlangen oder das Treugut der konkursmäßigen Verwertung in der Weise entziehen, daß er dessen Verbleib in den Händen seines trustee fordert.

Die Aussonderung von Treugut im Konkurse des trustee wurde schon vor ihrer gesetzlichen Regelung durch den Bankruptcy Act, 1914, und dessen Vorgänger von der equity-Rechtsprechung anerkannt [195]. In *The Governors of St. Thomas's Hospital* v. *Richardson* [196] wird hierzu bemerkt: „This follows from the principle that the Court of Bankruptcy is a Court of Equity, and was the law long before it was specifically

[191] *Taylor* v. *Plumer* (1815), 3 M. & S. 562. Keeton 238.

[192] Eckstein 32, 129. [193] Eckstein 126. [194] Eckstein 126 f.

[195] Williams 269: „Even without express words, this [trust property] has always been held not to pass to the representative of the creditors."

[196] [1910] 1 K.B. 271, 278.

provided by statute." Das Aussonderungsrecht des Begünstigten einer Treuhand bezüglich des Treugutes ist seit dem Jahre 1725 endgültig anerkannt und gesichert, und zwar mit dem Urteil im Falle *Bennet* v. *Davis* [197].

1. *Trustee ohne eigenes beneficial interest am Treugut*

Hat der trustee einzig und allein den legal title am Treugut und keinerlei eigenes beneficial interest daran, so wird das Treugut vom Konkurse des trustee überhaupt nicht berührt. Der legal title geht nicht etwa auf den Konkursverwalter über, sondern verbleibt beim Gemeinschuldner. In *Morgan* v. *Swansea Urban Sanitary Authority* [198] ist gesagt: „... under the Bankruptcy Act, where a trustee has no beneficial interest, the legal estate does not pass...". WILLIAMS [199] führt aus: „... where there is no beneficial interest in the bankrupt, not even the bare legal interest vests in the trustee in bankruptcy, and the cestui que trust can sue the trustee in bankruptcy in the name of the bankrupt." Diese Ansicht ist in ständiger Rechtsprechung [200] anerkannt und auch in der Literatur [201], soweit ersichtlich, unbestritten. Für Grundstücke ist diese Behandlung im Settled Land Act, 1925 [202], sec. 103, ausdrücklich vorgeschrieben. Die Rechtszuständigkeit des trustee nach common law wird in dessen Konkurse vom Recht des Begünstigten, also vom Billigkeitsrecht vollständig verdrängt. Die Konkursgläubiger können aus der bloß formalen Rechtsstellung des Gemeinschuldners keinerlei Vorteil erlangen, nicht einmal die formelle Verfügungsmacht über das Treugut.

2. *Trustee mit eigenem beneficial interest*

Eine abweichende Regelung besteht für Treugut, an dem der trustee ein eigenes beneficial interest hat. In diesen Fällen besitzt der trustee das Treugut nicht ausschließlich für den Begünstigten, sondern zu einem mehr oder weniger großen Teil für sich selbst. In diesem Umfange fällt das Treugut in die Konkursmasse und dient der Befriedigung grundsätzlich aller Konkursgläubiger. Der legal title geht auf den trustee in bankruptcy über, der das Treugut im Umfange des dem Gemeinschuldner bisher zu-

[197] (1725), 2 P. Wms. 316 (JEKYLL, M. R.), zitiert nach JENKS, A History of English Law[4] (London 1928) 223.

[198] (1878), 9 Ch. D. 585.

[199] WILLIAMS 272 f.

[200] *Ex p. Gennys* (1829), M. & M'A. 258; *ex p. Painter* (1833), 2 D. & C. 584; *Carvalho* v. *Burn* (1833), 4 B. & Ad. 382; *Houghton* v. *Koenig* (1856), 25 L.J.C.P. 218; *Winch* v. *Keeley* (1787), 1 T.R. 619; *Carpenter* v. *Marnell* (1802), 3 B. & P. 40.

[201] LEWIN 405.

[202] 15 & 16 Geo. 5, c. 18.

stehenden beneficial interest grundsätzlich zugunsten aller Gläubiger zu verwerten hat. LEWIN bemerkt hierzu[203]: „... nothing vests in the assignees even at law but such real and personal estate of the bankrupt in which he had the equitable as well as the legal interest, and which is to be applied for the payment of the bankrupt's debts." Ähnlich sagt WILLIAMS[204]: „But so far as the bankrupt has a beneficial interest in property, it passes to his trustee to form part of his divisible estate." LEWIN[205] will für den express trust eine Ausnahme machen, indem er ausführt: „It is conceived, however, that the rule would not apply to a case where a bankrupt is expressly a trustee, though he may himself have some partial beneficial interest, for his act ought not to work a prejudice to others, and as a conveyance by the bankrupt himself to a stranger would be a breach of trust, it can hardly be supposed that the Bankruptcy Act could be construed to have a similar tortious effect." Er steht aber mit seiner Ansicht, daß im Falle des express trust trotz Bestehens eines beneficial interest zugunsten des Gemeinschuldners der legal title nicht auf den trustee in bankruptcy übergehen dürfe, allein und vermag nur gegenteilige Ansichten zu zitieren[206]. BALDWIN[207] läßt diese Frage offen.

In allen Fällen, in welchen das Treugut auf den Konkursverwalter übergeht, hat der cestui que trust gegen diesen dieselben Rechte wie bisher gegen seinen trustee[208]. Der Konkursverwalter hat das dem cestui que trust zustehende equitable interest zu dessen Gunsten zu verwalten, und der cestui que trust kann nach Befriedigung der benefiziarischen Ansprüche des trustee vom Konkursverwalter die Herausgabe des Treugutes verlangen. Ein besonders bedeutsames und häufiges beneficial interest des trustee am Treugut ist dessen Recht auf Entschädigung (right of indemnity) gegen den cestui que trust. Da der Treuhänder nicht Vertreter des Begünstigten ist, sondern aus eigenem Rechte besitzt, ist er aus Verträgen, die er mit

[203] LEWIN 405. [204] WILLIAMS 272.

[205] LEWIN 408, im Anschluß an den Satz: „As a general rule, where the bankrupt has a substantial beneficial interest, however small, in property legally vested in him, such property passes to the trustee, who takes as trustee for the creditors and other parties interested."

[206] *The Governors of Thomas's Hospital* v. *Richardson* (oben N. 196) 277, 284. WILLIAMS 254. Settled Land Act, 1925, sec. 103.

[207] BALDWIN 302: „Where property is only acquired by the bankrupt for the purposes of an express trust, or is vested in him virtute officii, the legal estate does not pass to his trustee in bankruptcy; and, perhaps, not even where the bankrupt ... has some beneficial interest."

[208] LEWIN 408. *Mitford* v. *Mitford* (1803), 9 Ves. 100; *ex p. Dumas* (1754), 2 Ves. sen. 585; *ex p. Hanson* (1806–11), 12 Ves. 349, 18 Ves. 232; *Harris* v. *Truman* (1881), 7 Q.B.D. 340, 9 Q.B.D. 264 (C.A.).

Dritten zugunsten des Treugutes abschließt, persönlich haftbar[209]. Es kann nur gegen ihn geklagt und das Urteil nur in sein Vermögen vollstreckt werden, gleichgültig, ob er zum Vertragsabschluß berechtigt war oder nicht[210]. Der trustee hat aber wegen der rechtmäßig eingegangenen Verbindlichkeiten ein Rückgriffsrecht gegen den Begünstigten und kann sich, falls er von diesem nicht schadlos gehalten wird, aus den Erträgnissen des Treugutes und, falls sie nicht ausreichen, aus dem Stammwert desselben befriedigen[211]. Der trustee kann, anstatt die eingegangene Verbindlichkeit aus eigenen Mitteln zu erfüllen, auch direkt mit Mitteln des Treugutes bezahlen. In sec. 30 des Trustee Act, 1925[212], ist bestimmt: „A trustee may reimburse himself or pay or discharge out of the trust premises all expenses incurred in or about the execution of the trusts ...". Der trustee, welchem gegen den Begünstigten ein Recht auf Entschädigung zusteht, hat am Treugut ein erstrangiges Pfandrecht (first charge) und ein Zurückbehaltungsrecht (lien)[213]. Der cestui que trust kann die Herausgabe des Treugutes (conveyance) nur gegen Erstattung der vom trustee zu Recht gemachten Aufwendungen erzwingen[214]. Das Pfand- und Zurückbehaltungsrecht besteht jedoch nicht, wenn die Eingehung der Verbindlichkeit eine Pflichtverletzung des trustee darstellte[215]. Wurde dagegen eine Verbindlichkeit rechtmäßig eingegangen, so besteht grundsätzlich ein right of indemnity, sobald ein Treuhandverhältnis zugrunde liegt[216]. Dies gilt insbesondere auch für die Stellvertretungsfälle[217].

---

[209] DAVID, Der Schutz des Begünstigten in der Treuhand nach englisch-amerikanischem Rechte (Zürcher Beiträge zur Rechtswissenschaft N.F. 2, Aarau 1926) 97.

[210] DAVID a.a.O. [211] DAVID 98. [212] 15 & 16 Geo. 5, c. 19.

[213] KEETON 327: „The right of indemnity is a first charge on the trust estate both of corpus and income taking precedence of the beneficiaries' interests; and the trustee has a lien to enforce it." *Stott* v. *Milne* (1884), 25 Ch. D. 710.

[214] LEWIN 398 f.: „The expenses incurred by a trustee in the execution of his office are treated by the Court as a first charge or lien upon the estate, and the cestui que trust or his assignee cannot compel a conveyance in equity without a previous satisfaction of the trustee's just demands ... The expenses are a first charge upon the income as well as upon the corpus of the estate, and the trustees have therefore the right to retain their expenses out of the income until provision can be made for raising them out of the corpus ...". *Ex p. James* (1832), 1 Deac. & Ch. 272; *Re Norwich Yarn Co.* (1856), 22 Beav. 143; *ex p. Chippendale* (1853), 4 De G.M. & G. 19.

[215] LEWIN 399: „There is no lien for expenses incurred by trustees in respect of an act done in excess of their powers, and therefore in breach of their duty." *Leedham* v. *Chawner* (1858), 4 K. & J. 458.

[216] LEWIN 402: „The right to a personal indemnity arises whereever the relation of trustee and cestui que trust is established, unless precluded by the nature of the transaction."

[217] BOWSTEAD (oben S. 45 N. 154) 238: „On the bankruptcy of an agent, the

Hatte der trustee die eingegangene Verbindlichkeit, deretwegen ihm ein right of indemnity gegen den Begünstigten zusteht, vor Eröffnung des Konkurses über sein Vermögen noch nicht erfüllt, so darf der Konkursverwalter das auf ihn übergegangene Treugut im Umfange des bisher dem trustee zustehenden Entschädigungsanspruches in bestimmten Fällen nicht etwa zur Befriedigung aller Konkursgläubiger verwerten, sondern muß er den Gläubiger der vom Treuhänder eingegangenen Verbindlichkeit befriedigen[218]. In *Re Johnson, Shearman* v. *Robinson*[219], wird ausgeführt: „... where a trustee is authorized by a testator, or by a settlor... to carry on a business with certain funds which he gives to the trustee for that purpose, the creditor who trusts the executor has a right to say, ‚I had the personal liability of the man I trusted, and I have also a right to be put in his place against the assets; that is, I have a right to the benefit of indemnity or lien which he has against the assets devoted to the purposes of the trade'. ... The second right is a mere corollary to those numerous cases in Equity in which persons are allowed to follow trust assets. The trust assets having been devoted to carrying on the trade, it would not be right that the cestui que trust should get the benefit of the trade without paying the liabilities; therefore the Court says to him, You shall not set up a trustee who may be a man of straw, and make him bankrupt to avoid the responsibility of the assets for carrying on the trade: the Court puts the creditor, so to speak,... in the place of the trustee." Es kann sich also niemand dadurch der Haftung entziehen, daß er sein Geschäft auf einen vermögenslosen Treuhänder überträgt. Der Geschäftsgegner hat im Konkurse des Treuhänders für die vom Treuhänder ihm gegenüber zu Recht eingegangenen Verbindlichkeiten ein erstrangiges Pfandrecht am Treugut. Dieser Grundsatz kommt auch in *Re Blundell*[220] klar zum Ausdruck, wo es heißt: „Creditors of the trustees in dealings carried on in pursuance of the trust are not cestuis que trust, but they have a right to the benefit of the right of the trustees to indemnity." Der Dritte hat im Konkurse des trustee das charge oder lien im gleichen Umfang wie bisher der trustee. Hatte letzterer infolge Treubruchs kein right of indemnity, so kann sich auch der Dritte am Treugut nicht schadlos halten[221]. Es besteht im Falle der unrechtmäßigen Ein-

principal is entitled, as against the trustee in bankruptcy and creditors of the bankrupt, to all moneys and property held by the bankrupt and all outstanding debts due to the bankrupt, as his agent, subject to any lien of the bankrupt thereon."

[218] LEWIN 397. [219] (1880), 15 Ch. D. 548, 552.

[220] (1890), 44 Ch. D 1, 11.

[221] *Re Johnson* (oben N. 219) 548: „But if the trustee has wronged the trust estate,

gehung einer Verbindlichkeit kein Unterschied zwischen Geschäften, die für den cestui que trust von Vorteil, und solchen, die für diesen von Nachteil sind. In jedem Falle bleibt der Dritte als gewöhnlicher Konkursgläubiger auf die Konkursdividende beschränkt[222]. Das Recht des Dritten, anstelle des trustee wegen seiner Forderung aus dem Treugut befriedigt zu werden, besteht aber nur, wenn und soweit das Treugut bestimmungsgemäß zu einem Zwecke verwendet werden sollte, dessen Erreichung die Eingehung solcher Verbindlichkeiten erforderlich machte[223]. Nach UNDERHILL[224] hat der Dritte ein Recht auf Befriedigung aus dem Treugut sogar nur, insoweit dieses durch ausdrückliche Bestimmung des settlor teilweise oder insgesamt zur Erfüllung der mit Einverständnis des settlor einzugehenden oder eingegangenen Verbindlichkeiten dienen sollte. Der erwähnte Rechtssatz, daß der Hauptgläubiger (principal creditor) allein in den Genuß des right of indemnity kommt, wird auch von der Rechtsprechung einschränkend ausgelegt. In *Strickland* v. *Symons*[225] heißt es, der Gläubiger könne nur auf den für solche Zwecke besonders und ausdrücklich bestimmten Teil des Treugutes greifen, und dieses Recht könne nicht weiter ausgedehnt werden; auch nicht auf den Fall, wo der trustee durch Weiterführung eines Geschäftes in Erfüllung einer bloßen, d. h. nicht ausdrücklich auferlegten Pflicht gegen den cestui que trust ein right of indemnity wegen der ihm hierdurch entstandenen Verbindlichkeiten erworben hat.

... there is no such equity, because the cestuis que trust are not taking the benefit. The trustee having pocketed the money, the title of the creditor, so to speak, to be put in the place of the trustee, is a title to get nothing, because nothing is due to the trustee." UNDERHILL 504.

[222] LEWIN 398.

[223] *Strickland* v. *Symons* (1884), 26 Ch. D. 245, 248: „... where a particular part of a trust estate is specifically dedicated to a particular purpose which involves trade debts and liabilities, it is a trust to use it for that particular purpose, and the trustee, though personally liable for the debts which he contracts in the course of the business, has a right to be paid out of the specific assets appropriated for that purpose, and the trade creditors are not to be disappointed of payment so far as the assets so appropriated are concerned."

[224] UNDERHILL 505: „The right of subrogation is, of course, confined to cases where the settlor has, by the settlement, authorised the liabilities, and dedicated either the whole or a specific part of the trust estate towards meeting them. It has no application to cases where a trustee has, contrary to the trust, but by way of salvage, incurred liabilities; even although as between him and his beneficiaries the court would allow him to reimburse himself out of the estate. In short, in the words of Lord Selbourne, ‚the creditor can only have recourse to the particular part of the property of which there has been an express dedication'."

[225] (Oben N. 223) 248.

Eine Begründung dafür, daß das dem trustee zustehende right of indemnity vom Konkursverwalter in den genannten Fällen nur zur Befriedigung des Hauptgläubigers zu verwenden ist, findet sich in *Re Richardson*[226]: „The respondent says, This right to an indemnity which the bankrupt as trustee had against his cestui que trust is property which vests in me as his trustee in bankruptcy and I am bound to apply that like all other assets of the bankrupt for the benefit of all the creditors.' ... as a general principle, an indemnity like this can be used by the trustee only for the purpose of bringing about payment to the head creditor of the claim against which he is indemnified. ... B. was the legal owner of shares: C. was the cestui que trust of the shares: C. had to indemnify B. ... How can effect be given to an obligation to indemnify? Only in one of three ways. If B. has paid money to A. he may get it back from C. and may put it into his pocket. If B. has not paid the money to A., but calls on C. to pay the money to A., then if C. pays the money to A., B. is never out of pocket at all. In either of those cases B. is indemnified. But lastly, if B. has not paid the money to A., but calls upon C. to pay the money to him, B., in order that he may pay it to A., then B. is not indemnified if the money is paid, not to A. alone, but to A. and others." Man geht also davon aus, daß der Anspruch auf Aufwendungsersatz den trustee gegen den Gläubiger der von ihm für das Treugut eingegangenen Verbindlichkeit freistellen soll und nur zu diesem Zwecke verwendet werden darf. Die Verteilung der Entschädigungssumme an alle Gläubiger bedeutet nach der eben zitierten Auffassung eine Vereitelung dieses Zweckes, da hierdurch der Anspruch des Hauptgläubigers nicht in vollem Umfang erlöschen würde.

In allen anderen Fällen ist der Dritte, wenn auch der trustee selbst gegen seinen cestui que trust ein right of indemnity am Treugut hat, nicht befugt, im Umfange dieses Rechtes auf das Treugut zu greifen. Der Konkursverwalter hat vielmehr das beneficial interest des trustee zugunsten aller Konkursgläubiger zu verwerten.

3. *Unterscheidbarkeit des Treuguts*

Die konkursrechtliche Seite des Grundsatzes der Bestimmtheit des Treuguts ist der Grundsatz der Unterscheidbarkeit des Treuguts. Ein Gegenstand kann nur Treugut sein und als solches behandelt werden, soweit er bestimmt, d. h. von der Konkursmasse unterscheidbar ist. Soweit bereits

[226] [1911] 2 K.B. 705, 711, 714, 716.

einmal bestimmtes Treugut (zur Verdeutlichung möge diese Tautologie gestattet sein) vorhanden war, taucht das Problem der Unterscheidbarkeit nur auf, wo der trustee das Treugut mit eigenem Vermögen oder mit Treugut aus einem anderen trust in irgendwelcher Weise vermischt hat. Eine Vermischung kommt besonders häufig bei Treugutsurrogaten vor, weshalb in der englischen Literatur das Problem hauptsächlich im Zusammenhang mit der Darstellung der Surrogationslehre behandelt wird. Der praktisch häufigste Fall ist die Vermischung von Geld. Doch finden die nun zu besprechenden Regeln dann auch auf andere Gegenstände Anwendung, wenn diese ihrer Natur nach einer Vermischung fähig sind. WILLIAMS [227] sagt, es könne nur solches Treugut ausgesondert werden, das gekennzeichnet (earmarked) werden kann. Geld, und sei es auch ein Surrogat von Treugut, müsse, falls es von der Konkursmasse nicht unterscheidbar (undistinguishable) sei, unter die Konkursgläubiger verteilt werden [228]. KEETON [229] bemerkt, es sei gleichgültig, welcher Art der Verkaufserlös von Treugut sei, der Begünstigte könne ihn stets aussondern (recover), solange er unterscheidbar (identifiable) sei. Eine Aussonderung ist nach UNDERHILL [230] dort ausgeschlossen, wo ein Geldbetrag aus treuhänderischem Besitz für inzwischen verzehrte Speisen ausgegeben worden ist [231]. Wenn dagegen Geld gesondert aufbewahrt wird, steht einer Aussonderung desselben nichts im Wege [232]. Nach dem früher in solchen Fällen angewandten common law verliert der Treuhandbegünstigte sein Aussonderungsrecht stets bei einer untrennbaren physischen Vermischung des Treugutes mit fremdem Vermögen. Der Begünstigte war hiernach mit seinem Schadensersatzanspruch gegen den trustee nur Konkursgläubiger [233]. Von den Equity-Gerichten wurden aber gewisse Billigkeitsgrundsätze herausgearbeitet, die es ermöglichen, von der Masse oder von fremdem Treugut physisch nicht mehr unterscheidbares Treugut auszusondern [234]. Seit der Entscheidung in *Re Hallett's Estate, Knatchbull* v.

[227] WILLIAMS 269.

[228] *Whitecomb* v. *Jacob* (1710), 1 Salk. 160; *Ludlow* v. *Browning* (1708), 11 Mod. 138; *Scott* v. *Surman* (1742), Willes 400; *Re Hallet & Co.* (1894), 2 Q.B. 237.

[229] KEETON 359. [230] UNDERHILL 539.

[231] Vgl. auch *Ex p. Dumas* (1754), 2 Ves. Sen. 582, 5 Digest 700, 6151.

[232] LEWIN 406: „... so long as the money can be identified, as where it has been kept in a bag, the employer, and not the creditors, will have the benefit of that specific sum." *Tooke* v. *Hollingworth* (1793), 5 T.R. 227.

[233] KEETON 363.

[234] KEETON 363: „Equity approached the problem more metaphysically and had no difficulty in recognising the continued notional existence of distinct funds which were physically mixed. This amalgam, in proper circumstances, could be resolved into its

Hallett [235] ist der früher geltende Grundsatz „money has no earmark", d. h. vermischtes Geld ist infolge seiner Natur auch rechtlich nicht mehr zu unterscheiden, endgültig überholt. Nach dieser Entscheidung besteht zugunsten des cestui que trust eines jeden Treuhandverhältnisses an der Gesamtsumme ein Pfandrecht in Höhe des aus dem jeweiligen Treuhandverhältnis stammenden Geldbetrages [236]. Dieses Recht wird allgemein als „the right to follow trust money" bezeichnet. Das gleiche gilt, wenn der trustee aus dem Treugut stammendes Geld auf sein eigenes Bankkonto einzahlt, ohne es als solches irgendwie kenntlich zu machen. Der cestui que trust hat in diesem Falle an dem gesamten Bankguthaben ein Pfandrecht in Höhe des einbezahlten Treugutes. Wenn der trustee später von seinem Konto Geld abhebt, so wird vermutet, es handle sich hierbei um das aus seinem eigenen Vermögen einbezahlte Geld. Die Vermutung ist jedoch widerlegbar. Übersteigt der abgehobene Betrag die aus dem eigenen Vermögen des trustee stammende Summe, wird also notwendig ein Teil des trust-Geldes angegriffen, so wird vermutet, daß wenigstens der Restbetrag des Guthabens Treugut ist [237]. Man kann diese Regeln allgemein so formulieren: Es besteht eine widerlegbare Vermutung, daß der trustee in diesen Fällen keinen Treubruch beabsichtigte [238]. WILLIAMS [239] sieht diese Regel als Ausfluß des sogenannten „Estoppel-Prinzips" an.

Diese Vermutungen werden jedoch nicht dahin ausgedehnt, daß der trustee, wenn er einmal unter Verletzung seiner Pflichten Geld abgehoben hatte, später aber wieder aus eigenem Vermögen solches auf sein Konto einzahlt, damit vermutlich den Treubruch wieder gutmachen wolle [240]. Es verbleibt vielmehr bei dem Pfandrecht an dem Restguthaben nach erfolgter Abhebung. Hatte der trustee mehrere Male abgehoben und einbezahlt, so ergibt sich der Höchstbetrag des Pfandrechtes des Treuhandbegünstigten aus dem niedrigsten Kontostand seit Einzahlung des trust-Geldes. Der

---

constituent elements." WILLIAMS 269: „Courts of Equity, however, are very acute in distinguishing trust funds, and will trace them, however much their character or nature may be altered, provided that that which is found in the possession of the bankrupt trustee can be clearly identified as the fruit of the trust property." *Ex p. Sayers* (1800), 5 Ves. 169; *Taylor* v. *Plumer* (1815), 3 M. & S. 562; *ex p. Cooke* (1879), 4 Ch. D. 123.

[235] (1880), 13 Ch. D. 696.

[236] *Re Hallett's Estate* (vorige Note) 709: „He [the beneficial owner] is, however, still entitled to a charge on the property purchased, for the amount of the trust-money laid out in the purchase . . .".

[237] *Frith* v. *Cartland* (1865), 34 L.J.Ch. 301; *Re Hallett's Estate* (oben N. 235); *Gibbert* v. *Gonard* (1884), 54 L.J.Ch. 439; *Re Blakeway and Thomas* (1885), 52 L.T. 630.

[238] KEETON 360. [239] WILLIAMS 271.

[240] *Roscoe (James), Ltd.*, v. *Winder*, [1915] 1 Ch. 62.

Begünstigte kann also nur soweit Befriedigung verlangen, als es möglich ist, daß sich auf dem Guthaben des trustee noch sein Geld befindet [241]. Dies gilt natürlich nur, sofern der trustee mindestens einmal einen höheren Betrag abgehoben hatte, als aus seinem eigenen Vermögen einbezahlt war. WILLIAMS [242] bringt dafür folgendes Beispiel: A's eigenes Bankguthaben beträgt 10 Pfund Sterling. Er zahlt weitere 100 Pfund ein, die er für B treuhänderisch besitzt. Später hebt er 109 Pfund ab und gibt dieses Geld für eigene Zwecke aus. Am folgenden Tage zahlt er wieder 200 Pfund ein. B hat in diesem Falle an dem Guthaben von 201 Pfund lediglich ein Pfandrecht in Höhe von 1 Pfund.

Alle diese Vermutungen gelten jedoch nur in den Fällen, wo Treugut mit eigenem Geld des trustee vermischt wurde. Anders geregelt sind die Fälle der Vermischung von Geld aus verschiedenen Treuhandverhältnissen. Während in den erstgenannten Fällen die sogenannte „Rule in Clayton's Case" [243] verdrängt wird, findet diese Regel in den zuletzt genannten Fällen Anwendung [244]. Die Rule in *Clayton's Case* besagt, daß, wo mehrere Einzahlungen auf ein Bankkonto in zeitlichen Abständen erfolgt sind und später Geld abgehoben wird, das abgehobene Geld zuerst mit dem am frühesten einbezahlten zu verrechnen ist. Dieser Regel liegt ebenfalls eine Vermutung zugrunde, nämlich die, daß die Bank als Schuldnerin des Guthabens durch die Rückzahlung von Geld zuerst ihre älteste Schuld tilgen will, dann die zweitälteste usw. [245]. Im Verhältnis zwischen mehreren Treuhandbegünstigten, deren Gelder vom trustee nacheinander eingezahlt worden sind, geht also der abgehobene Betrag zu Lasten desjenigen, dessen Geld zuerst eingezahlt wurde [246], so daß dieser in Höhe des abgehobenen Betrages für den Fall, daß das Geld vom trustee ersatzlos verbraucht wurde, nur noch einen Schadensersatzanspruch aus Treubruch als Konkursforderung anmelden kann. Hat der trustee zur Anschaffung eines Gegenstandes Gelder aus dem Treugut verschiedener Begünstigter verwendet, so ist nach der Entscheidung *Sinclair* v. *Brougham* [247] anzunehmen, daß jeder Begünstigte in Höhe des aus seinem Treugut stammenden Betrages ein mit den übrigen Begünstigten gleichrangiges Pfandrecht an dem vom trustee erworbenen Gegenstand hat. Die Begünstigten können auch vereinbaren, nach dem Verhältnis ihrer Forderungen als Miteigentümer (tenants in common) behandelt zu werden [248].

---

[241] ECKSTEIN 180. [242] WILLIAMS 271. [243] (1816), 1 Mer. 572, 35 E.R. 781.
[244] *Re Stenning*, [1895] 2 Ch. 433. [245] ECKSTEIN 180. [246] KEETON 361.
[247] [1914] A.C. 398 (LORD PARKER OF WADDINGTON).
[248] ECKSTEIN 179.

Es bleibt noch nachzutragen, daß ein Pfandrecht des Treuhandbegünstigten an dem mit Geld aus dem Treugut erworbenen Gegenstande auch dann entsteht, wenn vor Ausgabe des Geldes keine Vermischung desselben stattgefunden hat [249]. Dieses Recht ist dem Begünstigten zur Sicherung seines persönlichen Schadensersatzanspruches wahlweise neben seiner Befugnis gegeben, unter Aufgabe des Schadensersatzanspruchs das Treugutsurrogat als solches in Anspruch zu nehmen [250]. Im Falle der Anschaffung eines Gegenstandes mit vermischtem Geld entfällt letztere Befugnis, und es bleibt bei einem „charge" an dem erworbenen Gegenstande in Höhe des veruntreuten Geldbetrages [251].

Die im Falle der Vermischung von Treugut geltenden Rechtssätze finden jedoch nur Anwendung, soweit die Vermischung unbefugterweise vorgenommen wurde. War nach dem Inhalt des obligatorischen Verhältnisses zwischen den Parteien die Vermischung erlaubt – diese Erlaubnis kann sich auch aus einem Handelsbrauch ergeben [252] –, so handelt es sich nicht um einen trust, sondern um ein bloßes Schuldverhältnis [253]. Hinsichtlich der praktisch oft sehr schwierigen Abgrenzung zwischen Schuld- und Treuhandverhältnis, insbesondere auch im Verkehr der Banken mit ihren Kunden, sei auf die ausgezeichnete Darstellung bei ECKSTEIN [254] verwiesen.

4. *Die „Rule in Ex parte Waring"*

Übergibt der Aussteller eines Wechsels dem Bezogenen zur Deckung der Wechselforderung eine Sicherheit, ohne dies mit dem Wechselnehmer ausdrücklich oder stillschweigend vereinbart zu haben, so stellt es zwar eine specific appropriation zugunsten des Ausstellers und zu treuen Händen des Bezogenen dar, doch steht der Wechselnehmer in solchen Fällen in der Regel außerhalb des Treuhandverhältnisses, da keine Übertragung des vom Aussteller erworbenen Benefiziarrechtes (equitable assignment) an den Wechselnehmer erfolgt ist. Im Konkurse des Bezogenen hat also nur der Aussteller ein Aussonderungsrecht bezüglich dieser Sicherheiten. Fällt aber gleichzeitig mit dem Bezogenen auch der Aussteller in Konkurs, so gilt für diesen Fall eine besondere Regelung, nämlich die sogenannte Rule in *Ex parte Waring* [255]. In jener Entscheidung wurde festgelegt, daß der Konkursverwalter des Bezogenen in diesem Falle die Sicherheiten zur

---

[249] *Re Hallet's Estate* (oben N. 235).
[250] ECKSTEIN 180. [251] ECKSTEIN 179.
[252] *Ex p. Dale & Co.* (1879), 11 Ch. D. 772.
[253] ECKSTEIN 180; WILLIAMS 270. [254] ECKSTEIN 181 ff. (§ 16 IX).
[255] *Ex p. Waring, Inglis, Clarke* (1815), 19 Ves. Jun. 346, 34 E.R. 546.

Befriedigung des Wechselinhabers verwenden müsse [256]. WILLIAMS [257] bemerkt zu der Entscheidung, daß die so geschaffene günstige Stellung des Wechselinhabers nicht die Folge einer etwa in dessen Person bestehenden Befugnis nach Billigkeitsrecht sei, vielmehr eine mit der Verwaltung der beiden Konkursmassen zusammenhängende Notwendigkeit und eine Folge der zwischen beiden Gemeinschuldnern untereinander bestehenden Billigkeitsrechte. Es handle sich, so fährt WILLIAMS fort, um eine Ausdehnung des allgemeinen Grundsatzes, wonach gemeinschaftliches Vermögen in erster Linie zur Tilgung gemeinsamer Schulden, getrenntes Vermögen zur Tilgung getrennter Schulden zu verwenden sei. Eine ausführlichere Begründung der Regel findet sich in *Ex p. Dever, Re Suse* (No. 2) [258]: „As I understand the principle of the rule it is this – the Court finds in the hands of a bankrupt certain property, which has been remitted to him by another person also become bankrupt to secure him against a liability which he has undertaken upon bills drawn on him by that person. The property cannot be applied in paying the general creditors of the acceptor, because it was in his hands impressed with a trust; nor can it go to pay the general creditors of the drawer, because he was not entitled to have it back without meeting the acceptances. The Court thereupon applies the property in such a way as will carry out as far as possible the equities between the two estates, i. e. in paying the acceptances to cover which it was sent. The rule assumes that the property which is in the hands of the acceptor is not his own absolute property; if it was, it would go to pay his creditors generally." Der Wechselinhaber ist also gewissermaßen der „lachende Dritte", denn der Konkursverwalter des Ausstellers nimmt die Sicherheit als cestui que trust in Anspruch, während ihm der Konkursverwalter des Bezogenen auf Grund der zwischen Aussteller und Bezogenem bestehenden obligatorischen Beziehungen entgegenhält, der Aussteller könne von ihm die Sicherheit nicht herausverlangen, solange die vom Bezogenen übernommene Wechselverpflichtung nicht erfüllt sei. Da der Aussteller infolge seines Konkurses nicht in der Lage ist, dieser Verbindlichkeit nachzukommen oder doch nur in Höhe der dem Wechselinhaber an sich zustehenden Konkursquote, „fällt" dem Wechselinhaber das Aussonderungsrecht geradezu „in den Schoß".

---

[256] „Securities, held by a banker against his acceptances, available to the bill holders not directly, but through the equity of the acceptor, or the assignees under a Commission of bankruptcy against him, to have them applied in discharge of the acceptances."

[257] WILLIAMS 279.

[258] (1885), 14 Q.B.D. 611, 623.

Die Rule in *Ex p. Waring* hat bisher praktisch nur auf Inhaber von Wechseln Anwendung gefunden. WILLIAMS [259] empfiehlt die Anwendung der „Rule" in allen Fällen, wo zwei oder mehr Gemeinschuldner aus demselben Vertrage verpflichtet sind und einer von ihnen dem anderen Sicherheiten zur Erfüllung der gemeinsamen Verpflichtung übergeben hatte.

5. Die Auswirkung der Reputed Ownership Clause auf Treugut

a) Inhalt der Vorschrift. – Nach sec. 38, subs. (2) (c) des Bankruptcy Act [260] gehören zur Konkursmasse alle „goods", die sich zu Beginn des Konkurses im Besitze oder in der Verfügungsgewalt (possession, order or disposition) des Gemeinschuldners im Bereiche seines Handels- oder Gewerbebetriebes mit dem Einverständnis (consent and permission) des wirklichen Eigentümers (true owner) unter solchen Umständen befinden, daß der Gemeinschuldner der scheinbare Eigentümer (reputed owner) dieser „goods" ist.

Durch diese Vorschrift werden ausnahmsweise Gegenstände, die an sich nicht zum Vermögen des Gemeinschuldners gehören, zur Konkursmasse gezogen. Diese Regelung gilt aber nur für natürliche Personen. In den Verweisungsvorschriften der Gesetze über die Liquidation von Gesellschaften [261] ist die Reputed Ownership Clause nicht ausdrücklich genannt; sie wird hier auch nicht analog angewendet [262]. Die Gesetze über die Liquidation von „companies" stammen aus neuerer Zeit, und man hatte zur Zeit ihrer Schaffung Bedenken gegen die Reputed Ownership Clause, weshalb man diese Vorschrift nicht noch auf companies ausdehnen wollte [263].

Als Gegenstand der Reputed-Ownership-Vorschrift (R.O.-Vorschrift) kommt nicht „property" schlechthin in Betracht, sondern nur „goods"; darunter werden für ihren Bereich alle „chattels personal", d. h. Vermögensrechte aller Art außer an Land, verstanden. Die Vorschrift schließt davon aber ausdrücklich die „choses in action" aus. Der Begriff „choses in action" umfaßt alle „chattels personal", die sich nicht im Besitze ihres Rechtsträgers befinden, d. h. alle beweglichen Sachen, die nicht im Besitze ihres Eigentümers sind (z. B. vermietete Sachen), ferner alle unkörperlichen Vermögensgegenstände (incorporeal chattels) außer Rechten an Land, wie Ansprüche auf Vertragserfüllung, Wertpapiere, Aktien und wohl auch die sogenannten Immaterialgüterrechte. Gemeinsames Merkmal dieser

[259] WILLIAMS 280. [260] Wiedergegeben oben S. 56.
[261] Companies Act, 1862; Companies Consolidation Act, 1908; Companies Act, 1929.
[262] RUDOLPH 8; WILLIAMS 327; ECKSTEIN 2. [263] ECKSTEIN 162.

Vermögensrechte ist die Notwendigkeit, den Klageweg zu beschreiten, um sie in jedem Falle dem Verletzenden gegenüber durchzusetzen. Im Unterschied hierzu sind die „choses in possession" bewegliche Sachen im Besitze des Eigentümers [264]. Als „choses in action" im Sinne der R.O.-Vorschrift kommt aber nur die Gesamtheit der unkörperlichen Vermögensrechte (incorporeal chattels) in Frage, also nicht die „chattels personal not in the possession of the owner". Die Rechtsprechung versteht demnach unter „goods" im Sinne der R.O.-Vorschrift alle körperlichen beweglichen Gegenstände und von den unkörperlichen Gegenständen fällige und betagte Forderungen (auf Leistung solcher Gegenstände) aus dem Handels- oder Gewerbebetriebe des Gemeinschuldners [265].

Unter „possession, order or disposition" ist die tatsächliche Verfügungsgewalt über einen Gegenstand zu verstehen. Bei beweglichen Sachen erfüllt der Besitz dieses Erfordernis. In diesem Sinne hat aber auch der mittelbare Besitzer, wie z. B. der Vermieter, an seinen in den Händen des unmittelbaren Besitzers befindlichen beweglichen Sachen Besitz (constructive possession) [266]. Eine Forderung befindet sich in order or disposition derjenigen Person, die die Leistung des Schuldners mit befreiender Kraft entgegennehmen kann [267].

Der Gemeinschuldner muß bezüglich dieser Gegenstände „reputed owner" sein. Nicht etwa derjenige, der im Rufe steht, Eigentümer zu sein, ist reputed owner im Sinne der R.O.-Vorschrift, sondern derjenige, aus dessen tatsächlichem Verhältnis zu den betreffenden „goods" der Anschein des Eigentums erweckt wird: Das Gericht muß prüfen, welcher Schluß aus der Lage der Gegenstände hinsichtlich des Eigentums zulässigerweise von denen gezogen worden war, die diejenigen Tatsachen kannten, die der allgemeinen Kenntnisnahme derer zugänglich waren, die sich darum kümmerten [268].

Die Billigung (consent and permission) des wirklichen Eigentümers muß sich auf sämtliche Tatbestandsmerkmale der Vorschrift beziehen, insbesondere auch darauf, daß sich die Gegenstände unter solchen Umständen beim Gemeinschuldner befinden, daß er bei einiger Überlegung hätte erkennen müssen, daß der Gemeinschuldner als Eigentümer angesehen werden könnte [269]. Die Billigung setzt daher Kenntnis vom Sachver-

---

[264] RUDOLPH 13. [265] RUDOLPH 14.
[266] *Hornsby* v. *Miller* (1858), 1 El. & El. 192, 120 E.R. 880.
[267] ECKSTEIN 153.
[268] *Ex p. Watkins, Re Couston* (1873), 8 Ch. App. 528. RUDOLPH 42.
[269] RUDOLPH 16. *Re Watson & Co.*, [1904] 2 K.B. 753.

halt voraus. Ob Unkenntnis, die auf pflichtwidriger Unterlassung von Nachforschungen beruht, der Kenntnis gleichsteht, ist zweifelhaft[270]. Der wirkliche Eigentümer muß jedenfalls damit einverstanden sein, daß der andere reputed owner ist[271]. Es ist aber nicht notwendig, daß er beabsichtigte, dem Gemeinschuldner den Anschein der Kreditwürdigkeit zu verschaffen. Es genügt, daß er mit einer Sachlage einverstanden war, die er bei vernünftiger Betrachtung als in der bezeichneten Weise gefährlich durchschaut hätte[272].

Der Zweck der R.O.-Vorschrift wird seit der Entscheidung *Ryall* v. *Rowles* aus dem Jahre 1750[273] bis zum heutigen Tage darin erblickt, daß mit ihr „die Erlangung unzutreffender Kreditwürdigkeit durch den Anschein von Vermögen"[274] verhindert werden soll.

b) Die Anwendung der Reputed Ownership Clause auf Treugut. – Begrifflich ist die Anwendung der R.O.-Vorschrift auf Treugut nicht ausgeschlossen, denn die Vorschrift befaßt sich mit Gegenständen, die dem Gemeinschuldner der Substanz nach nicht in vollem Umfange gehören, mögen sie ihm auch nach common law, also formell, zustehen[275]. Man wird mit Rudolph[276] sagen können, die R.O.-Vorschrift stelle gegenüber der Vorschrift über die Aussonderbarkeit von Treugut die lex specialis dar. Doch gilt dies nur mit einer Einschränkung. Wie gezeigt wurde, liegt es in der Natur des Treuhandverhältnisses, daß der trustee über das Treugut wie ein Eigentümer verfügen kann und in den meisten Fällen auch soll, ist er doch in aller Regel mit dem Einverständnis des cestui que trust Eigentümer nach common law. Folgerichtig müßte hiernach die Aussonderung von Treugut in jedem Falle an der R.O.-Vorschrift scheitern, soweit es sich um „goods" handelt. Die Rechtsprechung stand jedoch von Anfang an auf dem Standpunkt, daß die sich aus der Natur des trust ergebende scheinbare Eigentümerstellung des trustee für sich allein zur Anwendung der R.O.-Vorschrift nicht ausreiche[277]. In der heute maßgebenden Entscheidung *Joy* v. *Campbell*[278] wird die Nichtanwendbarkeit der R.O.-Vorschrift auf Treugut allein auf Grund der Tatsache, daß der

---

270 Rudolph 16. *Re Rawbone's Trust* (1857), 3 K. & J. 476, 69 E.R. 1197; *ex p. Ford, Re Caughey* (1876), 1 Ch. D. 521.

271 Williams 320. *Load* v. *Green* (1846), 15 M. & W. 216; *Smith* v. *Hudson* (1865), 34 L.J.Q.B. 145, 151; *Re Watson* (oben N. 269).

272 Williams 320.

273 1 Ves. Sen. 348, 27 E.R. 1074 = *Ryall* v. *Rolle*, 1 Atk. 165, 26 E.R. 107.

274 Rudolph 42. 275 Rudolph 15. 276 Rudolph 16.

277 *Ex p. Marsh* (1744), 1 Atk. 158, 26 E.R. 102. Rudolph 46.

278 (1804), 1 Schoales & Lefroy 328.

trustee naturgemäß reputed owner ist, damit begründet, daß es an der für die R.O.-Vorschrift notwendigen Verschiedenheit von scheinbarem und wirklichem Eigentümer fehle, weil der trustee beides zugleich in einer Person sei[279]. Auch in der Entscheidung *Great Eastern Rail. Co.* v. *Turner*[280] stand man auf diesem heute allgemein eingenommenen Standpunkt[281]. Die Begründung ist zwar sehr formal, denn im Grunde handelt es sich doch darum, daß durch den trustee meist der Anschein des unbeschränkten Eigentums, d. h. des Eigentums auch nach equity, erweckt wird. Doch macht diese Auffassung wiederum deutlich, daß man bestrebt ist, die Anwendung der R.O.-Vorschrift durch möglichst enge Interpretation einzudämmen.

Die R.O.-Vorschrift findet nur in denjenigen Fällen der Treuhand Anwendung, wo der cestui que trust, trotz Bestehens einer Einwirkungsmöglichkeit auf das Verhalten des trustee bezüglich des Treugutes, von dieser keinen Gebrauch macht. Nur in solchen Fällen liegt nach englischer Auffassung ein wirkliches Einverständnis (consent and permission) vor. Solange der trustee lediglich in Ausübung der Pflichten aus dem Treuhandverhältnis handelt, besteht in aller Regel für den cestui que trust keine Möglichkeit, auf das Verhalten des trustee einen Einfluß auszuüben[282]. Anders ist es, wenn er trotz Bestehens dieser Möglichkeit sich seines Einmischungsrechtes in die Verwaltung des Treugutes freiwillig begeben hatte[283]. Das Hauptanwendungsgebiet der R.O.-Vorschrift besteht bei Treugut in den Fällen einer unerlaubten Verwaltung dieses Gutes durch den trustee[284]; hier kann der cestui que trust auf den trustee einwirken und ihm ein solches Verhalten untersagen, wenn nötig mit Hilfe des Gerichtes. Wenn der trustee mit dem Treugut in einer dem Inhalt des Treuhandverhältnisses widersprechenden Weise umgeht, durch die nach außen der Anschein erweckt wird, daß er unbeschränkter Eigentümer sei, und der Begünstigte dies duldet, so kann letzterer im Konkurse des trustee das Treugut auf Grund der R.O.-Vorschrift an die Masse verlieren[285]. Wird ein trust lediglich zu dem Zwecke geschaffen, die wirklichen Eigentumsverhältnisse zu verschleiern und damit eine Kredittäuschung hervorzurufen, so steht der Anwendung der R.O.-Vorschrift ebenfalls nichts im Wege[286]. Ebenso wie es bei Abtretung einer gewöhnlichen Geldforderung

[279] Rudolph 47. [280] (1872), 8 Ch. App. 149.
[281] Godefroi 24: „... the trustee is himself the proper person to hold it."
[282] Williams 273. [283] Rudolph 47.
[284] *Ex p. Grainger, Re Grainger* (1871), 24 L.T. 334.
[285] Rudolph 47; Williams 273.
[286] *Great Eastern Rail. Co.* v. *Turner* (oben N. 280).

immer der Benachrichtigung des Schuldners bedarf, um die Forderung im Konkurse des Zedenten dessen „order or disposition" zu entziehen [287], so findet im Falle eines equitable assignment durch den (späteren) Gemeinschuldner die R.O.-Vorschrift Anwendung, wenn dieser es versäumt hatte, dem Schuldner der von ihm an den Dritten nach equity abgetretenen Forderung oder der Person, in deren Händen sich der Gegenstand des equitable assignment befindet, von der Abtretung Nachricht zu geben [288]. Denn solange der Schuldner oder die Person, welche im Besitze des Treugutes ist, keine Kenntnis von dem equitable assignment hat, kann der Gemeinschuldner nach wie vor, wenigstens dem Schuldner oder dieser Person gegenüber, über die Forderung oder den sonstigen Gegenstand, etwa durch Einziehung, verfügen.

Eine Art Vermutung für das Einverständnis (consent and permission) des Begünstigten gilt nach einer Reihe neuerer Entscheidungen für den Fall, wo die Tatsache, daß zwischen zwei Personen das Verhältnis Kommittent–Kommissionär besteht, nicht offenkundig gemacht wurde [289].

6. *Anfechtbarkeit einer Treuhand durch Konkursgläubiger und Nichtigkeit eines Treuhandverhältnisses im Konkurse des settlor*

Da sich die vorliegende Arbeit mit dem Konkurse des Treuhänders befaßt und die Frage der Anfechtbarkeit oder Nichtigkeit eines Treuhandverhältnisses im Konkurse nur im Zusammenhang mit dem Konkurs desjenigen auftaucht, aus dessen Vermögen das Treugut stammt, also des settlor, sind hier nur die Fälle ins Auge zu fassen, in denen der settlor sich selbst zum trustee an ihm bisher sowohl nach common law als auch nach equity gehörenden Vermögensgegenständen bestellt hat.

---

[287] Eckstein 153.

[288] Lewin 642: „... the omission of notice may be followed by very dangerous consequences by reason of the operation of the reputed ownership clause under the bankruptcy laws." Williams 275: „... although notice to the agent, debtor, or trustee of the bankrupt may not be necessary to perfect an equitable assignment, yet if the subject matter be something falling within the scope of the reputed ownership clause (subsection (2) (c)), notice will generally be necessary to defeat that clause." *Bartlett* v. *Bartlett* (1857), 1 De G. & J. 127; *Re Webb's Policy* (1867), 36 L.J. Ch. 341; *Re Irving, ex p. Brett* (1877), 7 Ch. D. 419; *Rutter* v. *Everett,* [1895] 2 Ch. 872.

[289] *Ex p. Boden, Re Wood* (1873), 28 L.T. 174; *ex p. Bright, Re Smith* (1879), 10 Ch. D. 566; *Re Fawcus, ex p. Buck* (1876), 3 Ch. D. 795, 800: „... the reputed ownership clause applies to goods in the hands of a factor, unless the relation of principal and factor is notorious." Und ebd. 800: „Where the fact of the relation of principal and factor is clearly established, there is no doubt that the order and disposition clause does not apply."

a) Anfechtung nach sec. 172 des Law of Property Act, 1925. – Ganz unabhängig vom Konkurs kann jeder Gläubiger, der durch eine Verfügung des Schuldners über einen zu seinem Vermögen gehörigen Gegenstand geschädigt ist, unter den Voraussetzungen der sec. 172 des Law of Property Act, 1925 [290], die Verfügung anfechten. Im Falle des Konkurses steht das Anfechtungsrecht dem Konkursverwalter als dem Treuhänder der Konkursgläubiger zu [291]. Die Voraussetzungen für die Anfechtung sind im Konkurse und außerhalb desselben die gleichen.

Danach kann jede in der Absicht der Benachteiligung von Gläubigern vorgenommene Übertragung von Eigentum von demjenigen Gläubiger, der dadurch beeinträchtigt wurde, grundsätzlich angefochten werden [292]. Die Vorschrift findet nach subs. (3) keine Anwendung, falls die Übertragung gegen „valuable" oder wenigstens „good consideration" (eine in Geld nicht abschätzbare Gegenleistung) erfolgte und der Erwerber in gutem Glauben war, d. h. zur Zeit des Erwerbes die Absicht des Veräußerers, durch die Übertragung des Gegenstandes seine Gläubiger zu benachteiligen, nicht kannte [293]. Auf Grund dieser Bestimmungen des Law of Property Act können, wenn die genannten Voraussetzungen vorliegen, auch Treuhanderrichtungen angefochten werden [294].

b) Nichtigkeit gemäß sec. 42 des Bankruptcy Act, 1914. – Unberührt durch sec. 172 des Law of Property Act, 1925, bleibt gemäß subs. (2) dieser Bestimmung die Vorschrift des Bankruptcy Act, 1914, sec. 42, die speziell für den Fall des Konkurses eines settlor gewisse Treuhandbestellungen für ungültig erklärt. Hiernach ist ein unentgeltlich errichteter oder entgeltlich, aber zugunsten bösgläubiger Benefiziare errichteter trust gegenüber den Konkursgläubigern des settlor unwirksam, wenn entweder (1) der settlor innerhalb zweier Jahre seit Errichtung der Treuhand in Konkurs gerät – dies gilt jedoch nicht für den Nachlaßkonkurs [295] –, oder (2) wenn er später als zwei, aber nicht mehr als zehn Jahre nach Errichtung der

[290] Siehe oben S. 8 N. 9.

[291] *Doe d. Grimsby* v. *Ball* (1843), 11 M. & W. 531, 152 E.R. 916.

[292] Law of Property Act, 1925, sec. 172, subs. (1): „Save as provided in this section, every conveyance of property, made whether before or after the commencement of this Act, with intent to defraud creditors, shall be voidable, at the instance of any person thereby prejudiced."

[293] Subs. (3): „This section does not extend to any estate or interest in property conveyed for valuable consideration and in good faith or upon good consideration and in good faith to any person not having, at the time of the conveyance, notice of the intent to defraud creditors."

[294] LEWIN 125.

[295] UNDERHILL 123. *Re Gould, ex p. Official Receiver* (1887), 19 Q.B.D. 92.

Treuhand in Konkurs gerät, es sei denn, er kann beweisen, daß er zur Zeit der Errichtung der Treuhand auch ohne Hinzurechnung des Treugutes zahlungsfähig war und daß das Treugut in Vollziehung des Treuhandzweckes auf den Treuhänder übertragen wurde. Diese letzte Voraussetzung erübrigt sich in den hier zu betrachtenden Fällen, da der settlor selbst trustee wird und es einer Übertragung gar nicht bedarf.

Sec. 42 des Bankruptcy Act geht also insofern über sec. 172 des Law of Property Act hinaus, als nicht erst zu prüfen ist, ob die vom Gemeinschuldner vorgenommene Verfügung zum Nachteil der Gläubiger erfolgte. Das Gesetz scheint hier eine unwiderlegbare Vermutung aufzustellen. Der bei UNDERHILL [296] angeführte Fall ist in dieser Beziehung sehr aufschlußreich: Jemand errichtete unentgeltlich eine Treuhand an einem mit einem Pfandrecht (mortgage) belasteten Gegenstande, versprach, die Zinsen zu bezahlen, und versicherte, den Gläubiger und Inhaber des mortgage auf dessen Verlangen befriedigen zu wollen. Binnen zweier Jahre stellte sich heraus, daß sein Vermögen zwar zur Erfüllung seiner übrigen Verbindlichkeiten ausreichte, jedoch ohne den Gegenstand der Treuhand nicht auch zur Befriedigung des Pfandgläubigers. Er geriet vor Ablauf von zwei Jahren nach Errichtung der Treuhand in Konkurs. Es wurde entschieden, daß die Errichtung der Treuhand auf Grund der damals geltenden (und sec. 42 Bankruptcy Act, 1914, völlig entsprechenden) Bestimmung unwirksam sei und daß es nicht darauf ankomme, ob die Treuhand für die Gläubiger von Nachteil war oder nicht.

Sec. 42, subs. (3) (c) des Bankruptcy Act, 1914, bestimmt, daß die Unwirksamkeit der Treuhanderrichtung gutgläubige Erwerber des Treugutes gegen Entgelt nicht berührt. Subs. (3) (e) bestimmt weiter, daß der Begünstigte der unwirksamen Treuhand nicht daran gehindert ist, seine persönliche Forderung gegen den settlor als Konkursforderung anzumelden, doch steht sein Anspruch rangmäßig hinter den Forderungen derjenigen Konkursgläubiger, die mit dem Gemeinschuldner „for valuable consideration“ kontrahiert hatten.

Endlich sei noch darauf hingewiesen, daß eine entsprechende Anwendung von sec. 42 Bankruptcy Act, 1914, auf die gerichtliche Liquidation von Gesellschaften nicht vorgesehen ist [297].

---

[296] UNDERHILL 124 f. *Ex p. Huxtable, Re Conibeer* (1876), 2 Ch. D. 54.

[297] ECKSTEIN 229.

2. Kapitel

Schweizer Recht

A. DER BEGRIFF TREUGUT

Der Begriff Treugut ergibt sich wiederum aus einer Betrachtung des Treuhandverhältnisses, dessen Gegenstand das Treugut bildet.

I. Das fiduziarische Rechtsverhältnis im allgemeinen

Die Struktur des Treuhandverhältnisses im Schweizer Recht gleicht der der römisch-rechtlichen „fiducia", welcher es auch seine Bezeichnung als „fiduziarisches Rechtsverhältnis" verdankt. Die Treuhand des Schweizer Rechtes ist ein Rechtsverhältnis zwischen zwei Personen, dem Treugeber (Fiduziant) und dem Treuhänder (Fiduziar). Sie wird begründet durch Rechtsgeschäft zwischen Fiduziant und Fiduziar. Dieses fiduziarische Rechtsgeschäft enthält notwendig ein Verfügungs- und ein Verpflichtungsgeschäft [1]. Der Treugeber überträgt an den Treuhänder einen Gegenstand (eine bewegliche oder unbewegliche Sache, eine Forderung oder ein sonstiges Recht) in der jeweils vorgeschriebenen Form derart, daß der Treuhänder Inhaber des vollen Rechtes an dem betreffenden Gegenstande wird (Eigentümer, Gläubiger, Rechtsinhaber). Zugleich mit dieser Verfügung schließen die beiden Parteien miteinander einen schuldrechtlichen Vertrag, wonach der Treuhänder mit dem an ihn übertragenen Gegenstand, also dem Treugut, in einer mehr oder weniger bestimmten Weise zu verfahren und das Treugut oder dessen Ersatz nach Beendigung des fiduziarischen Verhältnisses wieder zurückzuübertragen hat. Das fiduziarische Verpflichtungsgeschäft enthält demnach zwei verschiedene Elemente: einen „begründenden" und einen „vernichtenden" Teil [2]. Im begründenden Teil wird die Verpflichtung des Treuhänders geschaffen, das Treu-

[1] GUHL, Das schweizerische Obligationenrecht[4] (Zürich 1948) 82.
[2] GERSTLE 50 ff.

gut je nach dem Zwecke des fiduziarischen Geschäftes in bestimmter Weise für den Treugeber (Verwaltungstreuhand) oder vorwiegend für sich selbst, etwa zur Sicherung für eine ihm gegen den Treugeber zustehende Forderung zu verwalten (Sicherungstreuhand).

Der vernichtende Teil des fiduziarischen Verpflichtungsgeschäftes enthält die Vereinbarung, daß der Treuhänder nach Beendigung des Treuhandverhältnisses das Treugut wieder an den Treugeber zurückzuübertragen oder, falls seine Verwaltungstätigkeit darin bestand, das Treugut umzusetzen, den Ersatz auf den Treugeber zu übertragen hat.

Das Schuldverhältnis zwischen Fiduziant und Fiduziar ist in den meisten Fällen ein Auftrag, denn das Schweizer Recht gibt diesem Institut einen sehr weiten Anwendungsbereich [3], insbesondere kennt es auch den entgeltlichen Auftrag [4]. Dem fiduziarischen Rechtsverhältnis kann aber auch ein Dienstvertrag, Trödelvertrag, Werkvertrag, Hinterlegungsvertrag oder ein Gesellschaftsvertrag zugrunde liegen [5].

Normalerweise ist der Treugeber selbst der „Begünstigte" der Treuhand. Es kommt aber auch vor, daß das fiduziarische Geschäft zugunsten eines Dritten abgeschlossen wird. Soweit es sich um einen unechten Vertrag zugunsten Dritter handelt, bleibt der Treugeber Alleinberechtigter. Liegt ein echter Vertrag zugunsten Dritter zugrunde, so hat der Dritte eine eigene Forderung gegen den Treuhänder [6]. Das Schweizer Recht kennt also auch die Treuhand mit Drittbegünstigung. Der Treuhänder hat in solchen Fällen, falls dies mit dem Treugeber vereinbart wurde, das Treugut für den Dritten zu verwalten und es (oder dessen Ersatz) nach Beendigung des Treuhandverhältnisses an den Dritten zu übertragen [7].

---

[3] GERSTLE 46.

[4] Art. 394 Obligationenrecht (OR) lautet:
„Durch die Annahme eines Auftrages verpflichtet sich der Beauftragte, die ihm übertragenen Geschäfte oder Dienste vertragsgemäß zu besorgen.
Verträge über Arbeitsleistung, die keiner besonderen Vertragsart dieses Gesetzes unterstellt sind, stehen unter den Vorschriften über den Auftrag.
Eine Vergütung ist zu leisten, wenn sie verabredet oder üblich ist."

[5] GERSTLE 47 ff.

[6] Art. 112 OR:
„Hat sich jemand, der auf eigenen Namen handelt, eine Leistung an einen Dritten zu dessen Gunsten versprechen lassen, so ist er berechtigt, zu fordern, daß an den Dritten geleistet werde.
Der Dritte oder sein Rechtsnachfolger kann selbständig die Erfüllung fordern, wenn es die Willensmeinung der beiden andern war, oder wenn es der Übung entspricht.
In diesem Falle kann der Gläubiger den Schuldner nicht mehr entbinden, sobald der Dritte dem letzteren erklärt hat, von seinem Rechte Gebrauch machen zu wollen."

[7] GERSTLE 47, 52.

Das Treuhandverhältnis ist nicht gesetzlich geregelt, sondern von Rechtsprechung und Lehre entwickelt worden und ist heute allgemein anerkannt [8]. Als Beispiele für fiduziarische Rechtsgeschäfte sind zu nennen: Der Schuldner übergibt seinem Gläubiger eine Sache zu Eigentum, um diesen sicherzustellen (Sicherungsübereignung [9]); ein Wechselgläubiger überträgt den Wechsel mit einem vollen Indossament zum Zwecke der Einziehung der Wechselforderung [10]; ein Kaufmann, der seine Buchforderungen einer Bank verpfänden will, zediert diese Forderungen an die Bank; ein Aktionär überträgt seine Aktien an einen anderen zum Zwecke der Ausübung des Stimmrechtes durch diesen [11]; schließlich auch der Fall, daß jemand einen Schuldbrief, den er für die Schuld eines Dritten verpfändet hat und nicht selbst durch Zahlung der Schuld einlösen will, an einen Bekannten zediert und diesem unter Umständen sogar die für die Einlösung erforderlichen Geldmittel zur Verfügung stellt (sog. Rechtsgeschäft per interpositam personam, convention de prête-nom) [12].

Da sich aus den bisherigen Ausführungen nicht nur die Struktur des fiduziarischen Rechtsverhältnisses im allgemeinen, sondern gleichzeitig auch dessen Umfang ergibt, bedarf dieser keiner besonderen Erörterung mehr.

II. Die Rechtszuständigkeit am Treugut

1. Die Rechtszuständigkeit des Fiduziars

Infolge der Übertragung des Treugutes auf den Treuhänder ist dieser Inhaber des vollen, uneingeschränkten Rechtes am Treugut, also Eigentümer von Sachen, Gläubiger von Forderungen, Inhaber sonstiger Rechte [13]. Das Bundesgericht hat damit die von REGELSBERGER [14] stammende „Theorie des vollen Rechtserwerbes" übernommen. Der Treuhänder kann deshalb das Treugut mit oder ohne Erlaubnis des Treugebers beliebig an Dritte vollwirksam übertragen, wobei es auf deren guten Glauben gar nicht ankommt. Eine Grenze bildet lediglich Art. 20 OR, wonach u. a. ein gegen die guten Sitten verstoßender Vertrag nichtig ist. Hierfür genügt aber

---

[8] GUBLER 221a, 249a f.

[9] BGE 72 II 235.

[10] BGE 54 II 34.

[11] BGE 72 II 275 ff.

[12] GUHL (oben S. 76 N. 1) 103. BGE 54 II 439; 72 II 73.

[13] HUBER, Trust and „Treuhand" in Swiss Law: International and Comparative Law Quarterly 1 (4th Series, 1952) 64 ff., 64. BGE 31 II 109 ff.; 71 II 100; 72 II 72, 282.

[14] REGELSBERGER, Pandekten I (Systematisches Handbuch der deutschen Rechtswissenschaft, hrsg. von Binding, 1. Abt. 7. Teil 1. Band, Leipzig 1893) 518 f.

nicht, daß der Dritte trotz Kenntnis des Treubruches erwarb. Das Geschäft zwischen Fiduziar und Drittem muß auf beiden Seiten als unsittlich anzusehen sein [15]. Desgleichen unterliegt, wie für den Fall des Konkurses noch gezeigt werden wird, das Treugut grundsätzlich dem Zugriffe der Gläubiger des Fiduziars. Diese „Theorie des vollen Rechtserwerbes" ist in der Schweiz im wesentlichen unbestritten [16].

2. *Die Rechtszuständigkeit des Fiduzianten*

Von einer Rechtszuständigkeit des Treugebers am Treugut im Sinne von Befugnissen, die diesem gegenüber Dritten zustehen, kann grundsätzlich keine Rede sein. Der Treugeber (oder, im Falle eines echten fiduziarischen Vertrages zugunsten Dritter, der Drittbegünstigte) ist auf einen obligatorischen Anspruch gegen den Treuhänder beschränkt. Das Schweizer Recht kennt kein „beneficial interest" im Sinne des englischen Rechtes. Es hält an dem Eigentumsbegriffe des römischen Rechtes fest, der eine Aufspaltung in die einzelnen in ihm enthaltenen Befugnisse schwerlich zuläßt [17]. Der persönliche Anspruch des Treugebers gegen den Treuhänder ist seinem Inhalt nach durch das fiduziarische Verpflichtungsgeschäft bestimmt. Er geht also auf bestimmungs- und ordnungsmäßige Verwaltung und Rückgabe des Treugutes nach Beendigung des Treuhandverhältnisses. Eine Beendigung kann z. B. auch durch Widerruf des Auftrages erfolgen. Im Falle einer Vertragsverletzung oder einer unerlaubten Handlung kann der Fiduziant vom Treuhänder nach den gewöhnlichen Vorschriften des Obligationenrechtes Schadensersatz beanspruchen. Falls bei unbefugter Veräußerung des Treugutes der Erwerber in einer gegen die guten Sitten verstoßenden Weise absichtlich mitgewirkt hat, besteht gemäß Art. 41 II OR auch diesem gegenüber ein Schadensersatzanspruch, der unter Umständen nach Art. 43 I OR auf Rückübereignung des Treugutes selbst (Naturalrestitution) gerichtet sein kann. Der Treugeber hat in der Regel nach dem fiduziarischen Vertrag auch Anspruch auf Übertragung des als Ersatz für das Treugut erlangten Gegenstandes, ebenso der Werte, um die sich das Treugut inzwischen vermehrt hat [18].

---

[15] Gubler 265a f.

[16] Blass, Die Sicherungsübereignung im schweizerischen Recht (Zürcher Beiträge zur Rechtswissenschaft N. F. 185, Aarau 1953) 98 und die dort zitierte Literatur. BGE 31 II 109 ff.; 39 II 810; 43 II 346 ff.; 71 II 99; 72 II 72.

[17] Vgl. Blass (vorige Note) 94 ff. in Verbindung mit 38 ff.

[18] Gerstle 51.

III. Der Inhalt des Parteiwillens beim fiduziarischen Rechtsgeschäft

Wegen des rein obligatorischen Rechtes des Fiduzianten einerseits und der uneingeschränkten Eigentümer- bzw. Gläubigerstellung des Fiduziars auf der anderen Seite besteht auf seiten des letzteren ein Mißverhältnis zwischen rechtlichem Können und Dürfen [19]. Die Wirkungen des fiduziarischen Verfügungsgeschäftes gehen rechtlich über den von den Parteien gewollten wirtschaftlichen Erfolg hinaus, doch entspricht nach fast allgemeiner Ansicht [20] dieses Ergebnis dem Willen der Parteien, und dieser Parteiwille wird, soweit kein Scheingeschäft oder ein gesetz- oder sittenwidriges Geschäft vorliegt, anerkannt und geschützt [21]. Die starke Rechtsstellung des Fiduziars wird vom Fiduzianten z. B. deswegen gewählt, weil der Treuhänder die Möglichkeit haben soll, eigene Entschließungen in bezug auf die Verwaltung des Treugutes ohne vorherige Anfrage beim Treugeber gegenüber Dritten sofort auszuführen, wie überhaupt, um ihm bei der Verwaltung (etwa wegen besserer Sachkenntnis) eine möglichst freie Stellung einzuräumen. Der Fiduziant begnügt sich mit einem persönlichen Anspruch gegen den Fiduziar, der nicht zuletzt darauf gerichtet ist, daß dieser von seiner besseren Rechtsstellung nicht zum Schaden des Fiduzianten Gebrauch machen soll [22]. Nach GERSTLE [23] schließt der Parteiwille jedoch nicht ein, daß mit der Übertragung des Treugutes an den Treuhänder dessen Vermögen vermehrt werden solle. Er führt aus, das von den Parteien ge-

---

[19] GUBLER 250a.

[20] GUBLER 251a; GUHL (oben S. 76 N. 1) 102 f.; OSER, Das Obligationenrecht, Kommentar zum Schweizerischen Zivilgesetzbuch, hrsg. von EGGER u. a., V (Zürich 1915) 75.

[21] In BGE 71 II 99 (100 f.) wird ausgeführt: „Das Wesen des fiduziarischen Rechtsgeschäftes liegt darin, daß der eine Vertragspartner (der Fiduziant) dem andern (dem Fiduziar) eine Rechtsstellung einräumt, die ihn Dritten gegenüber zum unbeschränkten Inhaber eines Rechtes macht, während er dem Fiduzianten gegenüber vertraglich verpflichtet ist, das übertragene Recht nicht oder nur teilweise auszuüben oder es unter bestimmten Voraussetzungen wieder zurückzuübertragen ... Das fiduziarische Geschäft setzt sich somit notwendigerweise aus zwei Verträgen zusammen, nämlich aus der nach außen allein in Erscheinung tretenden vollen Rechtsübertragung und der für das Innenverhältnis getroffenen Verfügungsbeschränkung des Fiduziars ... Denn im Gegensatz zum simulierten sind beim Außenverhältnis des fiduziarischen Geschäftes die Wirkungen von den Parteien gewollt. Da auch nicht notwendigerweise die Absicht besteht, Dritte in rechtswidriger Weise zu täuschen, ist kein Anlaß vorhanden, solche fiduziarische Rechtsgeschäfte von vorneherein als unzulässig zu erklären." Und in BGE 72 II 73 heißt es: „Le but que se proposaient les parties fait apparaître la cession comme réellement voulue par elles." Vgl. auch BGE 56 II 447.

[22] BGE 31 II 109; 54 II 34; 71 II 167; 72 II 67.

[23] GERSTLE 57 f.

wählte Mittel bestehe in der Zuwendung eines Vermögensrechtes; der Zweck sei nur die Einräumung der „herrschaftsrechtlichen“ und „sekundärrechtlichen“ Befugnisse, worunter GERSTLE die Befugnisse zur Geltendmachung der Ansprüche aus Eigentum sowie die Befugnis zur Verfügung über das Eigentum, z. B. zur Veräußerung, versteht. Die „nutzungsrechtlichen“ Befugnisse dagegen habe der Treugeber zurückbehalten [24], d. h. das Treugut kann nicht in das Vermögen des Fiduziars geflossen sein. Hiermit läßt sich das erwähnte Mißverhältnis zwischen der Rechtsstellung des Treuhänders nach außen und derjenigen im Innenverhältnis schärfer fassen.

Auch in der Rechtsprechung zum Steuerrecht scheint man diese Auffassung zu teilen, denn die auf dem Treugut lastenden Vermögensabgaben hat nicht etwa der Fiduziar zu tragen, sondern der Fiduziant. In BGE 72 I 338 wird diese Praxis damit begründet, daß das Recht des Fiduzianten einen Bestandteil seines Vermögens bilde. Dieses Recht sei ein Vermögenswert, der wie jeder andere der Besteuerung unterliege. Ähnlich wird in BGE 75 I 315 (317) ausgeführt: „Bei fiduziarischem Eigentum muß sich die Besteuerung danach richten, wem das Recht zusteht, nach dem sich die Zugehörigkeit des Substanzwertes des Vermögens bestimmt. Es ist dasjenige Recht oder derjenige Rechtskomplex, der verhindert, daß zu fiduziarischen Zwekken übertragenes Eigentum beim Empfänger eine Vermehrung des Vermögens bewirkt, und – vom Empfänger aus gesehen – die diesen Rechten entsprechenden Pflichten. In Frage kommt hauptsächlich ... die Verpflichtung des Fiduziars, das Vermögen nur als Treugut zu besitzen und es entsprechend der Treuhandordnung zurückzugeben.“

GAUTSCHI [25] scheint derselben Ansicht zu sein, wenn er sagt: „Gegenstand der fiduziarischen Zuwendung sind nicht Sachen, sondern Rechte: Eigentum, Forderungsrechte, Mitgliedschaftsrechte bei Aktien und Gesellschaftsanteilen ... Allgemeiner Zweck der fiduziarischen Zuwendung ist immer, eine Bereicherung des Fiduziars zu vermeiden.“

IV. Gegenständliche Beschaffenheit des Treugutes

Zum Gegenstand eines Treuhandverhältnisses können alle Arten von beweglichen Sachen, ferner Grundstücke, Forderungen, Wertpapiere, beschränkte dingliche Rechte und Immaterialgüterrechte gemacht werden, soweit dieselben übertragbar sind. Dagegen können, außer den nicht über-

[24] Auch GUBLER 252a scheint diese Auffassung zu vertreten, ohne jedoch die sich daraus ergebenden Folgen für den Konkurs des Fiduziars zu ziehen.

[25] GAUTSCHI 115 f.

tragbaren Rechten der schon genannten Gruppen, nicht zu Treugut gemacht werden: Persönlichkeitsrechte, Familien- und Erbrechte, ebenso die aus diesen hervorgehenden Verwaltungs- und Nutzungsrechte [26]. Ein bisher herrenloser Gegenstand kann nicht zu treuen Händen okkupiert werden [27].

B. DIE BEHANDLUNG VON TREUGUT IM KONKURSE DES FIDUZIARS

I. Das Schicksal des gemeinschuldnerischen Vermögens im allgemeinen

Mit Eröffnung des Konkursverfahrens verliert der Gemeinschuldner nach dem Bundesgesetz über Schuldbetreibung und Konkurs (SchKG) [28] die Befugnis, über sein Vermögen zu verfügen [29], doch bleibt er, im Unterschied zum englischen Recht, nach wie vor Eigentümer der ihm gehörigen Sachen, Gläubiger seiner Forderungen und Inhaber der ihm zustehenden Rechte. Es geht lediglich die Verfügungsmacht über das gemeinschuldnerische Vermögen an die Konkursverwaltung [30] über.

Nach Art. 197 SchKG bildet „sämtliches Vermögen, das dem Gemeinschuldner zur Zeit der Konkurseröffnung angehört, gleichviel, wo sich dasselbe befindet, eine einzige Masse (Konkursmasse), die zur gemeinschaftlichen Befriedigung der Gläubiger dient". Es wird also grundsätzlich das gesamte Vermögen des Gemeinschuldners (mit Ausnahme der gemäß Art. 92 SchKG für unpfändbar erklärten Gegenstände [31]) nach den konkursrecht-

[26] GERSTLE 35 f. [27] GERSTLE a.a.O. [28] Vom 11. 4. 1889.

[29] Art. 204 I SchKG: „Rechtshandlungen, welche der Gemeinschuldner nach der Konkurseröffnung in bezug auf Vermögensstücke, die zur Konkursmasse gehören, vornimmt, sind den Konkursgläubigern gegenüber ungültig." JÄGER, N. 5 zu Art. 204 SchKG, bemerkt zu dieser Vorschrift, der Gemeinschuldner verliere durch die Konkurseröffnung nicht das Dispositionsrecht überhaupt; er könne insbesondere unter der Bedingung, daß der Konkurs gemäß Art. 195 SchKG widerrufen werde und er soweit wieder über die Massegegenstände frei verfügen könne, eine Verfügung treffen. Doch wird im Folgenden die Terminologie der deutschen Konkursordnung der Einfachheit halber auch für den Bereich des Schweizerischen Rechtes übernommen, die in § 6 von einem Verlust des Verfügungsrechtes durch den Gemeinschuldner spricht, jedoch in § 77 dieselbe Einschränkung macht wie Art. 204 SchKG, nämlich daß Rechtshandlungen des Gemeinschuldners nach Konkurseröffnung (nur) den Konkursgläubigern gegenüber unwirksam sind.

[30] JÄGER, N. 4 zu Art. 240 SchKG: „Die Konkursverwaltung hat als das gesetzliche Organ zur Vertretung der Gläubigergemeinschaft nicht nur das Recht, sondern auch die gesetzliche Pflicht, alle nötigen Vorkehrungen zu treffen, um die Rechte der Gläubiger auf gemeinsame Befriedigung ... nach allen Richtungen zu wahren ...". Art. 235 ff., 240 SchKG.

[31] Art. 224 SchKG: „Die in Art. 92 bezeichneten Vermögensteile werden dem Gemeinschuldner zur freien Verfügung überlassen ...".

lichen Bestimmungen dieses Gesetzes unter die Konkursgläubiger zur Verteilung gebracht. Umgekehrt fallen diejenigen Gegenstände, welche nicht zum Vermögen des Gemeinschuldners gehören, nicht in die Konkursmasse und können von dem jeweils Berechtigten ausgesondert werden [32]. Die Aussonderung erfolgt gemäß Art. 242 SchKG, falls die Konkursverwaltung sich weigert, den Gegenstand herauszugeben, im Wege der gewöhnlichen Klage, die jedoch innerhalb einer von der Konkursverwaltung zu setzenden Frist von 10 Tagen erhoben werden muß. Wird die Frist nicht eingehalten, so gilt der Anspruch nach Art. 242 SchKG als verwirkt. Nicht zum Vermögen des Gemeinschuldners gehören solche Gegenstände, an denen dieser kein Eigentum, sondern nur ein anderes dingliches Recht oder nur Besitz oder Gewahrsam auf Grund eines obligatorischen Verhältnisses hat [33]. Die Konkursverwaltung ist jedoch zur Herausgabe dieser Gegenstände nur in gleicher Weise wie der Gemeinschuldner verpflichtet, also bei einem mit einem Faustpfand- oder Retentionsrecht belasteten Gegenstand nur gegen Erfüllung der dadurch gesicherten Ansprüche, bei einem hinterlegten Gegenstand gegen Ersatz der Aufwendungen des Gemeinschuldners [34].

II. Die Behandlung von Treugut

1. Der Grundsatz

Zum Vermögen des Gemeinschuldners und somit in die Konkursmasse gehört alles, was nach außen, für Dritte, Eigentum des „Kridaren" (Gemeinschuldners) ist [35]. Da der Fiduziar am Treugut Eigentum bzw. die sonstige volle Rechtsinhaberschaft hat, gehört dieses nach weit überwiegender Ansicht in der Schweizer Rechtsprechung und Lehre grundsätzlich zum Vermögen des Fiduziars und fällt gemäß Art. 197 SchKG in dessen Konkursmasse [36]. Das Bundesgericht [37] stellt sich auf den Standpunkt, die Ver-

---

[32] Das SchKG enthält keine allgemeine Bestimmung über die Aussonderung; man gewinnt diese Regel durch einen Umkehrschluß aus Art. 197 SchKG. Vgl. OVERBECK, Schuldbetreibung und Konkurs nach schweizerischem Recht² (Zürich 1940) 162.

[33] JÄGER, N. 4 A zu Art. 197 SchKG.

[34] JÄGER a.a.O.

[35] JÄGER, N. 5 zu Art. 197 SchKG (S. 12).

[36] BGE 31 II 109 ff.; 36 I 61 Erw. 3; 39 II 136, 800 ff.; 43 III 346 ff.; 71 II 99 ff.; 72 I 125 ff.; 72 II 72, 282. JÄGER, N. 5 zu Art. 197 SchKG (S. 11 f.); HUBER (oben S. 78 N. 13) 65; KELLER, Das fiduziarische Rechtsgeschäft im schweizerischen Zivilrecht (Diss. Bern 1944) 68 f.

[37] BGE 71 II 100.

sagung des Aussonderungsrechtes sei die logische Folge der Auffassung, daß die ernstlich gewollte und in der erforderlichen Form vorgenommene fiduziarische Übertragung gültig sei [38]. Der Fiduziant wird dementsprechend als Konkursgläubiger behandelt, und sein obligatorischer Anspruch gegen den Fiduziar wird, falls er es nicht schon ist, gemäß Art. 211 SchKG in eine Geldforderung in Höhe des dem Wert des Treugutes entsprechenden Betrages umgewandelt. Der Fiduziant oder Drittbegünstigte muß sich mit der Konkursdividende zufriedengeben. GUBLER bemerkt hierzu [39]: „Das wirtschaftliche Interesse des Fiduzianten oder des Begünstigten am Treugut kann nach geltendem schweizerischem Recht nur in die Form eines rein obligatorischen Anspruches gekleidet sein. Es gibt ... kein Aussonderungs- und Widerspruchsrecht." Er sieht [40] in dieser Gefahr, die der Fiduziant nach seiner Ansicht notwendig in Kauf nimmt, den Preis, den dieser für die Vorteile des fiduziarischen Geschäftes zu entrichten hat. Auch ROHNER [41] ist der Ansicht, dieses Risiko sei eben mit jeder treuhänderischen Übertragung verbunden. JÄGER [42] begründet die Versagung des Aussonderungsrechtes wie folgt: „Wollte man einer privaten Abmachung, daß ‚nach innen', d. h. lediglich im Verhältnis des Kridars zur anderen Vertragspartei und in ihrem Interesse, dieses ‚äußere' Eigentumsverhältnis seiner Wirkung entkleidet werden könne, Geltung im Konkursverfahren gegen die Konkursgläubiger beimessen, so würde bald für diese nicht mehr viel zu verteilen übrig bleiben." Auch REYMOND [43] stellt auf die Gläubigerinteressen ab, wenn er sagt: „... ces auteurs méconnaissent les droits des créanciers de la masse; les créanciers sont des tiers à l'égard desquels le failli seul est propriétaire." Das Bundesgericht [44] meint, der Fiduziant rechne von vornherein mit der Möglichkeit eines Mißbrauchs der dem Fiduziar eingeräumten Befugnisse. Es versucht, unter Hinweis auf die Vorteile des fiduziarischen Geschäftes für den Fiduzianten die Versagung des Aussonderungsrechtes zu rechtfertigen [45].

---

[38] Ähnlich AEBY, L'acte fiduciaire dans le système du droit civil suisse: Zeitschrift für Schweizerisches Recht N. F. 31 (1912) 149 ff. (190): „Le fiduciaire ayant acquis la propriété de la chose, on ne sait pourquoi sa faillite devrait l'en priver ou en priver ses créanciers."

[39] GUBLER 260a.

[40] GUBLER, Vertretung und Treuhand bei Anleihen nach schweizerischem Recht (Zürcher Beiträge zur Rechtswissenschaft N. F. 71, Aarau 1940) 165.

[41] ROHNER, Die Sicherungsabtretung von Buchforderungen (St. Gallen 1937) 101.

[42] JÄGER, N. 5 zu Art. 197 SchKG (S. 12).

[43] REYMOND, Contribution à l'étude de la revendication en matière de faillite (Diss. Lausanne 1918) 72.

[44] BGE 39 II 814.

[45] GERSTLE 67.

Es gibt in der Schweiz jedoch vereinzelte Stimmen, die für ein Aussonderungsrecht des Fiduzianten im Konkurs des Fiduziars eintreten. Sehr beachtenswert erscheint aus der Rechtsprechung vor allem eine Entscheidung der I. Appellationskammer (Zivilspruchb.) des Zürcher Obergerichtes vom 24. 1. 1906 [46]. Der Entscheidung lag folgender Sachverhalt zugrunde: „Infolge einer von R. gegen H. angehobenen Betreibung wurden bei letzterem zwei Liegenschaften gepfändet. Trotzdem dieselben im Grundprotokoll auf den Namen des H. gefertigt sind, ‚vindizierte' die Aktienbrauerei Zürich diese Liegenschaften, indem sie behauptete, sie habe dieselben gekauft, die Anzahlung geleistet und die Liegenschaften auch seither auf ihre Rechnung erworben. Die beiden Objekte seien in ihrem Einverständnis von den Verkäufern nur deswegen auf H., der damals Mitglied des Verwaltungsrates der Klägerin gewesen sei, gefertigt worden, damit die Klägerin nicht ... die Gemeindesteuer vom vollen Wert der Liegenschaften ohne Abzug der grundversicherten Schulden zu bezahlen habe." Das Gericht gab der Klage statt und zwar u. a. mit folgender Begründung [47] : „Gegenüber dem Pfändungspfandrecht des Beklagten erhebt die Klägerin die Widerspruchsklage, womit sie feststellen lassen will, daß diese Liegenschaften nicht zur Befriedigung der Betreibungsgläubiger herangezogen werden dürfen, weil der Klägerin daran bessere Rechte zustehen, als den Pfändungsgläubigern. Allerdings kann die Klägerin ihr Recht nicht ... auf den Titel des Eigentumes stützen, sondern es kann sich nur fragen, ob die Klägerin einen obligatorischen Aussonderungsanspruch zu erheben berechtigt sei ... Wollte sich der Betreibungsschuldner selbst gegenüber der Klage der Klägerin auf Herausgabe der Liegenschaften auf sein notarialisches Eigentum berufen, so müßte die Klägerin ... mit dem Einwande der Arglist gehört werden. Ebensowenig wie der Betreibungsschuldner selbst können aber dessen Gläubiger dieses Eigentumsrecht gegenüber der Klägerin für sich in Anspruch nehmen; denn sie können grundsätzlich keine anderen materiellen Rechte geltend machen, als wie sie der Betreibungsschuldner hatte ... Schließlich kann noch geltend gemacht werden, daß im Konkurs ... zur Befriedigung der Gläubiger nur das Vermögen des Schuldners dienen soll. Trotzdem H. notarialischer Eigentümer der Liegenschaften geworden ist, gehören diese dennoch nicht zum wirklichen Vermögen des H. Die Eigentumsübertragung geschah nicht, um diese Häuser aus dem Vermögen des bisherigen Eigentümers in dasjenige des H. zu übertragen, damit dieser darüber wie über Eigentum verfüge, sondern im Interesse

[46] Blätter für Zürcherische Rechtsprechung 5 (1906) 271 ff.
[47] A.a.O. 273 ff.

der Klägerin, mit der Vereinbarung, daß H. über diese Liegenschaften nicht verfüge, sondern sie der Klägerin zur Verfügung halte. Die Liegenschaften gehören formell und juristisch, aber nicht materiell und wirtschaftlich zum Vermögen des Betreibungsschuldners ... Allerdings wirkt der öffentliche Glaube des Grundprotokolls zugunsten desjenigen, der gutgläubig mit dem Eingetragenen ... mit Rücksicht auf die Liegenschaft kontrahiert. ... Allein dieser öffentliche Glaube wirkt nur zugunsten des gutgläubigen rechtsgeschäftlichen Verkehrs; nur rechtsgeschäftliche Erwerbsarten werden geschützt, nicht aber Rechte, die durch die Mittel der Zwangsvollstreckung erworben werden, weil durch die Pfändung oder die Konkurseröffnung nicht neue Rechte entstehen." In einer Besprechung dieser Entscheidung, die nur das Pfändungsverfahren betrifft, wurde seinerzeit festgestellt, eine Analogie für den Fall des Konkurses sei zwingend [48].

Aus dem Schrifttum ist die Ansicht von STAUFFACHER [49] hervorzuheben, der das Aussonderungsrecht aus dem Wesen des modernen fiduziarischen Rechtsgeschäftes ableitet, welches seiner Meinung nach darin besteht, daß die Parteien eine Rechtsübertragung wollen, welche nur nach außen durchgreift, während für das innere Verhältnis eine solche gar nicht gewollt ist und daher nicht erfolgt. „Insoweit", so stellt STAUFFACHER fest, „ist der Fiduziant Eigentümer geblieben. Daraus ergibt sich ohne weiteres die Nichtzugehörigkeit zur Masse oder, wie Art. 197 SchKG sich ausdrückt, zum Vermögen des Gemeinschuldners."

GERSTLE, der, wie bereits erwähnt, davon ausgeht, daß durch das fiduziarische Verfügungsgeschäft infolge des sogenannten „begründenden" (kausalen) Teils des Verpflichtungsgeschäftes nur die „herrschaftsrechtlichen" und „sekundärrechtlichen" Befugnisse am Treugut auf den Treuhänder übergehen, die „nutzungsrechtlichen" Befugnisse dagegen beim Fiduzianten verbleiben, sagt daher [50], die Zuwendung müsse so behandelt werden, als ob sie das Vermögen des Treuhänders nicht vermehre. Dem Interesse des Fiduzianten stünden die der Gläubiger entgegen, da das Treugut oft ein wertvolles Verwertungsobjekt bilde. Die letzteren könnten sogar auf ihr getäuschtes Vertrauen hinweisen und sagen, sie hätten nur im Hinblick auf das Treugut kreditiert. Eine gerechte Würdigung müsse sich auf den Standpunkt des Treugebers stellen. Die Gläubiger eines Kon-

[48] Monatsblätter für Betreibungs- und Konkursrecht, Redaktion Ernst Keller und Paul Wolfensberger, 2 (1909) 15.

[49] STAUFFACHER, Zur Aussonderung fiduziarisch übertragener Werte im Konkurse des Fiduziars (Diss. Leipzig 1909) 22 f.

[50] GERSTLE 59.

kursiten seien, bildlich gesprochen, die Rechtsnachfolger in sein Vermögen, sie seien nicht wahre Dritte. Man könne sich z. B. sehr wohl ein Konkursverfahren denken, in dem die Gläubiger als Gesamtheit durch Rechtsübergang kraft Gesetzes Eigentümer der ganzen Masse würden. Eine Bereicherung des Gemeinschuldners sei darum im Konkursfall eine solche der Gläubiger. Die Berufung auf die Täuschung des Vertrauens falle für die offene Treuhand dahin; auch für die verdeckte lasse sich kein Satz des Inhalts aufstellen, das Beschlagsrecht ergreife alle Gegenstände, über die der Gemeinschuldner im eigenen Namen verfüge. Dies würde das Ende der Verkaufskommission bedeuten, wo doch, wie bei jeder Ermächtigung zum Handeln im eigenen Namen, ein gewisser Schein erzeugt werde. Noch weniger spreche der Besitz des Treuhänders für die Gläubigerinteressen. GERSTLE kommt durch Berücksichtigung des fiduziarischen Verpflichtungsvertrages zu dem Ergebnis, daß auf den Treuhänder nicht etwa das volle Recht am Treugut übertragen wird, sondern ein „dingliches Verwaltungsrecht“ mit der Folge, daß das Treugut nicht nur im Konkurs des Fiduziars aussonderungsfähig sein müsse, sondern auch, falls es der Treuhänder pflichtwidrig veräußere, von bösgläubigen rechtsgeschäftlichen Erwerbern herauszugeben sei [51]. Er bezeichnet die Versagung des Aussonderungsrechtes als ganz folgerichtig, wenn man sich auf den Boden der Theorie des vollen Rechtserwerbes stelle, und gibt zu, daß ein Angriff auf diese Theorie zugleich ein solcher gegen den Grundsatz der Abstraktheit der Verfügungsgeschäfte sei [52].

In einer seiner neueren Entscheidungen hat das Bundesgericht die Frage angeschnitten, ob die bisherige Anschauung des fiduziarischen Geschäftes als eines „allseitig wirkenden Übereignungsaktes mit einer obligatorischen Verfügungsbeschränkung oder Rückgabeauflage“ den gesteigerten Bedürfnissen des wirtschaftlichen Verkehrs noch gerecht werde [53]. Es hat diesen Grundsatz jedoch nicht „in Wiedererwägung“ gezogen, sondern ist auf einem anderen Wege zu dem Ergebnis gelangt, daß in einem Falle, in welchem zur Verwaltung ein und desselben Treugutes mehrere Fiduziare bestellt wurden, beim Tode eines Fiduziars das Treugut, oder ein Teil desselben, nicht in die Masse des Nachlaßkonkurses fällt. In den Urteilsgründen führt das Bundesgericht u. a. aus [54]: „Das fiduziarische Rechtsverhältnis ist getragen vom Vertrauen zwischen Fiduziant und Fiduziar. Normalerweise setzt ihm der Tod des Fiduziars ein Ende. Gerade darum muß es erlaubt sein, während der Dauer oder schon bei Begründung der Treu-

[51] GERSTLE 60, 137 ff., 144.
[52] GERSTLE 69.
[53] BGE 78 II 445 ff.
[54] A.a.O. 451 ff.

hand für ihre Erhaltung im Falle des Ablebens des Fiduziars vorzusorgen. Das kann sowohl ausdrücklich wie konkludent geschehen. Als dahingehende Willenskundgebung ist im allgemeinen die Ernennung mehrerer Treuhänder zu verstehen ... Wo sich aber nicht aus der Verabredung oder aus konkreten Umständen etwas Gegenteiliges ergibt, darf die Gewährleistung des Fortbestandes der Treuhandschaft beim Ausscheiden eines Treuhänders durch Tod zumindest als mitbeabsichtigt vorausgesetzt werden. Mehrere Fiduziare sind durch den Treuhandvertrag zu einer Gemeinschaft verbunden, welche sie zu Gesamteigentümern des Treugutes macht ... Es entspricht dem Wesen des fiduziarischen Geschäftes, aber auch dem mutmaßlichen Parteiwillen, daß beim Tod eines Treuhänders dessen Rechte nicht auf die (dem Fiduzianten häufig unbekannten) Erben übergehen, sondern den Mitfiduziaren anwachsen ... Das schweizerische Recht läßt in den Vorschriften über das Gesamteigentum Raum für analoge Bestimmung (Art. 654 Abs. 2 ZGB) ... Der Zugriff der Konkursmasse entbehrt jeder inneren Rechtfertigung."

Das Bundesgericht hat sich also in diesem Falle einer Stellungnahme zu der bisher ständigen, ein Aussonderungsrecht des Fiduzianten ablehnenden Rechtsprechung, deren Berechtigung es in Anbetracht der gesteigerten Bedürfnisse des modernen Wirtschaftslebens selbst in Zweifel zieht, dadurch entzogen, daß es das Recht des Mitfiduziars schon vor Eröffnung des Nachlaßkonkurses, nämlich mit dessen Tode, dem der übrigen Fiduziare anwachsen läßt, womit im Nachlaßkonkurs das Problem nicht mehr auftaucht, da die Erben nicht Eigentümer, Gläubiger usw. des Treugutes, auch nicht zur gesamten Hand mit den übrigen Fiduziaren, geworden sind, sondern gegebenenfalls eine im fremden Eigentum stehende Sache besitzen, deren Aussonderungsfähigkeit sich ohne weiteres aus der Vorschrift des Art. 197 SchKG ergibt.

2. *Ausnahmen*

Die bisherigen Erörterungen haben gezeigt, daß nach geltendem Schweizer Recht ein Aussonderungsrecht des Fiduzianten im Konkurse des Fiduziars nicht besteht. Dieser Grundsatz ist jedoch durch eine Reihe von Ausnahmen eingeschränkt.

a) Unter auflösender Bedingung vorgenommene fiduziarische Verfügungen. – Eine (im Grunde unechte) Ausnahme bildet der Fall, daß die Übertragung des Treugutes an den Fiduziar unter der auflösenden Bedingung des Rückfalles desselben mit Konkurseröffnung über das Vermögen des Fiduziars erfolgte. Eine solche resolutiv bedingte Übertragung ist, mit Ausnahme von Grundstücken, nach Artt. 154 ff. OR zulässig und dinglich wirksam [55]. Die Vereinbarung einer Resolutivbedingung muß aber entweder ausdrücklich erfolgt sein oder durch Auslegung des konkreten Vertrages gewonnen werden können, andernfalls kann der Fiduziant das Treugut nicht aussondern [56]. Das Bestehen einer Resolutivbedingung kann nach herrschender Meinung aus dem Wesen des Treuhandverhältnisses nicht vermutet werden [57]. Es bleibt abzuwarten, ob das Bundesgericht, ausgehend von den in BGE 78 II 445 angestellten Erwägungen, aus dem Wesen des Treuhandverhältnisses neben der „Anwachsung" im Falle des Todes eines Mitfiduziars auch eine Resolutivbedingung für den Fall des Konkurses des Fiduziars ableiten wird.

Bei Vorliegen einer solchen Resolutivbedingung fällt das Eigentum oder das sonstige volle Recht des Fiduziars ipso iure mit Konkurseröffnung an den Fiduzianten zurück, und sein Aussonderungsanspruch ist nicht eine Folge der Treuguteigenschaft des in Anspruch genommenen Gegenstandes, sondern ergibt sich ohne weiteres aus Art. 197 SchKG.

b) Fiduziarisch übertragene Inhaber- und Orderpapiere. – In Art. 201 des Schuldbetreibungs- und Konkursgesetzes ist folgendes bestimmt:

> „Wenn sich in den Händen des Gemeinschuldners ein Inhaberpapier oder ein Ordrepapier befindet, welches ihm bloß zur Einkassierung oder als Deckung für eine bestimmt bezeichnete künftige Zahlung übergeben oder indossiert worden ist, so kann derjenige, welcher das Papier übergeben oder indossiert hat, die Rückgabe desselben verlangen."

Infolge der Herkunft dieser Vorschrift aus dem französischen Recht [58] herrschte früher ein Streit darüber, ob Art. 201 SchKG als „materiellrechtliche Norm" aufzufassen oder ob in ihr eine für den Konkurs geltende „lex specialis" zu erblicken sei, d. h. ob diese Bestimmung klarstellen wolle, daß in den von ihr aufgezählten Fällen das Eigentum trotz Übergabe bzw. Vollindossierung der Papiere auf den Empfänger nicht übergehe (materiellrechtliche Auslegung), oder ob sie trotz Übergangs des Eigentums ein besonderes Aussonderungsrecht gewähre (Auslegung als konkursrechtliche Spezialvorschrift). Der Streit ist heute praktisch beendet und zugunsten der Anhänger der Theorie der konkursrechtlichen Spezialvorschrift entschieden [59]. Art. 201 SchKG gibt also ein Aussonderungsrecht an Inhaber- und

[55] Gerstle 88. [56] Blass (oben S. 79 N. 16) 157.
[57] Gubler 263a mit Literaturhinweisen.
[58] Vgl. unten Kapitel 3 (S. 99 ff.).
[59] Thürig, Über den rechtlichen Charakter und die Tragweite des Art. 201 des

Orderpapieren, an welchen (zu den im Gesetz erwähnten Zwecken) das Eigentum auf den Gemeinschuldner übertragen wurde und auf deren Rückgabe der Berechtigte nur einen obligatorischen Anspruch hat. Es handelt sich hierbei nach herrschender Meinung um fiduziarische Rechtsverhältnisse, bei denen im Konkurse des Fiduziars das Treugut vom Fiduzianten ausnahmsweise ausgesondert werden kann [60]. Der Zweck der Übertragung dieser Papiere kann entweder die „Einkassierung" der darin verkörperten Forderung oder die „Deckung für eine bestimmt bezeichnete künftige Zahlung" sein.

Auch die Übertragung eines Orderpapieres *„zur Einkassierung"* kann nur durch Indossament erfolgen. Nach Art. 735 OR besteht aber die Möglichkeit, dem Indossament einen den Zweck der Aushändigung des Papiers andeutenden Vermerk wie „zur Einkassierung", „in Prokura" usw. beizufügen, wodurch verhindert wird, daß der Beauftragte Eigentümer des Papiers wird. Es tritt dann lediglich die Wirkung einer Bevollmächtigung ein [61]. Ein wirkliches Indossament mit Transportfunktion liegt gar nicht vor. Die Folge ist, daß das Papier auch ohne die Bestimmung des Art. 201 SchKG im Konkurs des Bevollmächtigten ausgesondert werden kann. JÄGER [62] scheint allerdings auch diese Fälle unter Art. 201 SchKG bringen zu wollen. Dieses Mittel zur Legitimierung des Inkassobeauftragten wird jedoch selten benützt, weil es als Ausdruck eines gewissen Mißtrauens unbeliebt ist [63]. Die Parteien wählen daher meist ein Vollindossament, welches das Eigentum am Papier wie auch die Forderung daraus an den Beauftragten übergehen läßt. Aus dem Papier selbst geht der Inkassozweck der Übertragung in solchen Fällen ebensowenig wie aus einem Inhaberpapier hervor. Ein Aussonderungsrecht ist aber nur dann gegeben, wenn das Papier zum Zwecke der Einkassierung übertragen wurde und nicht etwa an Zahlungs Statt. Die Beweislast dafür trifft den Fiduzianten. Die Konkursverwaltung ist im Zweifel zunächst zur Annahme berechtigt, die Übertragung habe, auch im Innenverhältnis, mit der Möglichkeit einer freien Verfügung des Gemeinschuldners stattgefunden, und kann den Fiduzianten auf den Weg der Klage nach Art. 242 SchKG verweisen [64].

Schuldbetreibungs- und Konkursgesetzes (Diss. Bern 1928) 5, 22, 32. Eine Aufzählung der Anhänger der Theorie von der materiellrechtlichen Norm findet sich auf S. 20 f.

[60] STAUFFACHER (oben S. 86 N. 49) 90; KELLER (oben S. 83 N. 36) 72.

[61] STAUFFACHER (oben S. 86 N. 49) 44.

[62] JÄGER, N. 4 zu Art. 201 SchKG.

[63] STAUFFACHER (oben S. 86 N. 49) 42.

[64] JÄGER, N. 4 zu Art. 201 SchKG; BLUMENSTEIN, Handbuch des schweizerischen Schuldbetreibungsrechtes (Bern 1911) 636.

Über den Sinn der Formulierung *„als Deckung für eine bestimmt bezeichnete künftige Zahlung"* ist man sich nicht ganz einig. JÄGER[65] bezeichnet diese Fassung als unglücklich; sie lasse die verschiedensten Deutungen zu. Auch bezüglich dieser Alternative des Art. 201 SchKG wurde sowohl die Meinung vertreten, es handle sich um eine materiellrechtliche Norm, als auch die, daß sie als spezielle konkursrechtliche Billigkeitsvorschrift aufzufassen sei[66]. THÜRIG vertritt hierzu die Ansicht, es handle sich weder um das eine noch um das andere. Der richtigverstandene Parteiwille gehe beim „Deckungsgeschäft" auf suspensiv bedingte Eigentumsübergabe, woraus zu schließen sei, daß ein fiduziarisches Verhältnis gar nicht vorliege. Die herrschende Meinung erblickt aber in den durch Art. 201 SchKG bezeichneten Deckungsgeschäften fiduziarische Rechtsgeschäfte, bei denen das Eigentum an den betreffenden Papieren auf den Empfänger derselben übertragen wird[67].

Bei den unter diese Bestimmung fallenden Deckungsgeschäften nimmt JÄGER an[68], mit der Eigentumsübertragung an den Papieren werde ein Rücknahmerecht derselben vereinbart, welches an die stillschweigende Bedingung geknüpft sei, daß im Moment der Konkurseröffnung die betreffende Zahlung vom Gemeinschuldner noch nicht gemacht worden sei und von ihm nunmehr infolge des Konkursausbruches nicht mehr gemacht werden könne, so daß es unbillig wäre, wenn der Gemeinschuldner bzw. seine Konkursmasse zwar die Deckung behalten, aber die Zahlung nicht oder nur zu einem geringen Teil leisten würde. „Darnach würde wohl der Fall hieher gehören, wo die Übergabe an den Gemeinschuldner erfolgte als Deckung für einen auf ihn gezogenen, aber von ihm nicht akzeptierten Wechsel ... Da die Konkursmasse diesen Wechselbetrag mangels des Akzeptes ... nicht zu bezahlen braucht, würde es der Billigkeit widersprechen, wenn sie das Äquivalent für die Zahlung behalten könnte." Hatte dagegen der Gemeinschuldner einen auf ihn gezogenen Wechsel akzeptiert, so kann nach JÄGER der Deckungswechsel nur dann ausgesondert werden, wenn der Inhaber des Wechsels die Konkursmasse des Gemeinschuldners nicht belangt, sondern direkt auf den Aussteller zurückgreift. JÄGER wendet sich gegen die Absicht, daß auch die Übersendung von Tratten zur Deckung der aus der Bestellung von Waren beim Gemeinschuldner entstandenen Kaufpreisforderung einen Fall des Art. 201 SchKG darstelle, soweit der Empfänger

---

[65] JÄGER, N. 5 zu Art. 201 SchKG. [66] THÜRIG (oben N. 59) 18.

[67] JÄGER, N. 5 zu Art. 210 SchKG: „Soviel ist u. E. darnach sicher, daß es sich um eine Übertragung zu Eigentum handelt." BLUMENSTEIN (oben N. 64) 636.

[68] JÄGER, N. 5 zu Art. 201 SchKG.

vor Ausführung des Geschäftes in Konkurs fällt [69]. JÄGER sieht die übersandten Tratten nicht als Deckung an, sondern als die Vorauszahlung einer Schuld und meint, der Kaufvertrag und die Bestellung der Waren würden mit Konkurseröffnung nicht hinfällig. Dagegen sei der Auftrag ein passendes Beispiel für diese Bestimmung, da er mit Konkurseröffnung erlösche, also der Fall, daß der Übersender der Tratten den Gemeinschuldner zum Ankauf von Waren beauftragt hatte und dieser vor Ausführung des Auftrages in Konkurs geriet.

Aus dem Bericht der ständerätlichen Kommission [70] ist zu entnehmen, daß der Artikel in seiner ursprünglichen Fassung die Wendung „Deckung für künftige Zahlungsverbindlichkeiten" enthielt. Aus der Änderung in „Zahlungen" entnahm man, daß nur solche Papiere gemeint seien, die zwar in das Eigentum des Gemeinschuldners übergegangen waren, jedoch nachweisbar zu dem bestimmten Zwecke, daß der Empfänger sie zur Deckung einer erst später fällig werdenden Verbindlichkeit des Tradenten oder eines Dritten verwenden sollte [71]. Man nahm an [72], daß „für künftige Zahlungsverbindlichkeiten" hingegebene Papiere nichts anderes seien als Faustpfänder, die sich im Besitze des Gemeinschuldners befinden, so daß dieser Fall nicht unter die Vorschrift des Artikels falle, sondern die Rückforderung nach allgemeinen Grundsätzen gestatte. Nach STAUFFACHER [73] läßt der unklare Wortlaut des Gesetzes auch diesen Fall zu, denn auch dort, so führt er unter Berufung auf Äußerungen der deutschen Reichstagskommission zur Konkursordnung aus, wo eine vom Gemeinschuldner zu bewirkende Leistung in Frage stehe, sei es nicht diese Leistung, sondern die ihm dafür zu entrichtende Gegenleistung, welche gesichert werden soll.

Die Rechtsprechung hat zu diesen Fragen, soweit ersichtlich, bisher nicht Stellung genommen. Der Fiduziant hat auch im Falle der Hingabe des Papiers zu Deckungszwecken diesen bestimmten Zweck zu beweisen, andernfalls fällt das Papier in die Konkursmasse des Fiduziars [74]. Hat der Gemeinschuldner das Papier vor Konkurseröffnung bereits veräußert oder die Zahlungen, zu deren Deckung ihm das Papier übertragen wurde, geleistet, so ist der Fiduziant auf eine gewöhnliche Konkursforderung beschränkt [75]. Man schützt seinen Aussonderungsanspruch auch nicht durch Anwendung des Art. 202 SchKG, der ungefähr dem § 46 der deutschen KO entspricht.

[69] JÄGER, N. 5 zu Art. 201 SchKG.

[70] Bericht der ständerätlichen Kommission zum Gesetzentwurfe betreffend Schuldbetreibung und Konkurs vom 13. 11. 1886, BBl. 1886, Bd. 3 S. 897.

[71] STAUFFACHER (oben S. 86 N. 49) 104; BBl. 1886, Bd. 3 S. 763.

[72] Bericht ... (oben N. 70).

[73] STAUFFACHER (oben S. 86 N. 49) 104.

[74] JÄGER, N. 5 zu Art. 201 SchKG.

[75] KELLER (oben S. 83 N. 36) 73.

Art. 202 SchKG gibt ein Aussonderungsrecht an Surrogaten nur bei Veräußerung einer fremden Sache durch den Gemeinschuldner, während in den Fällen des Art. 201 SchKG der Gemeinschuldner Eigentümer des veräußerten Papiers war [76].

c) Mittelbare Stellvertretung. – In Art. 401 des schweizerischen Obligationenrechtes ist für den Auftrag folgende Regelung getroffen:

„Hat der Beauftragte für Rechnung des Auftraggebers in eigenem Namen Forderungsrechte gegen Dritte erworben, so gehen sie auf den Auftraggeber über, sobald dieser seinerseits allen Verbindlichkeiten aus dem Auftragsverhältnisse nachgekommen ist.

Dieses gilt auch gegenüber der Masse, wenn der Beauftragte in Konkurs gefallen ist.

Ebenso kann der Auftraggeber im Konkurse des Beauftragten, unter Vorbehalt der Retentionsrechte desselben, die beweglichen Sachen herausverlangen, die dieser im eigenen Namen, aber für Rechnung des Auftraggebers, zu Eigentum erworben hat."

Und im Titel über die Kommission bestimmt Art. 425 II OR:

„Für das Kommissionsverhältnis kommen die Vorschriften über den Auftrag zur Anwendung, soweit nicht die Bestimmungen dieses Titels etwas anderes enthalten."

Nach allgemeiner Ansicht [77] findet daher Art. 401 OR auch auf das Kommissionsgeschäft Anwendung. Der in Art. 401 I OR normierte gesetzliche Forderungsübergang (Subrogation) tritt also immer ein, sobald der Auftraggeber seinen Verpflichtungen nachgekommen ist, z. B. die vom Beauftragten gemachten Aufwendungen ersetzt hat [78]. Gemäß Art. 401 II kann der Auftraggeber auch noch im Konkurse des Beauftragten gegen Erfüllung seiner Verbindlichkeiten aus dem Auftragsverhältnis einen Forderungsübergang herbeiführen, so daß dann diese Forderung nicht in die Masse fällt.

Hingegen geht nach Art. 401 III das Eigentum an beweglichen Sachen, die der Beauftragte im eigenen Namen für Rechnung des Auftraggebers erworben hat, auch nach Erfüllung der Verbindlichkeiten des Auftraggebers nicht kraft Gesetzes auf diesen über. Für den Übergang dinglicher Rechte gelten die allgemeinen Bestimmungen des Sachenrechtes [79]. Wenn der Be-

---

[76] JÄGER, N. 5a. E. zu Art. 201 SchKG.

[77] FICK, Das schweizerische Obligationenrecht[1] (Zürich 1911), Anm. 141 zu Art. 425; GAUTSCHI 120 f.; GUHL (oben S. 76 N. 1) 123, 343.

[78] FICK (vorige Note), Anm. 4 zu Art. 401 OR.

[79] FICK (oben N. 77), Anm. 9 zu Art. 401 OR; JOST, Der Übergang von Eigentums-

auftragte in Konkurs fällt, hat der Auftraggeber, wenn auch das Eigentum an den beweglichen Sachen noch nicht auf ihn übertragen ist, auf Grund seines bloß obligatorischen Anspruches ein Aussonderungsrecht [80]. Ein Zurückbehaltungsrecht [81] des Beauftragten, etwa wegen diesem zu ersetzender Verwendungen, muß sich der Auftraggeber solange entgegenhalten lassen, bis er seinen Verpflichtungen der Masse gegenüber nachgekommen ist. JOST [82] bemerkt zu Art. 401 III OR, der Gesetzgeber gebe dem Mandanten aus Billigkeitsgründen ein Aussonderungsrecht, da es unbillig wäre, wenn sich die Konkursgläubiger mit dem Gute, das wirtschaftlich dem Mandanten gehöre, bereichern würden.

Die entsprechende Anwendung des Art. 401 III OR auch auf Liegenschaften wird von der herrschenden Meinung abgelehnt [83]. Immerhin wurde in der schon zitierten Entscheidung der ersten Zürcher Appellationskammer [84] ausgeführt: „Der klägerische Anspruch läßt sich auch schützen in analoger Anwendung des Art. 399 Abs. 2 OR [jetzt Art. 401 Abs. 3 OR]. Die nämlichen rechtlichen und wirtschaftlichen Gesichtspunkte treffen auch bei Liegenschaften zu." GAUTSCHI [85] ist mit dem Bundesgericht [86] der Ansicht, daß das von Art. 401 OR nicht vorgesehene Aussonderungsrecht an Liegenschaften sich am öffentlichen Glauben des Grundbuchs brechen würde. Das in Art. 401 gewährte Aussonderungsrecht wird in der Regel nicht als Folge eines etwa zwischen Auftraggeber und Beauftragtem bestehenden Treuhandverhältnisses angesehen. GUBLER [87] vertritt die Meinung, die indirekte Stellvertretung sei streng von der fiducia zu unterscheiden. Er geht davon aus, daß das, was vom Vertreter für den Vertretenen von Dritten erworben wird, sofort an letzteren weiterzuübertragen sei. „Um die schwierige Untersuchung darüber unnötig zu machen, wann genau diese sich oft in einer nicht erkennbaren Willensbildung vollziehende Eigentumsübertragung zugunsten des indirekt Vertretenen erfolgt sei, wurde", so argumentiert GUBLER [88], „Art. 401 OR geschaffen." Der Fiduziar solle aber gerade umgekehrt in der Regel Eigentümer des Treugutes, auch des

---

und Forderungsrechten vom Beauftragten auf den Auftraggeber: Zeitschrift für Schweizerisches Recht N. F. 72 (1953) 131 ff. (139).

[80] FICK (oben N. 77), Anm. 23 und 24 zu Art. 401 OR.

[81] JOST (oben N. 79) 142 bemerkt unter Hinweis auf Art. 895 ZGB, wonach Retentionsrechte nur an fremder Sache möglich sind, daß es sich eigentlich um die Einrede des nichterfüllten Vertrages handle (Art. 82 OR).

[82] JOST (oben N. 79) 141.

[83] FICK (oben N. 77), Anm. 26 zu Art. 401 OR.

[84] Vom 24. 1. 1906, a.a.O. (oben S. 85 N. 46) 274.

[85] GAUTSCHI 119.

[86] BGE 72 II 361.

[87] GUBLER 261a f.

[88] GUBLER 262a.

von Dritten erworbenen, werden, um dieses Eigentum auszuüben und sich daraus legitimieren zu können. JÄGER [89] führt das Aussonderungsrecht des Art. 401 OR nicht als einen Fall der Treugutaussonderung auf, sondern nennt es unter den in einer besonderen Gruppe zusammengefaßten Aussonderungsfällen kraft obligatorischen Rechtes an Gegenständen, die „streng genommen dem Schuldner gehören". Auch bei FICK [90] ist nicht davon die Rede, daß es sich in den Fällen des Art. 401 OR um die Aussonderung von Treugut handelt. Er begnügt sich vielmehr damit, zu sagen: „In Abs. 3 [des Art. 401 OR] wird jedoch dem Auftraggeber, sofern er die Verpflichtungen aus dem Auftragsverhältnis erfüllt hat, gegenüber der Konkursmasse des Beauftragten ein Recht an der Sache selbst zugestanden [91]. Es ist dies aber kein Eigentumsanspruch, sondern ein besonderes Aussonderungsrecht, in bezug auf die für ihn gekaufte Sache. Der Aussonderungsanspruch ist aber auch kein bloßes Forderungsrecht, denn dann müßte der Auftraggeber sich mit der Konkursdividende begnügen. Sondern gestützt auf Art. 401 Abs. 3 kann er die Sache selbst herausverlangen."

KELLER [92] bezeichnet das Verhältnis zwischen Auftraggeber und mittelbarem Stellvertreter als fiduziarisches Rechtsverhältnis und sieht in Art. 401 OR einen weiteren Fall, in dem ausnahmsweise die Aussonderung von Treugut zugelassen wird. GAUTSCHI [93] sieht den indirekten Stellvertreter ebenfalls als Treuhänder an und entwickelt, vom Auftragsrecht ausgehend, einen gegenüber der herrschenden Meinung viel umfassenderen Treuhandbegriff [94]. Er bezeichnet fiduziarisches Handeln ganz allgemein als ein Handeln im eigenen Namen, aber für fremde Rechnung und im fremden Interesse [95].

Als Kriterium dafür, ob ein fiduziarisches Rechtsverhältnis vorliegt, sieht GAUTSCHI das Bestehen einer „Restitutionspflicht" gemäß Art. 400 OR (wonach der Beauftragte alles, was ihm aus dem Auftragsverhältnis zugeflossen ist, zu erstatten hat) oder doch einer ihrem Wesen nach auf-

---

[89] JÄGER, N. 4 zu Art. 197 SchKG (S. 10).

[90] FICK (oben S. 93 N. 77) Anm. 22–24 zu Art. 401 OR.

[91] Es ist auf BGE 21, 813 verwiesen.

[92] KELLER (oben S. 83 N. 36) 70 f.

[93] GAUTSCHI 98 ff.

[94] GAUTSCHI, Fiduziarische Rechtsverhältnisse besonderer Art: Schweiz. Juristen-Zeitung 45 (1949) 301 ff. (303): „Die in der Literatur und Judikatur immer wiederkehrende Meinung, daß alle fiduziarischen Zuwendungen vom Konkurs des Fiduziars erfaßt werden, scheint in dieser Verallgemeinerung für das positive schweizerische Recht nicht zutreffend." Die nun folgenden Ausführungen von GAUTSCHI sind also de lege lata zu verstehen.

[95] GAUTSCHI 98; DERS., Fiduziarische Rechtsverhältnisse besonderer Art (vorige Note) 302.

tragsrechtlichen Restitutionspflicht aus anderen Rechtsverhältnissen an [96]. Eine solche „Erhaltungs- und Ablieferungspflicht" und deswegen ein fiduziarisches Rechtsverhältnis bestehe, vorausgesetzt, daß ein Handeln im eigenen Namen für fremde Rechnung stattgefunden hat, neben den eigentlichen Fällen des Auftrages und des Kommissionsgeschäftes ohne Auftrag (Artt. 419 ff. OR), beim Dienstvertrag und beim Gesellschaftsvertrag. Ein fiduziarisches Rechtsgeschäft sei die Nacherbeinsetzung nach Artt. 488–492 ZGB. Der Vorerbe sei Fiduziar, denn er werde gemäß Art. 491 Abs. 2 ZGB „Eigentümer der Erbschaft unter der Pflicht zur Auslieferung" [97]. Auch die Rückübertragungspflicht des Sicherungseigentümers oder Sicherungszessionars sei ihrem Wesen nach auftragsrechtlich. Sicherungsübertragung ohne bedingte Erstattungspflicht sei keine Sicherungsübertragung. Es sei für die rechtliche Behandlung der fiduziarischen Zuwendung gleichgültig, ob sie vom Auftraggeber selbst oder von Dritten auf Veranlassung des Auftraggebers oder infolge der Ausführung des fiduziarischen Auftrages erworben wurde. Gautschi weist auf Art. 400 OR hin, wonach es nur darauf ankommt, ob das Recht dem Beauftragten infolge des Auftrages zugekommen ist. Ob das anvertraute Recht selbst oder der Erlös aus seiner Veräußerung zu restitutieren sei, bestimme, so bemerkt er, der Auftragsinhalt und Auftragszweck [98].

Es ist somit für das Vorliegen eines Treuhandverhältnisses nach Gautschi nicht erforderlich, daß der Gegenstand desselben, also das Treugut, unmittelbar vom Treugeber auf den Treuhänder übertragen wurde. Aus all diesen Erwägungen kommt Gautschi zu der Erkenntnis, daß in direkter oder doch entsprechender Anwendung des Art. 401 OR dem Fiduzianten im Konkurse des Fiduziars ein Aussonderungsrecht am Treugut zustehen müsse. Er sieht keinen Grund, warum ausgerechnet Art. 401 OR nicht zur Anwendung kommen solle, wenn in den Fällen mit einer dem Auftragsrecht analogen Erstattungspflicht Art. 400 OR und andere Vorschriften dieses Rechtes entsprechend heranzuziehen seien [99]. Auch für die Frage der Aussonderung komme es nicht darauf an, von wem das Treugut durch den Fiduziar erworben wurde, da Art. 401 nur voraussetzt, daß der Erwerb des Fiduziars im eigenen Namen stattgefunden hat [100]. Im einzelnen bedeutet das, daß die vom Fiduziar im eigenen Namen erworbenen

---

[96] Gautschi 118.

[97] Gautschi 118.

[98] Gautschi 115.

[99] Gautschi 118, 119.

[100] Gautschi 116. Ein Erwerb des Treugutes vom Auftraggeber selbst lag vor bei den Entscheidungen BGE 53 II 42 ff.; 71 II 106 f.; 71 II 169; 72 II 360. In BGE 64 II 220; 65 II 162; 72 I 334 f. war das Treugut von Dritten erworben.

Forderungsrechte, gleichgültig ob sie vom Auftraggeber oder von Dritten auf ihn übertragen wurden, von Gesetzes wegen auf den Treugeber über- oder an ihn zurückgehen, wenn und sobald er seine Pflichten erfüllt hat. Diese Behandlung erfährt sowohl die zum Inkasso wie auch die zur Sicherung übertragene Forderung. Unter den gleichen Voraussetzungen gehen auf den Treugeber alle Forderungsrechte über, die der Beauftragte bei Ausführung des Auftrages gegen den Geschäftsgegner erworben hat. GAUTSCHI führt als Beispiel an, daß jemand, der seiner Bank Wertschriften anvertraut, die diese im eigenen Namen, aber für seine Rechnung und auf seine Gefahr bei einer anderen Bank hinterlegt, im Konkurse der Bank infolge des gesetzlichen Forderungsüberganges auf ihn nach Erfüllung seiner Verbindlichkeiten den Rückgabeanspruch gegen die seine Wertschriften verwahrende Bank geltend machen könne. In Anwendung des Artikels 401 III OR besteht für den Treugeber entsprechend ein Aussonderungsrecht an beweglichen Sachen, gleichgültig ob das Treugut aus dem Vermögen des Auftraggebers oder eines Dritten stammt[101]. Ein Aussonderungsrecht des Treugebers an Liegenschaften lehnt GAUTSCHI dagegen ab. Er ist mit dem Bundesgericht[102], wie schon erwähnt, der Ansicht, daß ein Aussonderungsrecht des Auftraggebers in solchen Fällen von Art. 401 OR deswegen nicht vorgesehen sei, weil es sich am öffentlichen Glauben des Grundbuchs brechen würde[103], und will es auch in den übrigen von ihm als fiduziarisch bezeichneten Rechtsverhältnissen nicht gewähren. Der Treugeber, so meint er, erhalte zwar kein Aussonderungsrecht, aber dadurch, daß im Falle der fiduziarischen Übertragung von Liegenschaften durch den Auftraggeber selbst der Auftrag und dessen Annahme der öffentlichen Beurkundung gemäß Art. 657 ZGB bedürfe[104], einen nach außen einigermaßen wirksamen Schutz gegen Veruntreuungen des Fiduziars. Aus der öffentlichen Urkunde könnten Dritte feststellen, daß der Eigentümer „aus Auftrag" die Liegenschaft nur zeitlich beschränkt besitzen soll und von den Weisungen des Veräußerers abhängig ist. Der Dritterwerber könne sich dann weniger leicht auf seinen guten Glauben berufen[105].

---

[101] GAUTSCHI 119.

[102] BGE 39 II 809 ff.; 43 III 346; 71 II 103.

[103] GAUTSCHI 119, vgl. oben S. 94 N. 85, 96.

[104] BGE 71 II 106.

[105] Hier dürfte sich GAUTSCHI irren, denn da der Fiduziar Eigentümer ist, kommt es nach Schweizer Recht auf den guten Glauben des Erwerbers gar nicht an. GAUTSCHI sagt 117 selbst: „Das schweizerische Recht kennt nur eine Art des Eigentumsrechtes. Es kann nur als Ganzes übertragen werden. Es können nicht einzelne Eigentumsbefugnisse beim Veräußerer zurückbleiben. Als Eigentümer kann der Fiduziar alle Verfügungen

Im Gegensatz zu GAUTSCHI betont GUBLER [106], es erscheine vorerst unzulässig, aus Art. 401 OR in Verbindung mit Art. 201 SchKG per analogiam – weil es sich ebenfalls um anvertrautes, im eigenen Namen innegehabtes Gut handele – ein allgemeines Aussonderungsrecht gegenüber dem Fiduziar abzuleiten, da diese Bestimmungen Ausnahmen zu Art. 197 SchKG darstellten und nicht ausdehnend interpretiert werden dürften [107].

über die Sache vornehmen, die das Eigentumsrecht zuläßt. Er kann die fiduziarisch übertragene Liegenschaft belasten. Nimmt er Verfügungen vor, die gegen den Vertragszweck verstoßen, so verletzt er nur eine persönliche Verpflichtung und wird schadenersatzpflichtig. Die Verfügung jedoch ist gültig."

[106] GUBLER 261a.

[107] So auch BGE 39 II 814.

3. Kapitel

Französisches Recht

A. DER BEGRIFF TREUGUT

Das französische Recht kennt ein Treuhandverhältnis dem Namen nach nicht. Die „fiducie“ läßt sich, entgegen der Ansicht von LEPAULLE [1], nicht als Treuhand ansehen, und zwar weder im Sinne des englischen trust noch der römischen „fiducia“. Es fehlt an dem für die Treuhand wesentlichen Erfordernis einer eigentümergleichen oder ähnlich umfassenden Rechtszuständigkeit des „fiduciaire“ [2]. Außerdem handelt es sich hierbei um ein veraltetes Rechtsinstitut.

Dagegen liegt es nahe, den sogenannten „prête-nom“ als Treuhänder anzusehen [3]. Inwiefern das Rechtsverhältnis zwischen „prête-nom“ und „emprunteur de nom“ als Treuhandverhältnis und dementsprechend die diesem Rechtsverhältnis unterliegenden Gegenstände als Treugut bezeichnet werden können, soll im folgenden näher untersucht werden.

I. Das Rechtsverhältnis zwischen prête-nom und emprunteur de nom im allgemeinen

Das französische Recht unterscheidet zwischen „mandataire ordinaire“ und „mandataire prête-nom“. Es bezeichnet damit den Unterschied zwischen direktem und indirektem Stellvertreter. Während der mandataire

[1] LEPAULLE, Les fonctions du trust et les institutions équivalentes en droit français (Agen 1929) 14: „La fiducie n'est en effet rien d'autre qu'un trust.“ Diese Meinung gründet sich darauf, daß LEPAULLE (a.a.O. 4) vom Beispiel des „charitable trust“ ausgehend das Treugut als eine Art selbständiges Stiftungsvermögen ansieht.

[2] MERLIN, Répertoire de Jurisprudence V⁴ (Paris 1812) 214: „les mots héritier Fiduciaire ... désignent la personne que le testateur a chargée, en l'instituant héritière pour la forme, d'administrer la succession et de la tenir en dépôt jusqu'au moment où elle doit la remettre au véritable héritier. Pris dans ce sens, l'héritier Fiduciaire n'est héritier que de nom; il n'est pas saisi de la succession; ce n'est pas sur sa tête que repose la propriété des biens du défunt; il n'en est que l'administrateur.“

[3] WEISER, Trusts on the Continent of Europe (London 1936) 58.

ordinaire im Namen und für Rechnung des Auftraggebers (mandant) handelt, tritt der prête-nom gegenüber Dritten im eigenen Namen auf. Jedoch ist auch er für Rechnung des Auftraggebers (emprunteur de nom) tätig [4]. Die mittelbare Stellvertretung ist zwar im Gesetz nicht geregelt, doch sieht Art. 1997 Code civil (C.c.) das Handeln eines Stellvertreters in dessen eigenem Namen vor [5]. Da der prête-nom in aller Regel nicht nur den Namen des emprunteur de nom, sondern auch die Tatsache des Handelns für fremde Rechnung zu verbergen hat, wird er vielfach als Strohmann bezeichnet.

Die durch einen prête-nom vorgenommenen Rechtsgeschäfte werden als Scheingeschäfte angesehen und sind, da das französische Recht solchen Geschäften im allgemeinen die Wirksamkeit nicht versagt, grundsätzlich in all den Fällen gültig, in denen auch ein wirksames Handeln in fremdem Namen möglich ist [6]. Eine Ausnahme besteht für Fälle der Gläubigerbenachteiligung und der Gesetzesumgehung. Die Figur des prête-nom kann auch im Rahmen eines Dienst- oder Arbeitsverhältnisses Verwendung finden [7].

Die Tätigkeit des prête-nom besteht in der Verwaltung von Gegenständen, die ihm aus dem Vermögen des emprunteur de nom übertragen wurden oder die er von Dritten für Rechnung des emprunteur de nom erworben hat. Die Verwaltungstätigkeit besteht z. B. in der Vermietung, Verpfändung, Veräußerung oder Forderungseinziehung [8]. Ihrer Beschaffenheit nach kommen alle Arten von Vermögensgegenständen für die Verwaltung durch einen prête-nom in Betracht, praktisch vor allem Grundstücke, bewegliche Sachen, Forderungen und Wertpapiere.

Um bei Geschäften mit Dritten selbst nicht in Erscheinung zu treten, läßt der emprunteur de nom den prête-nom in dessen eigenem Namen handeln und stattet ihn dementsprechend mit einer umfassenden Verfügungsmacht aus. Die Reichweite und die Rechtsnatur dieser Verfügungsmacht, also die Frage der Verteilung der Rechtszuständigkeit zwischen prête-nom und emprunteur de nom an den vom prête-nom zu verwaltenden Gegenständen, bedarf einer näheren Untersuchung.

---

[4] Guillouard, Traités des contrats aléatoires et du mandat (Paris 1893) 345; Poncet 7; Baudry-Lacantinerie/Wahl 465.

[5] Lyon-Caen/Renault 462.

[6] Baudry-Lacantinerie/Wahl 467.

[7] Baudry-Lacantinerie/Wahl 466. Cass. civ. 18. 10. 1893, D. 94. 1. 171.

[8] Poncet 24 f.

II. Die Verteilung der Rechtszuständigkeit zwischen prête-nom und emprunteur de nom

1. *Aus dem Vermögen des emprunteur de nom stammende Gegenstände*

Um dem prête-nom die Möglichkeit zu geben, gegenüber Dritten im eigenen Namen aufzutreten und über die ihm anvertrauten Gegenstände so zu verfügen, als ob er allein an den vorzunehmenden Geschäften interessiert sei, stattet der emprunteur de nom den prête-nom mit einer Verfügungsmacht aus, die diesen, wie man sagt, gegenüber Dritten als Eigentümer oder sonstigen Vollberechtigten erscheinen läßt, während im Innenverhältnis der emprunteur de nom wirklich Berechtigter bleibt. Man bezeichnet den prête-nom gewöhnlich als scheinbaren Eigentümer, Gläubiger usw. und sagt, er sei mit einem „titre apparent" versehen, kraft dessen er gegenüber Dritten sämtliche Rechte eines Eigentümers innehabe, jedoch im Verhältnis zum emprunteur de nom als bloßer Beauftragter anzusehen sei [9]. Soweit sich der prête-nom Dritten gegenüber nicht als Vollberechtigter an den von ihm zu verwaltenden Gegenständen ausweisen kann, müssen die entsprechenden Publizitätsvorschriften eingehalten werden. So bedarf es z. B., wenn der prête-nom mit dem Verkauf von Immobilien oder Forderungen beauftragt ist, der Eintragung des Eigentumsüberganges bzw. der Mitteilung der Forderungsabtretung [10]. Die persönlichen Rechtsbeziehungen zwischen prête-nom und emprunteur de nom werden in der sogenannten „contre-lettre" festgelegt, aus der hervorgeht, daß das Eigentum in Wirklichkeit nicht übertragen werden sollte [11]. In gewissen Fällen bedarf es nicht erst der Übertragung des Eigentums oder sonstigen Rechtes an den prête-nom, um ihn gegenüber Dritten als Vollberechtigten erscheinen zu lassen. Es kann jemand, der ein Grundstück oder eine Forderung gekauft hat und diese Gegenstände weiterverkaufen will, den Verkäufer solange als prête-nom für den Weiterverkauf verwenden, als das Eigentum bzw. das Gläubigerrecht im Verhältnis zu Dritten noch nicht auf ihn übergegangen ist,

---

[9] PONCET 12: „... le prête-nom est un mandataire qui se trouve revêtu d'un titre apparent, lui donnant dans ses rapports avec les tiers tous les droits du propriétaire, tandis qu'il reste vis-à-vis de son commettant dans les rapports de mandataire à mandant."

[10] PONCET 12.

[11] PONCET 12: „Mais comme cet acte [translatif] n'a pour but que de permettre l'agissement en nom personnel du prête-nom, et que le maître de l'affaire n'entend pas lui transférer réellement la propriété, à côté de l'acte apparent translatif de propriété se place une seconde convention entre le maître et le prête-nom, une contre-lettre qui rétablit leur situation respective réelle de mandant et de mandataire."

also vor Bewirkung der durch das Gesetz vom 23. März 1855 vorgeschriebenen „transcription" oder der durch Art. 1690 C.c. vorgeschriebenen Mitteilung der Forderungsabtretung an den Schuldner.

2. *Aus dem Vermögen Dritter herrührende Gegenstände*

Auch bezüglich der vom prête-nom für Rechnung des emprunteur de nom von Dritten erworbenen Gegenstände wird der prête-nom als scheinbarer Eigentümer bzw. Gläubiger bezeichnet [12]. Im Verhältnis zu Dritten ist er der wirklich Berechtigte und Verpflichtete [13], und die von ihm erworbenen Gegenstände sind, im Verhältnis zu Dritten, ebenfalls sein Eigentum [14]. Im Verhältnis zum emprunteur de nom ist der prête-nom auch hier wiederum als gewöhnlicher mandataire anzusehen [15]. Die vom prête-nom für Rechnung des Auftraggebers erlangten Gegenstände gehen nach herrschender Meinung nicht etwa auf den letzteren über, sondern werden Eigentum des prête-nom, der sie durch ein weiteres Rechtsgeschäft an den emprunteur de nom übertragen muß [16].

3. *Die Bedeutung des „titre apparent" im einzelnen*

Mit der Feststellung, daß der prête-nom an den ihm vom emprunteur de nom übertragenen und an den von ihm für dessen Rechnung von Dritten erworbenen Gegenständen einen titre apparent innehat, ist noch nichts über die konkreten Befugnisse des prête-nom und des emprunteur de nom ausgesagt. Die Wendung, der prête-nom sei gegenüber Dritten als Eigen-

---

[12] Baudry-Lacantinerie/Wahl 465 f.: „Le mandataire prête-nom est un mandataire déguisé sous les apparences d'un titulaire du droit qu'il revendique ou des obligations qu'il contracte pour le compte du mandant. Dans la réalité des choses et par rapport à celui dont il tient ses droits, le prête-nom est un véritable mandataire, tenu à ce titre des obligations qui résultent d'un mandat." Poncet 51, 59; Aubry et Rau, Droit civil français VI⁶ (Paris 1951) 202.

[13] Guillouard (oben N. 4) 345: „Il suit de là que vis-à-vis des tiers avec lesquels il traite, il est le véritable maître de l'affaire, débiteur personnel des dettes qu'il contracte, et créancier personnel des obligations qu'il crée." Toulouse 18. 1. 1887, D. 87. 2. 131. Aubry et Rau (oben N. 12) 203.

[14] Poncet 56; Lerebours-Pigeonnière 3.

[15] Baudry-Lacantinerie/Wahl 472; Poncet 51. Cass. civ. 8. 5. 1872, D. 72. 1. 348; Cass. req. 3. 5. 1893, D. 93. 1. 567.

[16] Aubry et Rau (oben N. 12) 204: „Du fait que le prête-nom ne représente pas son mandant, il résulte qu'en cas d'acquisition par un prête-nom il y a, au point de vue fiscal, comme au point de vue du droit civil, un double transfert de propriété, le second se réalisant quand le prête-nom transfère au mandant le bien acquis par lui ...". Rousseau, Simulation et fiducie (Paris 1937) 151. Cass. req. 10. 2. 1936, D. 37. 1. 91, rapport Pilon. Anders Lerebours-Pigeonnière 228.

tümer anzusehen, besagt nicht viel über die Reichweite und die Natur seiner Rechtszuständigkeit. Es muß deshalb untersucht werden, in welcher Weise und in welchem Umfange Dritte, vor allem rechtsgeschäftliche Erwerber von Gegenständen, an welchen der prête-nom einen titre apparent hatte, geschützt werden.

Nach fast allgemeiner Ansicht ist die Veräußerung von Gegenständen durch den prête-nom nicht nur dann wirksam, wenn sie erlaubt war, sondern grundsätzlich auch dann, wenn sie entgegen den Weisungen des Auftraggebers erfolgte. Man sagt zwar, Voraussetzung für einen gültigen Erwerb durch Dritte sei deren guter Glaube (bonne foi), doch stellt man in diesen Fällen an dessen Vorliegen derart milde Anforderungen, daß Bösgläubigkeit (mauvaise foi) praktisch nur dann vorliegt, wenn das Veräußerungsgeschäft einen sittenwidrigen Charakter trägt. Geschützt wird nicht nur der gute Glaube an die Eigentümerstellung des prête-nom, sondern auch der gute Glaube an dessen Verfügungsmacht. Ein Dritter, der weiß, daß der prête-nom im Auftrage eines Hintermannes veräußert, erwirbt auch dann gültig, wenn der prête-nom den Rahmen des ihm vom emprunteur de nom Erlaubten vertragswidrig überschreitet [17]. Außerdem wird dem Erwerber, der weiß, daß sein Geschäftsgegner nur in verdeckter Vertretung handelt, keinerlei Erkundigungspflicht über die Reichweite der Verfügungsbefugnis des prête-nom auferlegt [18]. Nur die positive Kenntnis dessen, daß der prête-nom in Überschreitung seiner ihm durch das Innenverhältnis, insbesondere durch die schriftliche contre-lettre, gezogenen Grenzen handelt, macht den Dritten bösgläubig [19]. In diesem Falle wird der Dritte als Mitwisser des vom prête-nom begangenen Treubruchs angesehen und deswegen in seinem Erwerbe nicht geschützt [20]. Obwohl in Frankreich ganz allgemein die Anforderungen an den guten Glauben im Sinne der Artt. 2279 und 1141 C.c. nicht so streng sind wie diejenigen im deutschen Recht [21], wird man dennoch diese sehr weitgehende Wirksamkeit von Ver-

---

[17] PONCET 78 ff., 84.

[18] PONCET 82; AUBRY ET RAU (oben S. 102 N. 12). Anders LEREBOURS-PIGEONNIÈRE 87, der Dritten den Schutz auch bei grobfahrlässiger Unkenntnis versagen will.

[19] GUILLOUARD (oben S. 100 N. 4) 346; PONCET 87; AUBRY ET RAU (oben S. 102 N. 12) 202.

[20] GUILLOUARD (oben S. 100 N. 4) 346: „Dans cette situation, si les tiers traitent avec lui [le prête-nom] pour un acte qu'ils savent dépasser son mandat, ils se rendent complices d'une fraude, et ils ne peuvent invoquer contre le mandant un acte dont ils ont connu le vice au moment où ils le faisaient."

[21] ABDEL-BAKI, Du rôle de la possession en matière mobilière (Paris 1943) 231: „Telle est l'idée qui domine aujourd'hui: la bonne foi ne touche qu'à la qualité de propriétaire chez l'aliénateur. Pour savoir si l'acquéreur est ou n'est pas de bonne foi,

fügungen des prête-nom als eine Folge der Eigentümerstellung desselben erklären müssen und sich nicht mit dem Hinweis zufriedengeben dürfen, es handle sich um Verfügungen eines Nichtberechtigten, die lediglich kraft guten Glaubens des Erwerbers Gültigkeit erlangen. Diese Meinung wird durch eine „consultation" aus dem Jahre 1848 [22] bestärkt, in der zum Ausdruck gebracht wird, es sei ein Irrtum, den prête-nom der Stellung eines gewöhnlichen Beauftragten anzugleichen. Sicherlich sei der prête-nom in gewisser Hinsicht wie ein direkter Stellvertreter anzusehen, denn kraft der contre-lettre sei er dem Auftraggeber persönlich verpflichtet. Gegenüber Dritten bestehe jedoch überhaupt keine contre-lettre, und die internen Verpflichtungen, die sich hinter dem äußeren Schein verbergen, lösche das Gesetz für Dritte aus. Folglich gebe es in Wirklichkeit gar keinen prête-nom, sondern einzig und allein einen Eigentümer, nämlich den, der nach außen sichtbar mit dem Eigentumstitel versehen worden sei. Der prête-nom handle in der Eigenschaft eines Eigentümers, ja, er könne gar nicht anders handeln, denn der Zweck dieser Geschäfte sei gerade, den Auftraggeber nicht bekannt werden zu lassen. Für Dritte sei der prête-nom der einzige und wirkliche Eigentümer, der ungeachtet jeder contre-lettre die einem Eigentümer nach Art. 544 C.c. zustehenden Befugnisse ausüben könne, insbesondere also zur wirksamen Veräußerung berechtigt sei.

Die Rechtszuständigkeit des emprunteur de nom ist dementsprechend, außer im Falle der Mitwisserschaft eines Dritten vom Treubruch des prête-nom, auf einen persönlichen Anspruch gegen den prête-nom aus dem Innenverhältnis oder aus unerlaubter Handlung beschränkt. Der emprunteur de nom ist lediglich Gläubiger des prête-nom [23]. Man ersieht daraus wieder, daß in Wahrheit doch der prête-nom Eigentümer ist, wenn auch der emprunteur de nom oftmals als „propriétaire véritable" bezeichnet wird. Dem Auftraggeber ist gegenüber Dritten, außer in dem erwähnten Falle ihrer Mitwisserschaft, jede Kritik an den vom prête-nom getroffenen Verfügungen untersagt, da er dem prête-nom die volle Eigentümer- bzw. Gläubigerstellung und damit auch die Möglichkeit, den Auftrag zu überschreiten, ein-

il faudra examiner exclusivement si, oui ou non, il croyait traiter avec le propriétaire du meuble ou tout au moins s'il croyait traiter avec une personne qualifiée pour en disposer." Planiol/Ripert, Traité pratique de droit civil français III (Paris 1952) 381: „Elle [la bonne foi] consiste dans la croyance où a été le possesseur que celui qui lui a remis la chose en était bien le seul et légitime propriétaire. Elle n'est pas détruite par la connaissance que pourrait avoir le possesseur des vices du titre sur lequel est fondée sa possession."

[22] 19. 5. 1848, D. 48. 1. 100 f. (Charlet c. Bourgoin).

[23] Poncet 115: „L'emprunteur de nom est le créancier du prête-nom; il a, pour lui demander compte de sa gestion, l'action ‚mandati directa'."

geräumt hat[24]. Der emprunteur de nom kann gegebenenfalls nur einen Schadensersatzanspruch gegen den prête-nom geltend machen[25].

Die rein obligatorische Wirkung der contre-lettre ist in Art. 1321 C.c. festgelegt:

> „Les contre-lettres ne peuvent avoir leur effet qu'entre les parties contractantes: elles n'ont point d'effet contre des tiers.“[26]

Daran ändert auch das jedem Gläubiger, also auch dem emprunteur de nom, durch Art. 1166 C.c. gegebene Recht nichts, die seinem Schuldner gegen Dritte zustehenden Ansprüche geltend zu machen, die sogenannte „action oblique“, denn diese setzt einen Anspruch des Schuldners voraus, der im Falle einer wirksamen Veräußerung eines Gegenstandes durch den prête-nom nicht auf Herausgabe des veräußerten Gegenstandes gerichtet sein kann, sondern allenfalls auf die Gegenleistung. Der Dritte kann dem Gläubiger dieselben Einwendungen entgegenhalten wie dem Schuldner, hier also: wie dem prête-nom. Außerdem ist diese Klage im Namen des Schuldners zu erheben und auf Leistung an diesen gerichtet[27]. Um das wahre Wesen des titre apparent möglichst deutlich werden zu lassen, soll noch kurz auf die Behandlung solcher Gegenstände, an denen der prête-nom einen titre apparent hat, in der Einzelzwangsvollstreckung gegen ihn eingegangen werden.

Als „Dritte“ im Sinne des Art. 1321 C.c. sind nach fast einhelliger Ansicht in Rechtsprechung und Literatur auch die Gläubiger des prête-nom anzusehen[28]. Dem von einem Gläubiger des prête-nom erworbenen Pfändungspfandrecht an einem Gegenstande, den der prête-nom für Rechnung des emprunteur de nom innehat, können die internen Vereinbarungen zwischen emprunteur de nom und prête-nom, also der Inhalt der contre-lettre,

---

[24] GUILLOUARD (oben S. 100 N. 4) 346.

[25] So wird in der „consultation“ (oben N. 22) 100 erklärt: „Il peut sans doute arriver que le porteur de la contre-lettre ait une action en dommage-intérêts contre celui qui l'a souscrite, puisque cet acte est obligatoire entre les parties contractantes.“

[26] Dazu heißt es bei LEREBOURS-PIGEONNIÈRE 77: „La loi décide dans l'article 1321 que tout contrat fictif vaudra vis-à-vis des tiers comme un contrat réel, c'est-à-dire que le propriétaire ou le créancier en vertu d'un contrat imaginaire, en tout ou en partie, aura la même situation à l'égard des tiers que s'il était véritablement propriétaire ou créancier selon les termes du contrat apparent.“ LEREBOURS-PIGEONNIÈRE sieht jedoch entgegen der herrschenden Meinung in der Vereinbarung zwischen prête-nom und emprunteur de nom keine contre-lettre im Sinne des Art. 1321 C.c. und lehnt dessen Anwendung ab.

[27] PONCET 116, 123.

[28] PONCET 89 f. Cass. civ. 8. 3. 1893, D.P. 93. 1. 243; Grenoble 19. 3. 1897, D.P. 99. 2. 17.

nur dann entgegengehalten werden, wenn der Gläubiger sie kannte [29]. Das Tribunal de la Seine und die Cour de Paris stellten sich zwar auf den Standpunkt, das ältere Eigentum des emprunteur de nom gehe dem Pfändungspfandrecht vor, doch wurde diese Auffassung vom Kassationshof mit der Begründung verworfen, daß die Gläubiger Dritte im Sinne des Art. 1321 C.c. seien und der Auftraggeber, der hier übrigens wieder „propriétaire véritable" genannt wird, der Pfändung nicht als stärker Berechtigter widersprechen könne [30]. Über die Rechtsstellung des emprunteur de nom im Konkurse des prête-nom ist weiter unten zu sprechen.

Zusammenfassend ergibt sich aus dem bisher Dargelegten, daß der prête-nom gleich dem Fiduziar des römischen Rechtes [31] Eigentümer bzw. Inhaber des vollen Rechtes an den von ihm zu verwaltenden Gegenständen ist, während der emprunteur de nom wie der Fiduziant nur obligatorische Rechte gegen den prête-nom hat. Aus diesem Grunde erscheint es unbedenklich, das Rechtsverhältnis zwischen prête-nom und emprunteur de nom als Treuhandverhältnis anzusehen und die diesem Verhältnis unterliegenden Gegenstände als Treugut zu bezeichnen. Der Umfang des Treuhandverhältnisses im französischen Recht deckt sich dann mit dem bereits dargestellten Anwendungsbereich der Institution des prête-nom.

---

[29] PONCET 90. LEREBOURS-PIGEONNIÈRE 79 f. erwähnt, es komme nach der (von ihm übrigens abgelehnten) herrschenden Meinung nicht darauf an, daß der Gläubiger gerade im Vertrauen auf das Eigentum des prête-nom an den von diesem für Rechnung des emprunteur de nom innegehabten Sachen Kredit gewähre; es können nämlich auch solche Gegenstände gepfändet werden, die der prête-nom erst nach Entstehung der Forderung des vollstreckenden Gläubigers als scheinbares Eigentum usw. erworben habe. LEREBOURS-PIGEONNIÈRE kommt zu dem Ergebnis, daß den Gläubigern des prête-nom der Zugriff auf die diesem nur scheinbar gehörenden Gegenstände zu versagen sei, da Art. 1321 auf das Verhältnis prête-nom – emprunteur de nom keine Anwendung finde. Er bemerkt, seine Lösung sei vor allem auch deshalb vorzuziehen, weil der Personalkredit sich fast immer auf das besondere Vertrauen in die Person des Kreditnehmers gründe und weniger auf den scheinbaren Umfang seines Vemögens, weshalb der Zugriff der Gläubiger des prête-nom auf dessen wirklichen Vermögensbestand zu beschränken sei.

[30] Cass. civ. 16. 12. 1840, S. 41. 1. 167.

[31] WEISER (oben S. 99 N. 3) 58: „If French doctrine regards the prête-nom exclusively as a mandate, there is, of course, nothing to prevent one from assimilating the prête-nom dealing with property to the Fiducia of Roman origin with its ‚pactum fiduciae'." Ähnlich TÖNDURY, Die Treuhand in rechtsvergleichender Darstellung (Diss. Neuenburg 1912) 39.

B. DIE BEHANDLUNG VON TREUGUT IM KONKURSE DES PRÊTE-NOM

I. Zum französischen Konkursrecht im allgemeinen

1. „Faillite" und „liquidation judiciaire"

Das französische Recht kennt neben dem eigentlichen Konkursverfahren (faillite) noch die sogenannte gerichtliche Liquidation (liquidation judiciaire). Voraussetzung für die Einleitung beider Verfahrensarten ist die Zahlungseinstellung (cessation des paiements) eines Schuldners [32]. Die gerichtliche Liquidation wurde durch Gesetz vom 4. März 1889 eingeführt. Sie ist ein gemildertes Konkursverfahren, dessen Vorteile solchen Schuldnern zugute kommen sollen, die durch irgendwelche unglücklichen Umstände ihre Zahlungen einstellen mußten, ohne daß ihre Redlichkeit in Zweifel gezogen werden könnte [33]. Man wollte ferner den Schuldnern, die zur Zahlungseinstellung gezwungen sind, durch Einführung dieses gemilderten Konkursverfahrens einen Anreiz zur freiwilligen Bekanntgabe ihrer Zahlungsunfähigkeit bieten, die binnen einer Frist von 15 Tagen zu erfolgen hat [34]. Die beiden Verfahrensarten weisen erhebliche Verschiedenheiten auf, doch gelten die im Rahmen dieser Untersuchung allein bedeutsamen Vorschriften über die Aussonderung (revendication) einheitlich für beide [35].

2. Beschränkung der Konkursfähigkeit auf Kaufleute

Art. 437 I des Code de commerce (C. com.) bestimmt:

„Tout commerçant qui cesse ses payements est en état de faillite."

Danach können nur Kaufleute in Konkurs geraten. Für Nichtkaufleute ist ein Konkursverfahren, auch eine gerichtliche Liquidation, nicht vorgesehen [36]. Ein Nichtkaufmann, der seine Zahlungen eingestellt hat, befindet sich, wie man sagt, in dem Stande der „déconfiture", doch gibt es kein Verfahren zur gemeinsamen Befriedigung seiner Gläubiger. Jeder darf seine eigenen Interessen verfolgen, wie er will, insbesondere also ohne Rücksicht auf die anderen Gläubiger zur Pfändung schreiten [37].

---

[32] Lyon-Caen/Renault 924.
[33] Bruilliard/Laroche, Principes de droit commercial (Paris 1950) 287.
[34] Lyon-Caen/Renault 928.
[35] Bruilliard/Laroche (oben N. 33) 311; Lyon-Caen/Renault 1160.
[36] Dalloz 3; Lyon-Caen/Renault 931. Dijon 30. 10. 1905, D.P. 07. 2. 86.
[37] Lyon-Caen/Renault 928.

3. *Das Schicksal des gemeinschuldnerischen Vermögens*

Mit der vom Gericht ausgesprochenen „déclaration de faillite" (genauer „jugement déclaratif de faillite") verliert der Schuldner die Verfügungsbefugnis über sein Vermögen (Art. 443 C. com.). Die von ihm dennoch getroffenen Verfügungen sind im Verhältnis zu seinen Gläubigern unwirksam [38]. Das Verfügungsrecht geht auf einen von Amts wegen bestellten Gläubigervertreter (syndic) über, der das Vermögen des Gemeinschuldners unter weitgehender Mitwirkung des sogenannten Richterkommissars zunächst lediglich konservierend verwaltet und, falls es zu keinem Zwangsvergleich kommt, liquidiert und unter die Gläubiger nach dem Verhältnis ihrer Forderungen verteilt [39]. Soweit sich im Vermögen des Gemeinschuldners Grundstücke befinden, besteht für die Konkursgläubiger daran eine gesetzliche Hypothek (hypothèque légale), deren Eintragung der Gläubigervertreter nach Art. 490 III C. com. zu veranlassen hat [40]. Im Falle der liquidation judiciaire verliert der Gemeinschuldner zwar nicht das Verfügungsrecht über sein Vermögen, doch steht ihm der sogenannte „liquidateur" bei der Verwertung seines Vermögens und bei der Gläubigerbefriedigung beratend und überwachend zur Seite [41]. Der Gemeinschuldner kann jedoch grundsätzlich keine neuen Verpflichtungen eingehen (ausgenommen bei erlaubter Weiterführung seines Geschäftes); ebenso kann er ohne Zustimmung des „liquidateur" grundsätzlich keine Vermögensgegenstände veräußern (Art. 5 III des Gesetzes vom 4. 3. 1889) [42]. Im übrigen hat den Gläubigern gegenüber die liquidation judiciaire dieselben Wirkungen wie die faillite [43].

II. Die Behandlung von Treugut

1. *Das Aussonderungsrecht im allgemeinen*

Die Konkursmasse umfaßt nur das Vermögen des Gemeinschuldners. Soweit sich in dessen Händen fremde Vermögensgegenstände befinden, können diese vom Berechtigten ausgesondert werden: der Eigentümer hat ein „droit de revendication" [44]. Das Aussonderungsrecht ist im Code de

---

[38] Art. 446 C. com. Lyon-Caen/Renault 924.
[39] Dölle, Konkurs (Rvgl. HWB 5, Berlin 1936, 71 ff.) 159.
[40] Lyon-Caen/Renault 972 f.
[41] Lyon-Caen/Renault 927, 1144.
[42] Brulliard/Laroche (oben N. 33) 298.
[43] Brulliard/Laroche (oben N. 33) 299.
[44] Brulliard/Laroche (oben N. 33) 307.

commerce nicht allgemein geregelt; er erwähnt nur einige besonders häufige Aussonderungsfälle (Artt. 574 ff.). Doch ist es allgemeine Ansicht, daß es sich hierbei um keine erschöpfende Aufzählung handelt. Das Aussonderungsrecht wird vielmehr jedem Eigentümer oder sonstigen Inhaber von Gegenständen gewährt, die sich in der Hand des Gemeinschuldners befinden [45].

2. *Einzelne Aussonderungsrechte*

Um ein abgerundeteres Bild von den Lösungen des französischen Rechtes zu gewinnen sowie um das im allgemeinen bereits erörterte Rechtsverhältnis zwischen prête-nom und emprunteur de nom noch von einer besonderen Seite her zu erhellen, seien der Frage der Treugutaussonderung einige andere Aussonderungsfälle vorangestellt.

a) Das Aussonderungsrecht des Käufers im Konkurse des Verkäufers. – Nach französischem Recht geht mit Abschluß des „obligatorischen" Vertrages das Eigentum an der zu leistenden Sache ohne weiteres auf den Gläubiger über [46]. Für das Kaufrecht ist diese Regelung in Art. 1583 C.c. besonders ausgesprochen; hier heißt es über den Kauf (vente):

> „Elle est parfaite entre les parties, et la propriété est acquise de droit à l'acheteur à l'égard du vendeur, dès qu'on est convenu de la chose et du prix, quoique la chose n'ait pas encore été livrée ni le prix payé."

Dies gilt jedoch nur in den Fällen, wo der Leistungsgegenstand, hier also die gekaufte Sache, bestimmt ist. Beim Gattungskauf bedarf es zum Eigentumsübergang der Konkretisierung, die sich in der Regel erst durch Übergabe der verkauften Sache vollzieht [47]. Dementsprechend kann der Käufer einer von vornherein bestimmten wie derjenige einer nach Kaufabschluß spezifizierten Sache diese im Konkurse des Verkäufers als sein Eigentum aussondern [48]. War die gekaufte Sache vor dem „jugement déclaratif" nur gattungsmäßig bestimmt, so kann der Käufer nicht aussondern; vielmehr ist er als gewöhnlicher Gläubiger auf die Konkursdividende beschränkt [49].

---

[45] LYON-CAEN/RENAULT 1076, 1079; BRULLIARD/LAROCHE (oben N. 33) 308.

[46] Art. 1138 C.c. lautet: „L'obligation de livrer la chose est parfaite par le seul consentement des parties contractantes. Elle rend le créancier propriétaire et met la chose à ses risques . . .".

[47] LYON-CAEN/RENAULT 382: „Quand la vente porte sur des choses déterminées seulement ‚in genere', la transmission de la propriété n'a lieu ordinairement que par la tradition ou par tout autre moyen individualisant les choses vendues."

[48] LYON-CAEN/RENAULT 1079.

[49] PERCEROU, Des Faillites et Banqueroutes II (Paris 1913) 156.

Der Käufer eines Grundstückes dagegen kann dieses im Konkurse des Verkäufers nicht aussondern, solange nicht die durch Gesetz vom 23. März 1855 vorgeschriebene „transcription“ stattgefunden hat. Das Eigentum an unbeweglichen Sachen geht im Verhältnis zu Dritten, insbesondere auch im Verhältnis zu den Gläubigern des Veräußerers, erst mit Eintragung in das hierfür bestimmte öffentliche Register über [50]. Ebenso bedarf der Übergang einer Forderung, z. B. beim Forderungskauf, um gegenüber Dritten Wirksamkeit zu erlangen, gemäß Art. 1690 C.c. der Benachrichtigung des Schuldners.

b) Das Aussonderungsrecht des Kommittenten im Konkurse des Kommissionärs. – Kommissionär ist nach Art. 94 C.com. derjenige, welcher in seinem eigenen Namen oder unter einem Firmennamen für Rechnung eines Kommittenten handelt. Dieser bleibt Eigentümer an den von ihm dem Kommissionär zur Verwahrung oder zum Verkauf übergebenen Gegenständen [51]. Er hat als solcher gemäß Art. 575 I C.com. ein Aussonderungsrecht im Konkurse des Kommissionärs [52]. Auch im Falle der Einkaufskommission erwirbt der Kommittent, obwohl der Kommissionär im eigenen Namen handelt, das Eigentum an den vom Kommissionär für Rechnung des Kommittenten gekauften Waren direkt vom Verkäufer, ohne daß es eines besonderen Übertragungsaktes durch den Kommissionär bedarf [53]. Der Kommittent hat demnach auch an diesen Gegenständen ein Aussonderungsrecht kraft seines Eigentums [54]. Voraussetzung ist jedoch immer, daß die Gegenstände noch in unterscheidbarer Weise vorhanden sind [55]. Die Aussonderung ist z. B. ausgeschlossen, wenn das Kommissionsgut mit dem eigenen Vermögen des Kommissionärs untrennbar vermischt wurde [56].

Die im Falle der Verkaufskommission dem Kommissionär zustehende Kaufpreisforderung fällt nach Art. 575 II C.com. [57] ebenfalls nicht in dessen Konkursmasse, sondern kann vom Kommittenten, soweit sie nicht

---

[50] Planiol/Ripert (oben S. 104 N. 21) 955; Lerebours-Pigeonnière 76.

[51] Lyon-Caen/Renault, Traité de droit commercial[5] III (Paris 1923) 496; Hamel, Le contrat de commission (Paris 1949) 119.

[52] Art. 575 I C. com.: „Pourront être également revendiquées, aussi longtemps qu'elles existeront en nature, en tout ou en partie, les marchandises consignées au failli à titre dépôt, ou pour être vendues pour le compte du propriétaire.“

[53] Lorenz, Kommissionsgeschäft (Rvgl. HWB 5, Berlin 1936, 33 ff.) 51; Hamel (oben N. 51) 119; Jullian, Les commissionnaires en Marchandises (Montpellier 1930) 21, 30, 45.

[54] Lyon-Caen/Renault (oben N. 51) 497.

[55] Lyon-Caen/Renault 1076; dieselben (oben N. 51) 477.

[56] Lyon-Caen/Renault 1077.

[57] Art. 575 II C. com.: „Pourra même être revendiqué le prix ou la partie du prix desdites marchandises qui n'aura été ni payé, ni réglé en valeur, ni compensé en compte courant entre le failli et l'acheteur.“

schon vor Konkurseröffnung erloschen ist (etwa durch Bezahlung, Leistung in Wertpapieren an Zahlungs Statt, Aufrechnung) ausgesondert werden, d. h. der Kommittent kann vom Käufer Zahlung des Kaufpreises an sich selbst verlangen [58]. Es handelt sich hier um einen Fall dinglicher Surrogation: Die Kaufpreisforderung tritt aus Billigkeitsgründen an die Stelle der Ware, deren Eigentümer vor dem Verkaufe der Kommittent war [59]. Hatte der Kommissionär die Kaufpreisforderung vor Konkurseröffnung bereits eingezogen, so hat der Kommittent kein Aussonderungsrecht mehr. Der Grund dafür ist jedoch einzig und allein darin zu sehen, daß das eingezogene Geld in der Regel nicht mehr vom Vermögen des Kommissionärs unterscheidbar ist [60]. Daraus wäre zu folgern, daß im Falle der Unterscheidbarkeit (etwa wenn Wechsel an Zahlungs Statt gegeben wurden) der Kommittent genauso wie bezüglich der durch Einkaufskommission erworbenen Waren aussondern kann. Das ist zwar in dieser allgemeinen Form nicht anerkannt, doch will PERCEROU [61] entgegen der herrschenden Meinung [62] dem Kommittenten ein Aussonderungsrecht an den vom Kommissionär an Zahlungs Statt angenommenen und noch unterscheidbar vorhandenen Wertpapieren gewähren. Er führt aus: „Du moment que, par esprit d'équité, la loi subroge réellement la créance du prix à l'objet vendu, pourquoi ne pas admettre cette subrogation en quelque sorte au second degré? Pourquoi ne pas considérer que la chose donnée en paiement est subrogée à la créance du prix, de même que celle-ci est subrogée à l'objet primitivement vendu? Il y a même raison de décider, à savoir que la chose revendiquée est la représentation exacte de la marchandise du commettant ... il se peut que l'effet ait été conservé par le commissionnaire, et qu'en outre il soit possible de l'identifier, c'est-à-dire de démontrer qu'il est bien celui-là même que le consignataire vendeur a reçu de l'acheteur pour paiement des marchandises du commettant. Celui-ci peut-il alors revendiquer cet effet? Des auteurs le nient, par application littérale de l'art. 575, 2e al. du C.com.... Du moment que l'effet est identifié, et qu'on a la preuve qu'il représente bien la valeur des marchandises, qu'il est bien parvenu dans le

---

[58] LYON-CAEN/RENAULT 1077.

[59] LYON-CAEN/RENAULT 1077; PERCEROU (oben S. 109 N. 49) 174; DERRIDA, bei HAMEL (oben S. 110 N. 51) 121, bemerkt, es sei richtiger, zu sagen, die Forderung habe niemals zum Vermögen des Kommissionärs gehört, sondern der Kommittent sei von Anfang an Gläubiger des Käufers geworden.

[60] LYON-CAEN/RENAULT 1077; DIESELBEN (oben S. 110 N. 51) 497; HAMEL (oben S. 110 N. 51) 121.

[61] PERCEROU (oben S. 109 N. 49) 175 f.

[62] LYON-CAEN/RENAULT 1077; HAMEL (oben S. 110 N. 51) 122.

patrimoine du consignataire comme contre-partie de cette valeur, les raisons d'équité qui ont fait admettre ici l'idée de subrogation réelle se retrouvent, et le commettant est fondé à revendiquer cet effet (sans distinguer d'ailleurs selon que celui-ci a été créé ou simplement endossé par l'acheteur)." [63] Die Ablehnung des Aussonderungsrechtes bezüglich der an Zahlungs Statt gegebenen Wertpapiere durch die herrschende Meinung gründet sich lediglich auf den Wortlaut des Art. 575 II C. com. Das Ergebnis bei PERCEROU erscheint jedoch auch anderen wünschenswert [64]. Ist die Zahlung des Kaufpreises erst nach Konkurseröffnung an den Kommissionär erfolgt, so hat der Kommittent, wenn auch kein Aussonderungsrecht, so doch einen Masseschuldanspruch [65].

Die in Art. 575 II C.com. gewährte „Ersatzaussonderung" auf Grund dinglicher Surrogation wird in entsprechender Anwendung dieser Vorschrift auch dem Hinterleger bezüglich der dem Verwahrer durch pflichtwidrige Veräußerung der hinterlegten Sache gegen den Erwerber zustehenden Forderung gegeben [66]. Man sieht darüber hinaus in Art. 575 II C.com. den Ausfluß eines allgemein geltenden Grundsatzes, wonach nicht nur (gemäß und entsprechend Absatz I) die ursprünglichen Gegenstände, die im Eigentum desjenigen geblieben sind, von dem sie der Gemeinschuldner – etwa mietweise, als Pfand oder auf Grund eines Auftragsverhältnisses – empfangen hatte, aussonderungsfähig sind, sondern auch, im Falle der (erlaubten oder unerlaubten) Veräußerung dieser Gegenstände, die Forderung auf die Gegenleistung [67]. Das französische Recht gibt also, insoweit unbestritten, das Recht der „Ersatzaussonderung" im gleichen Umfange wie das deutsche Recht gemäß § 46 KO.

c) Aussonderung gewisser Wertpapiere. – Diese Frage ist in Art. 574 C.com. geregelt, wo es heißt:

> „Pourront être revendiquées, en cas de faillite, les remises en effets de commerce ou autres titres non encore payés, et qui se trouveront en nature dans le portefeuille du failli à l'époque de sa faillite, lorsque ces remises auront été faites par le propriétaire, avec le simple mandat d'en

---

[63] Vgl. auch Cass. req. 26. 2. 1908, D.P. 09. 1. 5, note PERCEROU.

[64] DERRIDA, bei HAMEL (oben S. 110 N. 51) 122: „Cette opinion très favorable aux intérêts du commettant ... a pour effet de vider le texte de l'art. 575, alinéa 2, d'une grande partie de sa substance. En prenant le texte dans son sens normal, il faut refuser au commettant l'exercise de son droit de revendication ...".

[65] LYON-CAEN/RENAULT 1077.

[66] LYON-CAEN/RENAULT 1077.

[67] Cass. civ. 26. 5. 1913, D.P. 14. 1. 305, note CHÉRON; 7. 4. 1857, D.P. 57. 1. 171; 15. 1. 1868, D.P. 68. 1. 198; 27. 5. 1879, D.P. 79. 1. 356.

faire le recouvrement et d'en garder la valeur à sa disposition, ou lorsqu'elles auront été, de sa part, spécialement affectées à des payements déterminés."

Die Vorschrift ist an sich nichts anderes als ein besonderer, im Gesetz geregelter Anwendungsfall des allgemeinen Grundsatzes der Aussonderungsfähigkeit von Gegenständen durch deren Eigentümer, Gläubiger usw. Das Aussonderungsrecht an Handels- und anderen Wertpapieren (darunter fallen nicht nur Wechsel, Schecks und andere Orderpapiere, sondern auch die Inhaber - und Namenspapiere [68]) wird unter zwei Voraussetzungen gewährt: Das Papier muß an den Gemeinschuldner zur Ausführung eines Auftrages ausgehändigt bzw. indossiert worden sein, und es muß sich gerade dieses Papier bei Konkurseröffnung noch in den Händen des Gemeinschuldners befinden. Was die zuletzt genannte Voraussetzung betrifft, so kann auf die zu Art. 575 C.com. gemachten Ausführungen über die Unterscheidbarkeit der auszusondernden Gegenstände und die Ersatzaussonderung verwiesen werden [69]. Das erstgenannte Erfordernis bedarf einer näheren Erläuterung. Nach dem Gesetzeswortlaut muß der Auftrag entweder auf Einziehung der in dem ausgehändigten bzw. indossierten Wertpapier verkörperten Forderung oder auf die Vornahme einer bestimmten Zahlung daraus für Rechnung des Auftraggebers gerichtet sein [70]. Man läßt aber darüber hinaus die Aussonderung von Wertpapieren auch immer dann zu, wenn diese an den Gemeinschuldner übergeben bzw. indossiert worden waren mit dem Auftrage, sie in irgendeiner anderen bestimmten Weise für Rechnung des Auftraggebers zu verwenden [71].

Der Grund für die Aussonderbarkeit von Wertpapieren unter den genannten Voraussetzungen liegt, wie gesagt, darin, daß der Auftraggeber Eigentümer geblieben ist. In allen anderen Fällen, nämlich wo das Eigentum an den Wertpapieren auf den (späteren) Gemeinschuldner übertragen wurde, entfällt nach französischer Auffassung das Aussonderungsrecht [72].

---

[68] Lyon-Caen/Renault 1079; Dalloz, Anm. 1–3 zu Art. 574 C. com.

[69] Lyon-Caen/Renault 1078 f.

[70] Percerou (oben S. 109 N. 49) 166.

[71] Dalloz, Anm. 32, 33 zu Art. 574 C. com.: „L'affectation des effets par le propriétaire à des payements déterminés implique qu'un simple mandat de recouvrement a été donné au failli. C'est pourquoi l'art. 574 C. com. déclare que la revendication sera recevable dans cette hypothèse, à laquelle il faut assimiler la remise d'un effet au failli avec affectation, au profit du remettant à un emploi autre que des payements."

[72] Dalloz, Anm. 8, 9 zu Art. 574 C. com.: „Si le remettant a cessé d'être propriétaire, il ne pourra plus revendiquer. La revendication n'est donc plus possible dès lors que le failli a reçu l'effet de commerce en vertu d'un endossement translatif."

Die Frage des Eigentumsüberganges durch Indossament bedarf indes einer eingehenderen Betrachtung. Man unterscheidet das Indossament zum Zwecke der Ausführung eines Auftrages, also das Vollmacht- oder Prokuraindossament (endossement à titre de procuration), und das Indossament, durch welches das Eigentum am Wertpapier übertragen wird (endossement translatif de propriété). Durch ersteres wird der Indossatar lediglich zur Ausführung des Auftrages bevollmächtigt. Der Indossant bleibt Eigentümer und kann deswegen im Konkurse des Indossatars aussondern. Im zweiten Falle erwirbt der Indossatar Eigentum, und von einer Aussonderung kann grundsätzlich keine Rede sein. Die Aussonderungsfähigkeit von Orderpapieren hängt also davon ab, ob diese durch Vollmachtindossament oder durch translatives Indossament übertragen wurden. Es ist nun zu untersuchen, wann das eine oder das andere vorliegt.

Bis zum Jahre 1922 gab es grundsätzlich zwei Formen des Prokuraindossamentes: Es mußte entweder neben dem Datum und dem Namen des Indossatars ausdrücklich einen Hinweis enthalten, aus dem hervorzugehen hatte, daß letzterer nur bevollmächtigt werden sollte, oder aber es mußte sich um ein sogenanntes irreguläres Indossament handeln, d. h. um ein Indossament, in dem eine oder mehrere der für das gewöhnliche Indossament (endossement régulier) erforderlichen Angaben fehlten[73]. Durch Gesetz vom 8. Februar 1922 wurde bestimmt, daß die bloße Unterschrift des Indossanten zur Übertragung des Eigentums am Papier an den Indossatar ausreiche und daß ein Vollmachtindossament nur vorliege, wenn der hierauf gerichtete Parteiwille im Indossament klar zum Ausdruck kommt. Mit der Neufassung des Art. 122 C.com. durch décret-loi vom 30. Oktober 1935 hat sich an diesem Grundsatz nichts geändert. Der Wille, das Wertpapier lediglich mit Vollmacht, also nicht zu Eigentum zu übergeben, kann gemäß Art. 122 C.com. durch Vermerke wie „valeur en recouvrement", „pour encaissement", „par procuration" oder durch irgendeine andere Angabe zum Ausdruck gebracht werden, aus welcher hervorgeht, daß der Indossatar nur Bevollmächtigter ist. Das Fehlen einer derartigen Klausel hat grundsätzlich den Eigentumsübergang des Papiers zur Folge. Dies gilt ausnahmslos in den Fällen, in denen zwischen den Parteien ein Kontokorrentverhältnis besteht. In allen anderen Fällen wird der Eigentumsübergang wenigstens vermutet[74]. Es handelt sich aber nur um eine widerlegbare Ver-

---

[73] Dalloz, Anm. 34, 35 zu Art. 122 C. com.

[74] Dalloz, Anm. 11 zu Art. 574 C. com.: „En l'absence de compte-courant, il suffit d'appliquer les règles ordinaires de l'endossement, à savoir que l'endossement est présumé translatif de propriété."

mutung. Wenn der Indossant den Beweis dafür erbringt, daß er das Wertpapier nur zur Ausführung eines Auftrages indossiert hatte, so wird lediglich ein Prokuraindossament angenommen, und der Indossant wird dementsprechend als Eigentümer des Papieres angesehen. Es finden aber in solchen Fällen die bereits besprochenen Regeln über Geschäfte, durch welche jemand mit einem titre apparent ausgestattet wird [75], Anwendung [76]. Einem Dritten gegenüber, der nicht weiß, daß der Indossatar nur bevollmächtigt werden sollte, kann der Indossant sich nicht darauf berufen, daß er Eigentümer geblieben sei. Im Verhältnis zum Indossatar und zu solchen Dritten, die vom wahren Sachverhalt Kenntnis hatten, ist der Indossant als Eigentümer anzusehen [77].

Die Frage, ob der Auftraggeber auch bezüglich dieser der Form nach vollindossierten Papiere ein Aussonderungsrecht hat, wird ganz allgemein bejaht [78]. Man behält damit die schon vor dem Gesetz vom 8. Februar 1922 getroffene Regelung bei, wonach Wertpapiere, obwohl sie durch reguläres Indossament übertragen wurden, unter der Voraussetzung ausgesondert werden können, daß der Indossant das Bestehen eines bloßen Auftragsverhältnisses und damit sein Eigentum nachweist [79].

Nach weit überwiegender Ansicht wird in Art. 574 C.com., um mit THÜRIG [80] zu sprechen, eine materiellrechtliche Norm erblickt, d. h. man ist der Auffassung, dieser Artikel stelle klar, daß der Indossant Eigentümer geblieben sei, und gewähre deswegen das Aussonderungsrecht. Bei genauerer Betrachtung des Rechtsverhältnisses zwischen Indossant und Indossatar im Falle des translativen Indossamentes zum Zwecke der bloßen Ausführung eines Auftrages zeigt sich, daß der Indossatar nichts anderes ist als ein prête-nom. Dies ist, soweit ersichtlich, an keiner Stelle ausdrücklich erwähnt, dürfte aber dadurch anerkannt sein, daß man erklärt, der Indossatar sei mit einem titre apparent versehen [81], und daß man dem In-

---

[75] Siehe oben S. 101 ff.

[76] DALLOZ, Anm. 44 f. zu Art. 122 C. com.

[77] DALLOZ, Anm. 49 zu Art. 122 C. com.

[78] DALLOZ, Anm. 18 zu Art. 574 C. com. mit weiteren Zitaten; PERCEROU (oben S. 109 N. 49) 166.

[79] DALLOZ, Anm. zu Art. 574 C. com.: „Avant la loi du 8 févr. 1922, la jurisprudence admettait que la revendication était possible, même contre la faillite d'un endossataire régulier, s'il était établi, par exemple, par la correspondance ou par les livres de commerce, que, dans l'intention des parties, la remise de l'effet avait eu lieu à titre de simple procuration (Req. 12 mars 1867, D.P. 67. 1. 394), et il semble que cette solution serait maintenue dans la législation présente." PERCEROU (oben S. 109 N. 49) II² (Paris 1937) 421 N. 1.

[80] THÜRIG (oben S. 89 N. 59) 7, 8.

[81] Vgl. oben zu N. 76.

dossatar gegenüber Dritten, die in rechtsgeschäftliche Beziehungen mit ihm treten, dieselbe Rechtsstellung einräumt wie dem prête-nom [82].

Wie bei der Darstellung des Rechtsverhältnisses zwischen prête-nom und emprunteur de nom festgestellt wurde, kann der prête-nom ohne Bedenken als Eigentümer des Treugutes angesehen werden. Genau dasselbe trifft in dem besprochenen Falle für den Indossatar zu, und zwar aus denselben Gründen wie dort. Es scheint, daß ALAUZET [83] als einziger „das Kind bei seinem Namen nennt", wenn er ausführt: „Si le revendiquant a mis sur l'effet un endos régulier au profit du failli, en droit rigoureux, la revendication devrait lui être interdite, parce qu'il a transféré la propriété même; mais du cédant au cessionnaire, l'endossement, même régulier, ne transporte pas toujours la propriété, et si le cessionnaire n'a pas fourni la valeur, s'il n'est que mandataire, ou dépositaire, malgré son titre apparent, le cédant peut revendiquer; et la preuve peut être faite, même par témoins." Er gibt also zu, daß durch das reguläre Indossament der Indossatar Eigentum auch bei bloßer Auftragserteilung erwirbt, so daß die Aussonderung nach strengem Recht versagt werden müßte. Die dennoch zugelassene Aussonderung ist demnach als Billigkeitsregelung anzusehen und Art. 574 C.com., wenigstens insoweit, nicht als materiellrechtliche Norm, sondern als konkursrechtliche Billigkeitsvorschrift zu erklären. KOHLER [84] bemerkt zu diesem Punkt sehr zutreffend, die Bezeichnung „titre apparent" für die Rechtsstellung des Indossatars sei nur eine bei den französischen Juristen häufig wiederkehrende Formulierung der Wahrheit, daß dem Indossanten trotz des vollen Eigentumsüberganges an den Indossatar eine „rei vindicatio utilis" zustehe [85].

3. Die Frage der Treugutaussonderung

a) Konkursfähigkeit des prête-nom. – Da nach französischem Recht nur Kaufleute konkursfähig sind, beschränkt sich die Frage der Behandlung von Treugut im Konkurse des prête-nom auf den Fall, daß der prête-nom gleichzeitig Kaufmann ist. Man könnte sich dann fragen, ob ein zum prête-nom bestellter Kaufmann nicht notwendig Kommissionär sei, weil sowohl

[82] Vgl. oben zu N. 77.

[83] ALAUZET, Commentaire du Code de Commerce et de la Législation Commerciale² VI 2 (Paris 1871) 605.

[84] KOHLER, Noch einmal über Mentalreservation und Simulation: Iher. Jahrb. 16 (1878) 325 ff. (350).

[85] Der zuletzt besprochene Aussonderungsfall gehört systematisch in den nun folgenden Abschnitt der Arbeit, doch erschien es der Klarheit wegen zweckmäßiger, ihn im Zusammenhang mit der Aussonderung von Wertpapieren zu erörtern.

der prête-nom als auch der Kommissionär im eigenen Namen für fremde Rechnung handeln. Tatsächlich begegnet man auch der Wendung, der prête-nom sei der Kommissionär des bürgerlichen Rechtes[86], ja, man sagt sogar umgekehrt, wenn das Geschäft für den Mittelsmann ein Handelsgeschäft ist, so sei dieser Kommissionär[87]. Damit scheint sich die Frage der Treugutaussonderung von selbst zu erledigen, denn von dem Aussonderungsrecht des Kommittenten am Kommissionsgut war bereits die Rede. Wie aber ein Vergleich zwischen der Rechtsstellung des Kommissionärs und der des prête-nom zeigt, besteht ein erheblicher Unterschied in der Rechtszuständigkeit der beiden an den ihnen anvertrauten Gegenständen. Vor allem behauptet niemand, der Kommissionär sei mit einem titre apparent ausgestattet. Wenn auch nach herrschender Meinung Kommissionär jeder Kaufmann ist, der, sei es auch nur gelegentlich, im eigenen Namen für fremde Rechnung handelt[88], sich also rein äußerlich nach dem Berufe keine Unterscheidung treffen läßt, so wird doch immer wieder darauf hingewiesen, ein wesentlicher Unterschied zwischen prête-nom und Kommissionär sei eben darin zu sehen, daß letzterer von Dritten auf Grund seiner beruflichen Tätigkeit gewöhnlich nicht als Eigentümer, Gläubiger usw. angesehen werde, auch wenn er im eigenen Namen auftrete[89]. Beim Kommissionsgeschäft bleibt Dritten gewöhnlich nur die Person des Auftraggebers, nicht aber auch das Bestehen eines Auftragsverhältnisses verborgen, während die Verwendung eines prête-nom in den allermeisten Fällen gerade den Umstand verbergen soll, daß letzterer für Rechnung eines andern handelt[90]. In diesem Unterschied dürfte auch der Grund für die andersgeartete Rechtszuständigkeit des Kommissionärs am Kommissionsgut gegenüber der des prête-nom am Treugut zu erblicken sein. Eine genauere und der Sache gerechter werdende Lösung würde sich allerdings ergeben, wenn man mit der Minderheitsmeinung nur denjenigen Kaufmann als Kommissionär behandeln würde, der von Berufs wegen Kommissionsgeschäfte ausführt, denn im allgemeinen ist nur in diesem Falle Dritten die Möglichkeit gegeben, den wahren Sachverhalt zu erkennen.

Ein Kaufmann braucht, soviel steht immerhin fest, wenn er im eigenen Namen für fremde Rechnung handelt, nicht notwendig Kommissionär zu sein. Es lassen sich einmal Fälle denken, wo ein Kaufmann in rein persönlichen Angelegenheiten als prête-nom Verwendung findet, so daß das von

---

[86] Baudry-Lacantinerie/Wahl 466. [87] Poncet 18.

[88] Lyon-Caen/Renault (oben S. 110 N. 51) 418; Dalloz, Anm. 17–21 zu Art. 94 C.com.

[89] Poncet 18; Lerebours-Pigeonnière 173 f. [90] Poncet 18.

ihm vorgenommene Geschäft nicht als Handelsgeschäft angesehen werden kann; Kommissionär kann aber nur sein, wer ein Handelsgeschäft ausführt [91]. Darüber hinaus ist aber auch anerkannt, daß ein prête-nom, selbst wenn er Handelsgeschäfte vornimmt, als solcher ein Kaufmann und damit konkursfähig sein kann [92].

b) Ablehnung der Treugutaussonderung durch die herrschende Meinung. – Die Aussonderung von Treugut wird, abgesehen von dem bereits erörterten Fall des Art. 574 C.com., von der weit überwiegenden Meinung abgelehnt. Die Rechtsprechung und das Schrifttum stehen fast einmütig auf dem Standpunkt, daß nicht nur diejenigen, welche vom prête-nom durch Rechtsgeschäft Rechte am Treugut erwerben, und die Gläubiger in der Einzelzwangsvollstreckung „Dritte" im Sinne des Art. 1321 C.c. sind, sondern auch die Konkursgläubiger. Auch ihnen gegenüber hat die contre-lettre keine Wirksamkeit [93]. Das Treugut fällt in die Konkursmasse des prête-nom und dient so der Befriedigung der Konkursgläubiger. Wie diese, so ist auch der emprunteur de nom auf die Konkursdividende beschränkt [94]. Die Aussonderung wird nur in dem seltenen Fall für zulässig erachtet, wo die Konkursgläubiger von der contre-lettre Kenntnis hatten [95], genauer, wenn der emprunteur de nom den Nachweis erbringt, daß die Gläubiger von der Verwendung des Gemeinschuldners als prête-nom gewußt haben [96].

c) Stimmen für die Zulassung der Treugutaussonderung. – Es wäre jedoch ein Irrtum, anzunehmen, in Frankreich gäbe es keine Bestrebungen, dem emprunteur de nom ein Aussonderungsrecht zuzuerkennen [97]. So wird

---

[91] Lyon-Caen/Renault (oben S. 110 N. 51) 414.

[92] Dalloz, Anm. 49 zu Art. 437 C. com.; Percerou (oben N. 79) I (Paris 1939) 240.

[93] Poncet 89. Cass. civ. 8. 3. 1893, D.P. 1893. 1. 243; „... Les contre-lettres n'ont point d'effet contre les tiers, et ... le mot tiers comprend ici tous ceux qui n'ont pas participé à la contre-lettre, même les créanciers chirographaires ...". Hinweise auf weitere Rechtsprechung und Literatur hierzu findet sich in note 4—6 zu dieser Entscheidung, a.a.O. 243.

[94] Poncet 116: „L'emprunteur de nom doit ... subir le concours des autres créanciers du prête-nom et venir au marc le franc avec eux sur le produit de l'action exercée."

[95] Vgl. note 4—6 zu Cass. civ. 8. 3. 1893 (oben N. 93), 243: „Les contre-lettres ne pourraient avoir effet contre les créanciers chirographaires, et d'une manière générale contre les tiers, que si ceux-ci avaient connu la simulation." Poncet 118.

[96] Poncet 118. Er bemerkt, daß diese Lösung dem Sinn des für die Kommission geltenden Art. 575 C. com. entspricht, der dem Kommittenten nur deswegen in jedem Falle ein Aussonderungsrecht gibt, weil die Tätigkeit des Kommissionärs für Rechnung eines Dritten in aller Regel erkennbar ist.

[97] Anders allerdings Weiser (oben S. 99 N. 3) 58: „There is not the slightest suggestion, either in decided cases or elsewhere, that the property concerned is not in all circumstances, including the possible bankruptcy ... of the prête-nom, treated as part and parcel of his assets on which his creditors can lay their hands irrespective of any

bei Baudry-Lacantinerie et Wahl [98] dem emprunteur de nom das Aussonderungsrecht mit der Begründung zugesprochen, daß dieser im Verhältnis zum prête-nom Eigentümer des Treugutes sei. Die scheinbare Rechtsstellung des prête-nom, so wird bemerkt, wirke nur gegenüber Dritten, worunter die Konkursgläubiger des prête-nom nicht gerechnet werden [99].

Lerebours-Pigeonnière [100] will dem emprunteur de nom sogar an dem auf den Namen des prête-nom eingetragenen Grundstück ein Aussonderungsrecht gewähren. Er führt aus, die Eintragung bewirke keinen Eigentumsübergang auf den prête-nom, sondern setze ihn nur in den Stand, über das Grundstück rechtsgeschäftlich zu verfügen. Deshalb könnten sich nur diejenigen auf die äußere Rechtsstellung des prête-nom berufen, die von ihm ein bestimmtes Recht am Treugut erworben haben, nicht auch die Konkursgläubiger. Diese könnten sich lediglich an das eigene Vermögen des Gemeinschuldners halten. Er fährt fort, daß, wenn man eine andere Lösung zulasse, die Verwendung eines prête-nom erheblich an Wert verlieren würde. Lerebours-Pigeonnière sieht seine Ansicht bei Guillouard [101] und durch eine Entscheidung der Cour de Nîmes [102] bestätigt. Es handelt sich bei der von Guillouard besprochenen Entscheidung um die Frage, ob die Ehefrau eines prête-nom an dem Grundstück, das letzterer für Rechnung eines anderen erworben hatte und an dem er auf Grund der Eintragung des Grundstücks auf seinen eigenen Namen einen titre apparent besaß, eine gesetzliche Hypothek gemäß Artt. 2121 und 2122 C.c. erworben hat. Diese Vorschriften besagen, daß der Ehefrau an den Grundstücken, die zum Mannesvermögen gehören, kraft Gesetzes eine Hypothek zusteht. Die Frage wird mit der Begründung verneint, daß die Legalhypothek sich nur auf die Grundstücke erstrecken könne, an denen der Ehemann wirklicher Eigentümer sei, nicht dagegen auch auf solche, die nur scheinbar in sein Vermögen gelangt seien. Lerebours-Pigeonnière sieht darin eine

---

contre-lettre. ... no attempt is made, or probably ever will be made, in France, to let the concealed relationship between principal and ‚Fiduciaire' in any way leave its mark upon the relationship between those two and the world or, in other words, to realify the concealed mandate."

[98] Baudry-Lacantinerie/Wahl 472.

[99] Als Beleg wird allerdings nur eine niederländische Entscheidung angeführt, in der gerade die gegenteilige Ansicht vertreten ist und die dazu noch den Konkurs eines Kommissionärs und nicht den eines prête-nom zum Gegenstande hat (Cour d'appel d'Amsterdam 30. 3. 1888, Journal du Droit International Privé 15 [1888] 561).

[100] Lerebours-Pigeonnière 232.

[101] Guillouard, Traité des Privilèges et Hypothèques II (Paris 1897) 290.

[102] Nîmes 23. 4. 1887, Pand. franc. 87. 2. 309 (zitiert bei Lerebours-Pigeonnière und Guillouard a.a.O.).

Bestätigung seiner Ansicht, weil auch die Konkursgläubiger an den Grundstücken des Gemeinschuldners eine Legalhypothek haben[103], welche dieselbe Rechtsnatur aufweist wie die in Artt. 2121 und 2122 C.c. geregelte.

Endlich ist noch zu der Ansicht Demolombes[104] Stellung zu nehmen. Dieser will dem Auftraggeber im Konkurse des Beauftragten das Recht geben, außerhalb des Konkursverfahrens die vom Beauftragten gegen Dritte erworbenen Forderungen gegen den „Schuldner seines Schuldners", also den Dritten direkt geltend zu machen und für sich einzuziehen[105]; er will m. a. W. dem Auftraggeber daran ein Aussonderungsrecht gewähren und begründet das folgendermaßen[106]: „En équité d'abord, il faut remarquer que ces créanciers, auxquels la loi accorde une action directe contre le débiteur de leur débiteur, afin qu'ils soient payés, par préférence aux autres créanciers, sur la valeur qui fait l'objet de leur poursuite, que ces créanciers, disons-nous, sont précisément les créateurs de cette valeur! – que ce sont eux qui l'ont mise dans le patrimoine du débiteur commun; – et que, par conséquent, les autres créanciers s'enrichiraient véritablement à leurs dépens, s'ils étaient payés sur cette valeur, avant que ceux, d'où elle provient, aient été préalablement satisfaits." Poncet[107] scheint davon auszugehen, daß Demolombe hier (u. a.) das Verhältnis zwischen prête-nom und emprunteur de nom vor Augen gehabt habe, wenn er sich auch dessen Meinung nicht anschließt. Dies erscheint immerhin zweifelhaft. Abgesehen davon, daß der prête-nom nicht namentlich erwähnt wird, sondern nur vom „mandataire" die Rede ist, spricht auch der Umstand dagegen, daß Demolombe von Art. 1994 C.c. ausgeht, in welchem bestimmt ist, daß der Auftraggeber gegen eine vom Beauftragten erlaubt oder unerlaubt herangezogene Hilfsperson direkte Ansprüche hat. Der Gedankengang von Poncet dürfte wohl der gewesen sein, daß als „Schuldner des Schuldners des Auftraggebers" vor allem auch diejenigen Dritten anzusehen seien, die mit einem prête-nom kontrahiert haben, denn die vom prête-nom gegen diese geschaffenen Forderungen erwirbt der Auftraggeber nicht ohne weiteres wie im Falle der direkten Stellvertretung, sondern er hat einen Anspruch auf Abtretung dieser Forderungen, und auch insofern ist der Beauftragte als Schuldner des Auftraggebers anzusehen. Es liegt jedoch aus den angegebenen Gründen näher, anzunehmen, daß Demolombe nur den

[103] Lyon-Caen/Renault 972 f.
[104] Demolombe, Cours de Code Napoléon 25 (Paris 1878) 140–145.
[105] Demolombe a.a.O. 143.
[106] Demolombe a.a.O. 143 f.
[107] Poncet 116.

Fall der direkten Stellvertretung behandeln wollte und hierbei nicht die durch Rechtsgeschäft begründeten Forderungen gegen Dritte ins Auge faßte, sondern die dem Beauftragten gegen seine Hilfspersonen oder andere Dritte etwa zustehenden Regreßansprüche.

4. Kapitel

Grundzüge des deutschen Rechts

Für die Darstellung der Behandlung von Treugut im Konkurse des Treuhänders nach deutschem Recht möge hier eine knappe Zusammenfassung der herrschenden Meinung genügen. Soweit abweichende Ansichten bestehen, die im Rahmen dieser Arbeit von Bedeutung sind, wird auf sie im 6. Kapitel einzugehen sein.

A. DER BEGRIFF TREUGUT

Unter Treugut versteht man Vermögensgegenstände, die vom sogenannten Treugeber auf den Treuhänder übertragen werden, und zwar zu vollem Recht (Eigentum, Gläubigerrecht usw.), mit der Verpflichtung der Rückübertragung nach Erfüllung des mit dem Treuhandverhältnis verfolgten Zweckes. Ein Rechtsverhältnis wird nur dann als Treuhandverhältnis anerkannt, wenn das Treugut aus dem Vermögen des Treugebers stammt. Die durch einen mittelbaren Stellvertreter für Rechnung des Auftraggebers erworbenen Gegenstände werden nicht als Treugut angesehen, noch weniger Gegenstände, die aus dem Vermögen des Treuhänders selbst stammen.

Treugut kann jeder Vermögensgegenstand sein, insbesondere Grundstücke, bewegliche Sachen, Wertpapiere, Forderungen und andere Rechte.

Die Verteilung der Rechtszuständigkeit am Treugut zwischen Treuhänder und Treugeber ist wie folgt geregelt: Der Treuhänder ist Eigentümer, Gläubiger usw. des Treugutes und hat damit eine nach außen unbeschränkte Verfügungsmacht. Er veräußert und belastet das Treugut als dessen Eigentümer, weshalb es auf den guten Glauben des Erwerbers nicht ankommt. Der Treugeber hat nur einen obligatorischen Anspruch gegen den Treuhänder auf ordnungsmäßige Verwaltung und Rückübertragung des Treugutes nach Beendigung des Treuhandverhältnisses. Bei pflichtwidrigen Verfügungen des Treuhänders über das Treugut hat der Treugeber grundsätzlich keinerlei Ansprüche gegenüber Dritten, auch wenn diese beim Erwerb von Treugut die Treuguteigenschaft kannten oder gar vom Treubruch Kenntnis hatten. Ausnahmsweise hat der Treugeber einen deliktischen Schadensersatzanspruch gegen Dritte gemäß § 826 BGB oder § 823 II BGB in Verbindung mit § 266 StGB, wenn diese vorsätzlich an einer bewußt pflichtwidrigen Verfügung des Treuhänders mitwirken [1]. Befindet sich in einem solchen Falle das Treugut noch in den Händen des Dritten, so kann der Treugeber von diesem gemäß § 249 BGB Herausgabe des Gutes, und zwar unmittelbar an sich selbst, verlangen [2].

Gegenüber den Gläubigern des Treuhänders wird der Treugeber dagegen voll geschützt. Bei Einzelzwangsvollstreckung in das Treugut hat der Treugeber die Drittwiderspruchsklage gemäß § 771 ZPO. Die Begründung hierfür ist dieselbe wie für das Aussonderungsrecht des Treugebers im Konkurse des Treuhänders, von welchem nun zu sprechen ist.

B. DIE BEHANDLUNG VON TREUGUT IM KONKURSE DES TREUHÄNDERS

I. Die Aussonderungsfähigkeit von Treugut

Obwohl der Treugeber wie alle Gläubiger des Treuhänders nur einen obligatorischen Anspruch hat, wird ihm nach ständiger Rechtsprechung und weit überwiegender Lehre [3] das Recht zur Aussonderung des Treugutes im Konkurse des Treuhänders gemäß § 43 KO gewährt [4]. Das Reichsgericht begründet das Aussonderungsrecht des Treugebers damit, daß es diesen als „wirtschaftlichen Eigentümer“ des Treugutes bezeichnet, während der Treuhänder nur als „formaljuristischer Eigentümer“ angesehen wird; Treugut gehört nach der Auffassung des Reichsgerichtes materiell und wirtschaftlich zum Vermögen des Treugebers [5]. Die Begründungen für die Treugutaussonderung in der Rechtslehre sind sehr verschiedenartig. Ihre Darstellung erscheint jedoch für eine rechtsvergleichende Betrachtung nicht ergiebig. Es kann hierzu auf die knappe und klare Zusammenstellung der verschiedenen Ansichten bei RADKE [6] verwiesen werden.

---

[1] RGZ 153, 370. [2] RGZ 108, 58.

[3] A. A. hauptsächlich VON TUHR, Der Allgemeine Teil des Deutschen Bürgerlichen Rechts (Systematisches Handbuch der Deutschen Rechtswissenschaft 10. Abt. 1. Teil 2. Band 2. Hälfte, München-Leipzig 1918) 201 f.

[4] Eine Zusammenstellung der einschlägigen Rechtsprechung und Literatur findet sich bei JÄGER, Anm. 38 ff. zu § 43 KO.

[5] RGZ 91, 14. [6] RADKE 18 ff.

II. Die Grenzen der Treugutaussonderung

1. Das Unmittelbarkeitsprinzip

Da im deutschen Recht nur dann von einem Treuhandverhältnis im Rechtssinne[7] gesprochen wird, wenn das Treugut unmittelbar vom Treugeber auf den Treuhänder übertragen wird, und die Treugutaussonderung in all diesen Fällen zugelassen ist, reicht die Treugutaussonderung bis zur Grenze des Treuhandverhältnisses selbst. Eine erweiternde Ausnahme stellt die Vorschrift des § 392 II HGB dar, wonach Forderungen des Kommissionärs, die dieser für Rechnung des Kommittenten erworben hat, im Konkurse des ersteren ausgesondert werden können. Das Unmittelbarkeitsprinzip besagt, daß Gegenstände, die jemand für Rechnung eines anderen innehat, die ihm aber nicht unmittelbar aus dem Vermögen des anderen übertragen wurden, d. h. die dem anderen vorher rechtlich nicht gehört hatten, nicht ausgesondert werden können[8]. Als unmittelbare Übertragung von Treugut werden allerdings auch noch die Fälle angesehen, in welchen der Treuhänder durch Einziehung einer auf ihn treuhänderisch übertragenen Forderung oder auf Grund einer Anweisung des Treugebers an einen Dritten einen Vermögensgegenstand erwirbt[9].

2. Das Surrogationsverbot

Tritt bei einem schon bestehenden Treuhandverhältnis anstelle des ursprünglichen Treugutes ein anderer Vermögensgegenstand als Ersatz, so ist dieser Gegenstand grundsätzlich nicht aussonderungsfähig. Das Unmittelbarkeitsprinzip kann also nicht etwa durch Annahme einer Surrogation von Treugut umgangen werden. Eine Surrogation in der Gestalt, daß auch das Surrogat dem Aussonderungsrecht des Treugebers unterliegt, ist nur in Ausnahmefällen anerkannt. Die Aussonderung von ersetztem Treugut ist insoweit zulässig, als § 46 KO die Ersatzaussonderung zuläßt, d. h. der Anspruch auf den noch ausstehenden Erlös von Treugut kann ausgesondert werden, „einerlei, ob bereits der Treuhänder vor Konkursbeginn oder ob erst der Konkursverwalter während des Verfahrens die Veräußerung vorgenommen hat“[10]. Der vor Konkurseröffnung eingezogene Erlös kann,

[7] RGZ 127, 344.

[8] RGZ 84, 216; 94, 308; 127, 344 u. a. Vgl. Jäger, Anm. 41 zu § 43 KO.

[9] Jäger, Anm. 41 zu § 43 KO; Staub's Kommentar zum Handelsgesetzbuch[14] III (Berlin-Leipzig 1933), Anm. 94 b zu § 368 HGB; RGR-Komm.[10] I (Berlin 1953), Vorbem. 1 vor § 164 BGB. RGZ 79, 121; 84, 218; Warn.E 1921 Nr. 130.

[10] Jäger, Anm. 41 zu § 43 KO.

auch wenn er noch unterscheidbar in der Masse vorhanden ist, nicht ausgesondert werden [11]. Im übrigen sind Treugutsurrogate insoweit aussonderungsfähig, als auch in anderen Fällen eine dingliche Surrogation stattfindet, z. B. entsprechend § 588 II 2 oder § 1048 II BGB [12].

---

[11] JÄGER a.a.O.

[12] JÄGER a.a.O.; KATZMANN, Die Aussonderung von Treugut im Konkurs (Diss. Marburg 1928) 70.

5. Kapitel

Rechtsvergleichende Betrachtung

Auch die rechtsvergleichende Betrachtung der bisher dargestellten, in den verschiedenen Rechtsordnungen vorgefundenen Regelungen der Behandlung von Treugut im Konkurse des Treuhänders kann erst nach einer wertenden Gegenüberstellung der in diesen Rechtsordnungen vorgenommenen Verteilung der Rechtszuständigkeit am Treugut mit vollem Verständnis angestellt werden. Dabei wird das Kernproblem des gesamten Treuhandrechtes überhaupt berührt: das Problem nämlich, in welcher Weise die Rechtszuständigkeit des Treuhandbegünstigten in Anbetracht der eigentümergleichen oder ähnlich umfassenden Rechtszuständigkeit des Treuhänders auszubauen ist.

A. DIE VERTEILUNG DER RECHTSZUSTÄNDIGKEIT AM TREUGUT

Aus rechtsvergleichender Sicht erscheint als die konstante Größe des Treuhandverhältnisses die Rechtszuständigkeit des *Treuhänders*. Schon eingangs wurde als für das Treuhandverhältnis begriffsnotwendig erachtet, daß der Treuhänder eine eigentümergleiche oder ähnlich umfassende Rechtszuständigkeit am Treugut besitzt. Diese Rechtszuständigkeit ist für das englische Recht der „legal title". Der trustee ist als „legal owner" voller Eigentümer, Gläubiger oder Inhaber des Treugutes nach common law. Im Schweizer, französischen und deutschen Recht ist der Treuhänder ebenfalls voller Eigentümer usw. des Treugutes, jedoch in einem anderen Sinne. Den kontinentalen Rechten fehlt ihrer Struktur nach die Möglichkeit, dem Treuhänder in diesem ausgedehnten Maße ein zwar volles, aber doch nur formelles Eigentum zuzuweisen. Es gibt nach hergebrachter Auffassung nur *ein* Eigentum, das außer dem formalen Rechtstitel auch die wirtschaftlichen Vorteile der Sache gewährt. Ebenso steht es mit dem Gläubigerrecht an Forderungen und der Inhaberschaft an sonstigen Rechten. Um den Treuhänder überhaupt in die Lage zu versetzen, seine typische

Funktion der nach außenhin völlig freien Verwaltung zu erfüllen, muß er mit diesem Eigentum bzw. mit diesem Gläubiger- oder Inhaberrecht versehen werden. Die im französischen Recht gebrauchte Bezeichnung „titre apparent" für die Rechtszuständigkeit des Treuhänders ist nicht mehr als ein wohlklingender Name für dieselbe Rechtszuständigkeit, die auch der Treuhänder des Schweizer und der des deutschen Rechts innehaben. Wenn auch die englischrechtliche Rechtszuständigkeit des Treuhänders mit der kontinentalrechtlichen in der genannten Hinsicht nicht übereinstimmt, so ändert dies doch nichts daran, daß der Treuhänder überall in eigener Rechtszuständigkeit verfügt und nicht auf Grund einer etwa vom „eigentlichen Berechtigten" abgeleiteten Rechtsmacht.

Während also die Rechtszuständigkeit des Treuhänders in allen Rechtsordnungen im wesentlichen als die gleiche bezeichnet werden kann und seine Funktionsfähigkeit, rein rechtlich gesehen, überall in gleich vollkommenem Maße gewährleistet ist, weicht die dem Treuhandbegünstigten im englischen Recht eingeräumte Rechtszuständigkeit von den kontinentalrechtlichen Regelungen ganz erheblich ab [1].

Dieses zweite unabdingbare Begriffsmerkmal des Treuhandverhältnisses, das Bestehen irgendeiner Art von Rechtszuständigkeit des Treuhandbegünstigten zum Schutze seiner wirtschaftlichen Interessen am Treugut, ist zwar in allen untersuchten Rechtsordnungen verwirklicht, aber in sehr verschiedener Weise.

Beim Ausbau der Rechtszuständigkeit des *Treuhandbegünstigten* sieht man sich stets zwei einander entgegenlaufenden Interessenströmungen gegenüber. Auf der einen Seite steht das Interesse des Treuhandbegünstigten am Fortbestand seines Genusses der wirtschaftlichen Vorteile des Treugutes. Andererseits sind Dritte, die durch Rechtsgeschäft mit dem Treuhänder Rechte, insbesondere das Eigentum, am Treugut erwerben wollen, am Schutze ihres Erwerbes interessiert. Je stärker nun die Rechtszuständigkeit des Treuhandbegünstigten ausgebaut wird, je mehr man also dessen Interessen entgegenkommt, desto weniger können die Interessen dieser Dritten berücksichtigt werden, und umgekehrt. Die Ausgestaltung der Rechtszuständigkeit des Treuhandbegünstigten in einer Rechtsordnung ist ein genaues Bild davon, wie diese das eine und das andere Interesse einschätzt.

[1] Da in den vorangegangenen Kapiteln die Rechtsnatur der Rechtszuständigkeit des Begünstigten in den einzelnen Rechtsordnungen geklärt worden ist und andererseits die Behandlung von Treugut in der Einzelzwangsvollstreckung gegen den Treuhänder auch im Folgenden nur am Rande interessiert, können die Ausführungen dieses Abschnittes auf die Rechtszuständigkeit des Begünstigten gegenüber rechtsgeschäftlichen Erwerbern von Treugut beschränkt werden.

Das *englische* Recht kommt den Interessen des Treuhandbegünstigten am weitesten entgegen. Dem cestui que trust wird der Genuß der Vermögensvorteile des Treugutes im Falle der unbefugten Veräußerung desselben (das gleiche gilt für sonstige Verfügungen) durch den Treuhänder grundsätzlich erhalten. Dies geschieht einmal und in erster Linie dadurch, daß der Erwerber (es sei denn, er erwirbt gegen Entgelt und ohne Kenntnis oder grobfahrlässige Unkenntnis der Tatsache, daß es sich bei dem zu erwerbenden Gegenstande um Treugut handelt) zur Herausgabe des Treugutes verpflichtet ist und bis zu deren Bewirkung seinerseits als Treuhänder für den Begünstigten behandelt wird. Weiterhin kann der Begünstigte wahlweise das vom Treuhänder als Gegenleistung für das veräußerte Treugut in Empfang Genommene als Treugutsurrogat in Anspruch nehmen. Durch diese Möglichkeit hat der Begünstigte vor allem in denjenigen Fällen einen spürbaren Schutz gegen den Verlust der Vermögensvorteile des Treugutes, in denen das ursprüngliche Treugut vom Erwerber nicht zurückgefordert werden kann, also dann, wenn dieser gegen Entgelt und im guten Glauben erworben hat. Soweit eine Surrogation mangels Gegenleistung nicht stattfinden kann, bedarf der Begünstigte dieses Schutzes auch gar nicht, denn der unentgeltliche Erwerb wird ohne Rücksicht auf den guten Glauben des Erwerbers nicht geschützt.

Die Interessen Dritter sind demzufolge nur spärlich berücksichtigt. Nur wer gegen Entgelt und ohne Kenntnis oder grobfahrlässige Unkenntnis des Umstandes, daß der betreffende Gegenstand Treugut ist, das Eigentum oder ein sonstiges Recht an diesem Gegenstande erwirbt, wird geschützt. Wer aber unentgeltlich oder zwar gegen Entgelt, aber in Kenntnis oder grobfahrlässiger Unkenntnis der Treuguteigenschaft des betreffenden Gegenstandes das Eigentum oder ein sonstiges Recht an diesem erworben zu haben glaubt, sieht sich darin getäuscht. Auch der gute Glaube an die Rechtmäßigkeit der Verfügung des Treuhänders nützt ihm nichts.

In den *kontinentalen* Rechten ist der Schutz der Drittinteressen stark betont. Dementsprechend steht der Schutz der Interessen des Treuhandbegünstigten sehr im Hintergrund. Der Treuhandbegünstigte kann sich nur an den Treuhänder halten. Nur diesem gegenüber hat er einen Anspruch auf Gewährung und Erhaltung des wirtschaftlichen Genusses des Treugutes. Im Falle der pflichtwidrigen Veräußerung des Treugutes oder einer sonstigen unerlaubten Verfügung darüber bestehen keinerlei Ansprüche gegen Dritte. Auf den guten oder bösen Glauben der Erwerber kommt es gar nicht an, ebensowenig darauf, ob diese ein Entgelt entrichten müssen oder nicht. Nur in den verhältnismäßig seltenen Fällen einer sittenwidrigen Mitwirkung des Erwerbers an der Entziehung des Treugutes ist dem Treuhandbegünstigten gegen diesen ein Schadensersatzanspruch gegeben, welcher ihm, soweit Naturalrestitution eingreift, das ursprüngliche Treugut wieder verschafft.

Eine gerechte Abwägung der bei der Festlegung der Rechtszuständigkeit des Treuhandbegünstigten auf dem Spiele stehenden Interessen läßt weder die englische noch die kontinentalrechtliche Regelung als vollkommen angemessen erscheinen. Die Rechtszuständigkeit des Treuhandbegünstigten im englischen Recht kommt den beiderseitigen Bedürfnissen insoweit sehr nahe, als sie unter weitgehender Wahrung der Sicherheitsbedürfnisse des rechtsgeschäftlichen Verkehrs dem Treuhandbegünstigten ein Höchstmaß an Rechtsschutz verleiht. Wer das Eigentum oder ein sonstiges Recht am Treugut erwerben will, ist, wenn er ohne grobe Fahrlässigkeit nicht weiß, daß es sich um Treugut handelt, seines Erwerbes sicher. Das Risiko, in seinem Erwerbe nicht geschützt zu werden, geht er nur ein, wenn er es trotz Kenntnis oder grobfahrlässiger Unkenntnis der Treuguteigenschaft des Gegenstandes seines Erwerbes unterlassen hatte, sich über die Zulässigkeit der Verfügung des Treuhänders zu vergewissern. Gerade darin ist aber ein gewisser Nachteil der englischen Regelung zu erblicken. Zwar ist die Sicherheit des rechtsgeschäftlichen Verkehrs weitgehend gewährleistet, denn der Erwerber hat sich seinen Verlust selbst zuzuschreiben, wenn er trotz Warnung, sei es durch seine Kenntnis davon, daß es sich um Treugut handelt, sei es durch naheliegende Umstände, deren Beachtung ihm diese Kenntnis leicht hätte vermitteln können, mit dem Treuhänder kontrahierte. Diese Regelung zwingt den Rechtsverkehr aber zu Vorsichtsmaßnahmen, die sich auf die Umsatzfähigkeit von Treugut hemmend auswirken müssen. Die der Funktion des Treuhänders entsprechende freie Verwaltung des Treuguts durch diesen ist in rechtlicher Hinsicht zwar gewährleistet, tatsächlich aber nicht unerheblich gehemmt. Die hiernach überraschende Tatsache, daß sich das Treuhandwesen gerade in England einer so großen Beliebtheit erfreut, ist wohl nur daraus zu erklären, daß der Wille des Errichters eines trust, an dessen Inhalt der Treuhänder dem Begünstigten gegenüber gebunden ist, häufig in einer Urkunde (trust instrument) niedergelegt wird, in die der Treuhänder Dritten jederzeit Einsicht gewähren kann.

Die kontinentalrechtliche Ausprägung der Rechtszuständigkeit des Treuhandbegünstigten wird dessen wohlverstandenen Interessen nicht voll gerecht. Sie verleiht dem rechtsgeschäftlichen Verkehr einen Schutz, den dieser in solchem Maße gar nicht verdient. Wenn ein Dritter Treugut erwirbt in Kenntnis oder grobfahrlässiger Unkenntnis des Umstandes, daß die zu seinen Gunsten vom Treuhänder vorgenommene Verfügung eine Überschreitung des diesem vom Begünstigten Erlaubten darstellt, so ist nicht einzusehen, weshalb ein solcher Erwerb geschützt sein und der Treuhandbegünstigte damit des wirtschaftlichen Genusses des ursprünglichen Treugutes verlustig gehen soll. Ferner verdient das Interesse des Treuhandbegünstigten auch dann den Vorzug, wenn der Dritte zwar gutgläubig, aber unentgeltlich erworben hat, da der letztere andernfalls auf Kosten des ersteren in ungerechtfertigter Weise einen Vorteil erlangen würde. Auf der anderen Seite garantiert die derartig beschränkte Rechtszuständigkeit des Treuhandbegünstigten in den kontinentalen Rechtsordnungen eine große Abschlußfreudigkeit Dritter mit dem Treuhänder über Treugut, die sich bei ordnungsmäßiger Verwaltung des Treugutes für den Begünstigten nur segensreich auswirken kann.

Die angemessenste Lösung des Interessenwiderstreites dürfte in einer Modifikation der englischen Regelung zu finden sein. Wenn man die Rechtszuständigkeit des Treuhandbegünstigten im englischen Recht dahin abwandelt, daß Dritte nicht nur dann geschützt werden, wenn sie im guten Glauben daran erworben haben, daß es sich nicht um Treugut handelt, sondern auch dann, wenn sie sich wenigstens ohne grobe Fahrlässigkeit auf die Rechtmäßigkeit der Verfügung des Treuhänders verlassen haben, so dürfte der richtige Ausgleich erreicht sein.

B. DIE BEHANDLUNG VON TREUGUT IM KONKURSE DES TREUHÄNDERS

Die Untersuchung der verschiedenen Rechtsordnungen hat ergeben, daß man in der Behandlung von Treugut im Konkurse des Treuhänders zwei grundlegend verschiedene Wege gehen kann. Entweder man entzieht das Treugut der Konkursmasse des Treuhänders und gibt dem Treuhandbegünstigten das Recht zur Aussonderung von Treugut, oder man läßt es in die Konkursmasse des Treuhänders fallen und gestattet damit dessen Gläubigern, sich auch hieraus konkursmäßig zu befriedigen.

Keine der untersuchten Rechtsordnungen hat sich ausnahmslos für eine dieser beiden Möglichkeiten entschieden. In jeder von ihnen wird Treugut bis zu einem gewissen Umfang in der einen und im übrigen in der anderen der bezeichneten Weisen behandelt, d. h. jede Rechtsordnung läßt die Aussonderung von Treugut bis zu einer gewissen Grenze zu. Die der Aussonderung von Treugut gesetzten Schranken sind in den einzelnen Rechtsordnungen ganz verschieden. Die entscheidende Frage kann daher nicht lauten, welche Regelung wegen der Wahl der einen oder der anderen Behandlungsweise von Treugut den Vorzug verdient, sondern, wie die in den einzelnen Rechtsordnungen der Treugutaussonderung gezogenen Grenzen zu bewerten sind. Diese Wertung macht zunächst eine zusammenfassende Gegenüberstellung des jeweiligen Umfanges der Treugutaussonderung in den verschiedenen Ländern erforderlich.

I. Gegenüberstellung des Umfanges der Treugutaussonderung

Bei der Erörterung des Begriffes Treugut in den einzelnen Länderberichten wurden nur diejenigen Rechtsverhältnisse erwähnt, die in dem jeweiligen Lande – wenn auch, wie in Frankreich, nicht der Bezeichnung nach, so doch ihrem Wesen entsprechend – als Treuhandverhältnisse angesehen werden. Es sollte damit den erst auf Grund der Berichte verständlichen Ausführungen dieses Abschnittes nicht vorgegriffen werden. Man darf sich aber dadurch, daß in einzelnen Ländern bestimmte Rechtsverhältnisse nicht als Treuhandverhältnisse angesehen und behandelt werden, nicht darüber hinwegtäuschen lassen, daß diese Rechtsverhältnisse eine dem Treuhandverhältnis verwandte Struktur aufweisen. Eine objektiv durchgeführte Gegenüberstellung des Umfanges der Treugutaussonderung erfordert eine vorherige Untersuchung der Frage, ob es über die in dem einen oder anderen Lande anerkannten Treuhandverhältnisse hinaus Rechtsverhältnisse gibt, die als Treuhandverhältnisse angesprochen werden können, und gegebenenfalls, welche Rechtsverhältnisse das sind. Mit anderen Worten, es müssen aus rechtsvergleichender Perspektive die wirklichen Grenzen des Treuhandverhältnisses festgestellt werden.

1. Die wirkliche Grenze des Treuhandverhältnisses

Da es für das Treuhandverhältnis als begriffsnotwendig erachtet wurde, daß der Treuhänder eine eigentümergleiche oder ähnlich umfassende Rechtszuständigkeit hat, die Natur dieser Rechtszuständigkeit aber bereits erörtert wurde, kann schon jetzt festgestellt werden, daß eine allen Rechtsordnungen gemeinsame Grenze des Treuhandverhältnisses dort gezogen ist, wo eine solche Rechtszuständigkeit nicht mehr vorliegt. Es sind im folgenden noch die übrigen, dem Treuhandverhältnis nach anderer Seite hin gezogenen Grenzen abzuschreiten.

Den umfassendsten Begriff des Treuhandverhältnisses kennt das *englische* Recht. Dieses soll den Ausgangspunkt der Betrachtung bilden. Wo immer eine Person, die den „legal title" an einem Vermögensgegenstande innehat, rechtlich verpflichtet ist, den Gegenstand im Interesse eines anderen zu verwalten, liegt nach englischer Auffassung ein Treuhandverhältnis vor. Dieses Prinzip ist, englischer Art entsprechend, in so allgemeiner Form nirgends ausgesprochen, doch läßt es sich aus einer zusammenfassenden Schau der Arten des trust nach dessen Entstehung bedenkenlos ableiten; es bedarf jedoch einer näheren Erläuterung.

Für das Vorliegen eines Treuhandverhältnisses kommt es nicht darauf an, in welcher Weise der Treuhänder in den Besitz des legal title gekommen ist. Beim express und auch beim implied trust überträgt der settlor absichtlich nur den legal title auf den Treuhänder, während das beneficial interest dem Begünstigten vorbehalten bleibt, der mit dem settlor identisch sein kann. Die Fälle des resulting trust zeigen aber, daß es auf den Willen des settlor, nur den legal title auf den Treuhänder zu übertragen, nicht ankommt, sondern daß eine Treuhand auch entsteht, wenn z. B. auf Grund eines Irrtums oder sonstigen Willensmangels neben dem legal title auch das beneficial interest auf den Dritten übertragen werden sollte, denn auch hier wird der Dritte, zwar nicht kraft Parteiwillens, so doch kraft Rechtssatzes, Treuhänder für den Veräußerer. Auch ist es ohne Einfluß auf das Vorliegen eines Treuhandverhältnisses, ob der Gegenstand, an dem der Treuhänder den legal title innehat, aus dem Vermögen des settlor oder eines Dritten stammt, wie sich aus den Fällen der Entstehung eines Treuhandverhältnisses durch mittelbare Stellvertretung klar ergibt. Das Treugut kann auch aus dem Vermögen des Treuhänders selbst herrühren. Was die andere Voraussetzung für das Vorliegen eines Treuhandverhältnisses betrifft, nämlich die Verwaltungspflicht des Treuhänders im Interesse eines anderen, so kommt es auf die Art der Verwaltung nicht an. Die Tätigkeit des trustee kann von der kompliziertesten Vermögensbetreuung bis zur einfachen Verwahrung reichen. Es ist deshalb nicht verwunderlich, daß auch der Verkäufer eines Grundstükkes vor Übertragung des Eigentums, d. h. des legal title, an den Käufer als dessen Treuhänder angesehen und behandelt wird. Zwar wird in den seltensten Fällen ein besonderer Verwahrungs- oder Verwaltungsvertrag zwischen Käufer und Verkäufer abgeschlossen, doch entspringt dem Kaufvertrag die Verpflichtung des Verkäufers, für die Erhaltung des verkauften Gegenstandes Sorge zu tragen. Damit ist der Gegenstand bis zur vollständigen Übertragung notwendig und oft ungewollt auf eine bestimmte, wenn vielleicht auch nur sehr kurze Zeit der Verwaltung des Verkäufers anvertraut. Dasselbe gilt für jeden anderen Fall der Verpflichtung einer Person zur Leistung eines Vermögensgegenstandes, z. B. auf Grund eines Tauschvertrages oder eines Auftrages, im eigenen Namen für Rechnung des Auftraggebers Vermögensgegenstände zu erwerben, aber auch in den schon erwähnten Fällen des „resulting trust", wo die Verpflichtung zur Übertragung und damit der trust durch Rechtssatz und nicht durch Rechtsgeschäft begründet ist. Auch hier beschränkt sich die Verwaltungstätigkeit des trustee normalerweise auf Verwahrung und Erhaltung des zu leistenden Gegenstandes.

Wenn also die Herkunft des Treugutes und die Art der Verwaltungstätigkeit des Treuhänders für das Vorliegen eines Treuhandverhältnisses im englischen Recht nicht entscheidend sind, so muß die Abgrenzung des Treuhandverhältnisses nach einer anderen Seite hin erfolgt sein. Diese Grenze wird in dem Grundsatz der „Bestimmtheit des Treuguts" gesehen. Die Untersuchung des englischen Treuhandverhältnisses hat ergeben, daß ein solches nur dann vorliegt, wenn dessen Gegenstand, das Treugut, bestimmt ist. Ein trust kann nur entstehen, wo der vom Treuhänder zu verwaltende Gegenstand bestimmt bezeichnet werden kann. Eine treuhänderische Verwaltung unbestimmter Vermögensgegenstände gibt es nicht. Jemand, der zur Leistung unbestimmter Gegenstände verpflichtet ist, kann diese Gegenstände nicht im Interesse eines anderen verwalten. Der Verpflichtete ist in solchen Fällen nicht Treuhänder, sondern Schuldner. Damit ist die Grenze des englischen Treuhandverhältnisses erreicht. Wer die Leistung bestimmter Vermögensgegenstände schuldet, ist Treuhänder; wer zur Leistung unbestimmter Vermögensgegenstände verpflichtet ist, ist Schuldner.

Demgegenüber kennen die *kontinentalen* Rechte einen nur sehr geringen Umfang des Treuhandverhältnisses. Die engsten Grenzen finden sich im Schweizer und im deutschen Recht. Als Treuhandverhältnis sieht man hier, sich an das Vorbild der römisch-rechtlichen „fiducia" klammernd, nur solche Rechtsverhältnisse an, die dadurch zustandekommen, daß ein Treugeber (Fiduziant) aus seinem eigenen Vermögen stammende Gegenstände an einen Treuhänder mit der Verpflichtung überträgt, sie nach Beendigung der Verwaltung an den Treugeber oder, bei einem Vertrage zugunsten eines Dritten, an diesen herauszugeben.

Einen weiteren Umfang weist das Treuhandverhältnis des französischen

Rechtes auf. Der Hauptanwendungsfall dieses Rechtsinstitutes besteht dort gerade darin, daß der Treuhänder im eigenen Namen für Rechnung des Treuhandbegünstigten aus dem Vermögen Dritter Gegenstände erwirbt. Doch darüber hinaus anerkennt auch das französische Recht kein Treuhandverhältnis.

An dieser Stelle sollen nicht die einzelnen Gründe für die Bewertung der in den verschiedenen Rechtsordnungen dem Treuhandverhältnis gezogenen Grenzen aufgeführt werden [2], doch möge eine kurze Vorwegnahme des Ergebnisses gestattet sein: Der Grundsatz der Bestimmtheit des Treuguts ist als die einzig mögliche und natürliche Grenze des Treuhandverhältnisses anzusehen, der gegenüber die Grenzen des Treuhandverhältnisses in den kontinentalen Rechten als künstlich und mehr oder weniger willkürlich erscheinen müssen. Der Umfang des Treuhandverhältnisses im englischen Recht ist als der wirkliche Umfang des Treuhandverhältnisses anzusehen.

Es wäre aber ohne praktischen Wert, ja, wegen der zu erwartenden Verwirrung eher von Nachteil, wollte man diejenigen Rechtsverhältnisse, die man zwar in England, nicht aber in den anderen Ländern als Treuhandverhältnisse ansieht, mit der Bezeichnung Treuhandverhältnis belegen, ohne sie auch mit den Rechtswirkungen des Treuhandverhältnisses auszustatten. Da das Treuhandverhältnis kontinentaler Prägung sich in seinen Wirkungen gegenüber rechtsgeschäftlichen Erwerbern von Treugut von den Rechtsverhältnissen, die zwar in England, nicht aber in den übrigen Ländern als Treuhandverhältnisse angesehen werden, überhaupt nicht, und in seinen Wirkungen gegenüber den Gläubigern des Treuhänders, insbesondere gegenüber den Konkursgläubigern, nur bis zu einem gewissen Umfange unterscheidet, wäre es an sich zweckmäßig, die Bezeichnung Treuhandverhältnis nur denjenigen, aber auch allen denjenigen Rechtsverhältnissen beizulegen, die sich durch ihre andersartigen Rechtswirkungen gegenüber den Konkurs- und Betreibungsgläubigern von den übrigen Rechtsverhältnissen unterscheiden. In Anbetracht dessen, daß sich in der Schweiz und in Frankreich die Bezeichnung „fiduziarisches Rechtsverhältnis" bzw. „convention de prête-nom" für einen unbestimmten Bereich von Rechtsverhältnissen ohne Rücksicht auf eine von den sonstigen Rechtsverhältnissen verschiedene Rechtswirkung gegenüber Dritten eingebürgert hat, kann man jedoch einer derartigen Namensänderung schwerlich das Wort reden. Dagegen ist m. E. mit allem Nachdruck darauf hinzuwirken, daß

[2] Hierüber vgl. unten II, S. 140 ff.

wenigstens solchen Rechtsverhältnissen, welche sich in ihren konkurs- und betreibungsrechtlichen Folgen von anderen abheben, die ihnen zukommende Bezeichnung als Treuhandverhältnis beigelegt wird. Man darf also, wenn sich herausstellt, daß diese Wirkungen auch auf andere Rechtsverhältnisse auszudehnen sind, die innerhalb der als richtig erkannten englischrechtlichen Grenze des Treuhandverhältnisses liegen, oder wenn gar diese Wirkungen schon gesetzlich anerkannt sind, nicht zögern, diese Rechtsverhältnisse als Treuhandverhältnisse zu bezeichnen [3].

2. *Umfang der Treugutaussonderung*

Bezüglich des Umfanges der Aussonderung von Treugut muß eine Unterscheidung danach getroffen werden, ob es sich um ursprüngliches Treugut handelt, d. h. um Treugut, das anläßlich der Begründung eines Treuhandverhältnisses auf den Treuhänder übertragen wurde, bzw. dessen Vorhandensein beim Treuhänder, sei es durch dessen Willen, sei es durch Rechtssatz, zur Entstehung eines Treuhandverhältnisses geführt hat, oder aber um Vermögensgegenstände, die aus irgendwelchen Gründen und in irgendeiner Form vom Treuhänder als Ersatz für das ursprüngliche Treugut erlangt wurden.

a) Ursprüngliches Treugut. – Keine der untersuchten Rechtsordnungen läßt die Treugutaussonderung in dem Maße zu, daß gesagt werden könnte, der Umfang der Aussonderung decke sich vollkommen mit dem wirklichen Umfange des Treuhandverhältnisses. Das *englische* Recht kennt zwar eine Grenze für die Treugutaussonderung in dem Sinne nicht, daß diese auf bestimmte Arten des Treuhandverhältnisses beschränkt wäre. Das Aussonderungsrecht ist an sich dem Begünstigten eines jeden Treuhandverhältnisses gegeben, wenn nicht im konkreten Falle gewisse Umstände hinzutreten, die es ausschließen. Immerhin wird beim Vorliegen solcher Umstände auch in England der Treugutaussonderung eine Grenze gesetzt. Es handelt sich um drei Gruppen von Fällen, in denen Treugut in die Konkursmasse des Treuhänders fällt. Zwei von ihnen bilden aber nur scheinbare Ausnahmen. Die Aussonderung von Treugut ist insoweit ausgeschlossen, als der Treuhänder ein eigenes „beneficial interest" am Treugut hat. Als Hauptfall kommt das Recht des Treuhänders in Betracht, sich aus dem Treugut wegen des von ihm aus eigenen Mitteln bestrittenen Verwaltungsaufwandes zu befriedigen. Dieses Recht ist durch ein Zurück-

[3] Aus diesem Grunde erscheint es z. B. unverständlich, daß die Schweizer Doktrin sich den Erkenntnissen von GAUTSCHI und KELLER bisher nicht angeschlossen hat und den mittelbaren Stellvertreter vom Treuhänder streng unterscheiden will.

behaltungsrecht am Treugut gesichert. Soweit das „beneficial interest" des Treuhänders reicht, wird das Treugut zur Befriedigung aller Gläubiger verwendet, ausgenommen die Fälle, wo ein „principal creditor" bevorrechtigt ist. Jedenfalls bleibt dem Treuhandbegünstigten der Wert des Treugutes nur in dem Umfange erhalten, als er ein „beneficial interest" am Treugut hat. In Ansehung des übrigen Teiles des „beneficial interest" ist er aber in Wahrheit gar nicht Begünstigter. Er kann sich die Begünstigtenstellung hieran allerdings durch Leistung des Aufwendungsersatzes an den Treuhänder erringen.

Die zweite scheinbare Ausnahme wird dann gemacht, wenn Treugut von der Konkursmasse nicht mehr unterscheidbar ist. Diese Regelung ist aber nur eine Auswirkung des Bestimmtheitsgrundsatzes, so daß in Wirklichkeit im Falle der untrennbaren Vermischung oder sonstigen Unkenntlichmachung von Treugut ein solches gar nicht mehr vorhanden ist. Zudem wird diese Ausnahme durch die verschiedenen von der Equity-Rechtsprechung entwickelten Identifikationsregeln weitgehend durchbrochen.

Die einzig echte Ausnahme stellen diejenigen Fälle dar, wo Treugut von der Reputed Ownership Clause erfaßt wird und so in die Konkursmasse des Treuhänders fällt. Es handelt sich hierbei aber nur um eine gewisse Sorte von Treugut, nämlich um die „goods"; außerdem ist man bei Anwendung dieser Vorschrift auf Treugut sehr vorsichtig und versagt dem Begünstigten das Aussonderungsrecht nur unter der Voraussetzung, daß er, obwohl er rechtlich die Möglichkeit gehabt hätte, auf die Art und Weise der Verwaltung des Treuhänders Einfluß auszuüben, dem Treuhänder ausdrücklich oder stillschweigend erlaubte, nach außen den Anschein einer unbeschränkten Eigentümerstellung zu erwecken. Eine solche Einflußnahme ist dem Begünstigten aber nur in seltenen Fällen möglich.

In den kontinentalen Rechten ist die Treugutaussonderung auf bestimmte Gruppen von Treuhandverhältnissen beschränkt. Im *Schweizer* Recht ist die Aussonderung von Treugut in folgenden zwei Fällen zugelassen: Nach Art. 201 SchKG können fiduziarisch übertragene Inhaber- und Orderpapiere im Konkurse des Treuhänders ausgesondert werden. Mit dieser Vorschrift ist der Treugutaussonderung eine durch die gegenständliche Beschaffenheit von Treugut bestimmte Grenze gezogen. Alle übrigen vom Fiduzianten auf den Fiduziar übertragenen Gegenstände fallen in die Konkursmasse des Fiduziars. Der andere Fall einer Treugutaussonderung im Schweizer Recht ist in der Vorschrift des Art. 401 III OR und entsprechend in derjenigen des Art. 425 II OR zu erblicken. Es handelt sich um die von der herrschenden Schweizer Meinung nicht als fiduziarische Rechtsverhältnisse angesehenen, aber in den Bereich der wirklichen Grenzen des Treuhandverhältnisses gehörenden Fälle des Erwerbes von Vermögensgegenständen durch mittelbaren Stellvertreter. Der Auftraggeber kann nach diesen Vorschriften bewegliche Sachen, die ein Beauftragter im eigenen Namen für Rechnung des Auftraggebers erworben hat, im Konkurse des Beauftragten aussondern. Kein Fall der Treugutaussonderung ist dagegen in Art. 401 I und II zu sehen. Zwar fallen auch die vom Beauftragten im eigenen Namen für Rechnung des Auftraggebers gegen Dritte erworbenen Forderungsrechte nicht in die Konkursmasse des Beauftragten, doch nicht etwa deshalb, weil sie als Treugut ausgesondert werden könnten, sondern weil sie nach Erfüllung aller Verbindlichkeiten des Auftraggebers kraft Gesetzes auf diesen übergehen. Solange der Auftraggeber seinen Verpflichtungen nicht nachgekommen ist, sind diese Forderungen zwar Treugut, können aber nicht ausgesondert werden. Sobald jedoch der Auftraggeber seine Verbindlichkeiten erfüllt hat, und sei es auch erst nach Eröffnung des Konkursverfahrens über das Vermögen des Beauftragten, sind die Forderungen auch schon auf den Auftraggeber übergegangen, und für eine Treugutaussonderung ist mangels irgendeiner Art von Rechtszuständigkeit des Beauftragten an den Forderungen kein Raum mehr. Dasselbe gilt, wenn der Fiduziant dem Fiduziar Treugut unter auflösender Bedingung des Rückfalls mit Konkurseröffnung über das Vermögen des Fiduziars übertragen hatte. Der Fiduziant sondert die übertragenen Gegenstände nicht als Treugut, sondern als sein Eigentum aus.

Mit der Zulassung der Aussonderung von Treugut, das aus dem Vermögen dritter Personen herrührt, erstreckt sich der Bereich der Treugutaussonderung im Schweizer Recht in dieser Beziehung über den des deutschen Rechtes hinaus. Die Grenze des „Unmittelbarkeitsgrundsatzes“ ist überschritten; allerdings nicht auf ganzer Front, denn die Beschränkung des Aussonderungsrechtes auf bewegliche Sachen stellt wiederum eine Grenze der Treugutaussonderung dar, und zwar ebenso wie im Falle des Art. 201 SchKG nach der gegenständlichen Seite hin. Abgesehen von diesen nach dem Gegenstande eines Treuhandverhältnisses gesetzten Schranken zeigt sich sonach im Schweizer Recht eine weitere Grenze für die Treugutaussonderung. Diese verläuft zwar jenseits der Unmittelbarkeitsgrenze des deutschen Rechtes, reicht aber an die im englischen Recht der Treugutaussonderung gezogene Grenze und damit an die wirklichen Konturen des Treuhandverhältnisses nicht heran. Es kann zwar Treugut, das aus dem Vermögen des Fiduzianten oder aus dem Vermögen Dritter herrührt, ausgesondert werden, nicht aber auch solches Treugut, das aus dem eigenen

Vermögen des Treuhänders stammt. Die hierdurch gebildete Grenze ist also, wie die Unmittelbarkeitsgrenze des deutschen Rechtes, nach dem Gesichtspunkt der Herkunft des Treugutes gezogen.

Das *französische* Recht läßt die Treugutaussonderung nur bezüglich solcher Orderpapiere zu, die durch Vollindossament vom emprunteur de nom treuhänderisch an den prête-nom übertragen wurden. Andere Gegenstände eines Treuhandverhältnisses fallen in die Konkursmasse des Treuhänders, gleichgültig, ob sie aus dem Vermögen des emprunteur de nom, Dritter oder des Treuhänders stammen. In dieser Regelung ist eine doppelte Begrenzung der Treugutaussonderung enthalten: einmal nach der gegenständlichen Beschaffenheit des Treugutes und zum anderen nach dessen Herkunft. Was diese letzte Grenze angeht, kennt also auch das französische Recht der Sache nach den Unmittelbarkeitsgrundsatz.

Im *deutschen* Recht ist Treugut jeder Art aussonderungsfähig, soweit es den Anforderungen des Unmittelbarkeitsprinzips genügt, d. h. soweit es aus dem Vermögen des Treugebers auf den Treuhänder übertragen wurde. Die Grenzziehung ist also, wie schon angedeutet, nach dem Gesichtspunkt der Herkunft des Treugutes erfolgt. Dieser Grundsatz erleidet aber in einem Falle eine echte Durchbrechung, nämlich durch die Vorschrift des § 392 II HGB. Anders als im Schweizer Recht sind Forderungen, die der Kommissionär im eigenen Namen für Rechnung des Kommittenten erwirbt, unabhängig von der Erfüllung der Verbindlichkeiten des Kommittenten gegenüber dem Kommissionär als Treugut anzusehen. Der Kommissionär bleibt bis zu ihrer Abtretung, zu welcher er auf Grund des Kommissionsverhältnisses in aller Regel verpflichtet ist, Gläubiger dieser Forderungen. Fällt der Kommissionär in Konkurs, so ändert sich hieran nichts. Die Forderungen gelten aber im Verhältnis zum Kommittenten und den Gläubigern des Kommissionärs als solche des Kommittenten, d. h. der Kommittent kann sie aussondern. Dieses Aussonderungsrecht erstreckt sich jedoch nicht auf andere Fälle der mittelbaren Stellvertretung. Man entdeckt hier eine eigentümliche Grenze der Treugutaussonderung, nämlich eine solche nach dem Berufe des Treuhänders. Es scheint zunächst, daß § 392 II HGB durch die Beschränkung des Aussonderungsrechtes auf Forderungen auch eine Grenze nach dem Gegenstande des Treuhandverhältnisses ziehe, doch wird sich im folgenden herausstellen, daß der Ausschluß der übrigen Gegenstände von der Aussonderbarkeit die Wirkung eines anderen Prinzips ist, nämlich des sogenannten Surrogationsverbotes.

b) Surrogiertes Treugut[4]. – Im *englischen* Recht ist das Prinzip der Surrogation von Treugut vollständig durchgeführt. Der dabei maßgebende Grundgedanke ist der der Erhaltung des „trust-fund". Es kann jeder Gegenstand, der mit Mitteln des ursprünglichen Treugutes oder als Ersatz dafür vom Treuhänder erlangt wurde, in dessen Konkurs ausgesondert werden. Es ist völlig gleichgültig, ob der Treugutersatz durch erlaubte oder unerlaubte Tätigkeit des Treuhänders erlangt wurde, und sein etwaiger Wille, den Ersatz für sich selbst zu behalten, bleibt unberücksichtigt. Die Surrogation von Treugut erstreckt sich nicht nur auf den Ersatz für ursprüngliches Treugut, sondern auch auf den Ersatz von bereits ein- oder mehreremale surrogiertem Treugut. Die Grenze für die Aussonderung von surrogiertem Treugut bildet wiederum der Grundsatz der Bestimmtheit. Solange es überhaupt möglich ist, einen bestimmten Gegenstand in den Händen des trustee durch Zurückverfolgung der vom ursprünglichen Treugut durchgemachten Metamorphose als dessen Produkt wiederzuerkennen, unterliegt er als Treugut dem Aussonderungsrecht des cestui que trust.

Das *Schweizer* Recht anerkennt außer dem genannten Falle des Art. 401 III OR keine Aussonderung von Treugutsurrogaten. Art. 202 SchKG wird auf Treugut nicht angewendet, da er die Veräußerung fremder Sachen voraussetzt, während Treugut im Eigentum des Fiduziars steht. Ebensowenig läßt das *französische* Recht die Aussonderung von Treugutsurrogaten zu. Die aussonderungsfähigen Wertpapiere, also auch das treuhänderisch übertragene Orderpapier, müssen sich nach Art. 574 C. com. in ihrer ursprünglichen Gestalt in den Händen des Gemeinschuldners befinden. Soweit im französischen Recht durch Art. 575 II C. com. und darüber hinaus eine Ersatzaussonderung kraft dinglicher Surrogation gewährt wird, setzt dies wie im Schweizer Recht voraus, daß der die Aussonderung Begehrende Eigentümer der ursprünglichen Sache war, zumindest, daß die Sache für den Gemeinschuldner eine fremde war. Im *deutschen* Recht wurde das Surrogationsverbot aufgestellt. Damit wird die Aussonderung von Treugutsurrogaten grundsätzlich versagt, während sie nur in den wenigen ausdrücklich genannten Ausnahmefällen gestattet ist.

[4] Die schon erwähnten Fälle eines Erwerbes von Treugut durch mittelbare Stellvertreter umfassen nicht nur ursprüngliches Treugut, wie z. B. Forderungen, die der mittelbare Stellvertreter im eigenen Namen für Rechnung des Auftraggebers gegen seine Drittkontrahenten erworben hat, sondern auch ersetztes Treugut, wie alle durch Einziehung derartiger Forderungen erworbenen Gegenstände. Da sich die Grenzen des Unmittelbarkeitsgrundsatzes und des Surrogationsverbotes gerade im Bereich des Erwerbes von Treugut durch mittelbare Stellvertreter überschneiden und eine getrennte Darstellung der Klarheit eher abträglich erschien, wurden diese Surrogationsfälle bereits im vorhergehenden mit abgehandelt.

II. Wertung der verschiedenartigen Behandlung von Treugut

Da jede der untersuchten Rechtsordnungen die Aussonderung von Treugut in gewissem Umfange zuläßt, die Grenzen hierfür aber nicht nur verschieden weit, sondern auch nach ganz unterschiedlichen Gesichtspunkten gezogen sind, steht nun die Frage im Vordergrund, welche Grenze für die Aussonderung sich aus rechtsvergleichender Warte als die bestmögliche erweist. Die andere Frage, ob die Treugutaussonderung entgegen den insoweit übereinstimmenden Regelungen in allen untersuchten Rechtsordnungen gänzlich versagt werden sollte, läßt sich erst nach Wertung der verschiedenen Grenzen der Treugutaussonderung prüfen.

1. Die Interessenlage

Wird über das Vermögen eines Treuhänders das Konkursverfahren eröffnet, so treffen in jedem Falle gegensätzliche Interessen aufeinander: Der Treuhandbegünstigte ist daran interessiert, daß ihm der wirtschaftliche Genuß des Treugutes möglichst voll erhalten bleibt; er strebt damit die Aussonderung des Treugutes aus der Konkursmasse des Treuhänders an. Die Konkursgläubiger des Treuhänders haben dagegen ein Interesse daran, daß das Treugut zur Konkursmasse gezogen wird, damit es für ihre gemeinsame Befriedigung wegen der ihnen gegen den Gemeinschuldner-Treuhänder zustehenden Forderungen verwertet werde. Während sich das Interesse des Treuhandbegünstigten von selbst versteht, bedarf dasjenige der Konkursgläubiger des Treuhänders einer Differenzierung.

Ganz allgemein besteht auf seiten der Konkursgläubiger das Interesse, daß die Konkursmasse möglichst groß gehalten werde, denn je kleiner sie ist, desto geringer fällt die Konkursdividende aus. Ein weiteres Interesse haben die Konkursgläubiger dann, wenn sie, ohne sich in irgendwelcher Weise gesichert zu haben, im Vertrauen auf den scheinbaren Umfang des Vermögens des späteren Gemeinschuldners, also insbesondere im Vertrauen darauf, daß die als Treugut in dessen Händen befindlichen Gegenstände notfalls mithaften, dem Treuhänder in irgendeiner Form Kredit gewährt haben.

2. Stellungnahme zu den verschiedenen Behandlungsweisen

a) Englisches Recht. – Wenn man zunächst den Umfang der Treugutaussonderung in England betrachtet, so sieht man, daß dort die Interessen des Treuhandbegünstigten in fast vollkommener Weise gewahrt werden.

Was das ebengenannte allgemeine Interesse der Konkursgläubiger an einem möglichst großen Umfang der Konkursmasse betrifft, so wird hierauf grundsätzlich keine Rücksicht genommen. Eine gewichtige Ausnahme wird jedoch dadurch gemacht, daß das beneficial interest des Treuhänders als zu dessen eigenem Vermögen gehörig betrachtet wird und deswegen dem Zugriff der Konkursgläubiger unterliegt. Der Umfang der Konkursmasse bestimmt sich eben nicht nach dem Umfange der Gegenstände, an denen der Gemeinschuldner den legal title innehat, sondern nach dem Umfange seiner equitable interests. Die Versagung des Aussonderungsrechtes im Falle der Vermischung oder sonstigen Unkenntlichmachung von Treugut ist, interessenmäßig gesehen, eine neutrale Regelung. Zwar kommt sie in ihren Wirkungen den Konkursgläubigern zugute, doch liegt in Wirklichkeit Treugut mangels Bestimmtheit gar nicht mehr vor, und aus dem Treuhandbegünstigten ist ein gewöhnlicher Konkursgläubiger geworden. Das oben an zweiter Stelle genannte weitere Interesse der Konkursgläubiger wird ebenfalls in nur sehr begrenztem Umfange geschützt. Auf Grund der R.O.-Vorschrift fällt Treugut unter den genannten Voraussetzungen in die Konkursmasse des Treuhänders. Da diese Voraussetzungen aber sehr eng sind, wird in aller Regel den Konkursgläubigern der Schutz versagt, auch wenn sie im Vertrauen auf den scheinbaren Umfang des Vermögens des späteren Gemeinschuldners diesem Kredit gewährt haben.

Die Behandlung von Treugut im Konkurse des Treuhänders im englischen Recht ist, abgesehen von einer hernach zu erörternden Ausnahme, gutzuheißen. Die englische Regelung fußt auf einem Treuhandbegriff, der sowohl der Struktur als auch dem Umfange nach nicht besser ausgeprägt sein könnte. Die Aufspaltung des Eigentumsbegriffes in legal title und beneficial interest ermöglicht es, das Phänomen der Treuhandschaft in einer den elementaren Bedürfnissen des Wirtschaftslebens vollkommen entsprechenden Weise rechtlich zu erfassen und einer brauchbaren Regelung zuzuführen. Die Zuteilung des legal title an den Treuhänder verleiht diesem eine umfassende Rechtszuständigkeit am Treugut und trägt damit dem wirtschaftlichen Bedürfnis nach möglichst freier Verwaltung desselben Rechnung. Die oben [5] beanstandete tatsächliche Einschränkung der freien Verwaltung des Treuhänders dadurch, daß rechtsgeschäftliche Erwerber von Treugut trotz guten Glaubens an die Ordnungsmäßigkeit der treuhänderischen Verfügung nicht geschützt werden, ist mehr eine Zufälligkeit und kann ebensogut hinweggedacht werden, ohne daß das Wesen des

[5] Vgl. oben S. 129.

legal title berührt würde. Das beneficial interest, also das rechtlich sehr weitgehend geschützte Interesse am Genuß der Vermögensvorteile des Treugutes, ist eine den Bedürfnissen des Treuhandbegünstigten angemessene Rechtszuständigkeit. Die Trennung des beneficial interest vom legal title an einem Vermögensgegenstande ermöglicht es, einerseits dem Treuhänder den wirtschaftlichen Genuß seines Eigentums zu entziehen und damit sein Eigentum bis auf einen formalen Rechtstitel auszuhöhlen, und andererseits dem Treuhandbegünstigten, der – entweder aus eigenem Willen oder durch die Umstände gezwungen – von der Verwaltung des Treugutes ausgeschlossen ist, den ihm zukommenden wirtschaftlichen Genuß des Treugutes rechtlich zu sichern.

Aus dieser rechtlichen Struktur des Treuhandverhältnisses ergibt sich für das englische Recht die Treugutaussonderung im Konkurse des Treuhänders von selbst. Der Hauptzweck des Konkursverfahrens besteht darin, das Vermögen des Gemeinschuldners, d. h. die Gesamtheit der diesem zustehenden wirtschaftlichen Werte, unter seine Gläubiger zu verteilen. Was nun Treugut betrifft, so ist alles, was dem Treuhänder daran zusteht, der legal title. Mehr hat er nicht, und es könnte allenfalls dieses Recht zu seiner Konkursmasse gezogen werden. Der legal title stellt aber keinen Vermögenswert dar, weil er nur eine formale Berechtigung gibt. Deswegen geht er, wenn der Treuhänder nicht gleichzeitig auch ein equitable interest hat, nicht auf den Konkursverwalter über. Letzterer wäre anderenfalls nur mit einer Verwaltung beschwert, die für die Konkursmasse keinerlei Vorteile abwirft. Der wirtschaftliche Gehalt des Treugutes ist bei Errichtung der Treuhand beim Treuhandbegünstigten geblieben bzw. auf diesen übertragen worden, und zwar nicht nur in der Weise, daß er diesem lediglich nach wirtschaftlicher Betrachtungsweise zusteht, sondern daß dieser auch rechtlich gesehen Inhaber des Vermögenswertes ist. Das beneficial interest ist die vom legal title, zunächst nur gedanklich, getrennte wirtschaftliche Seite eines Vermögensgegenstandes. Im Falle einer Treuhanderrichtung bezüglich dieses Gegenstandes erfolgt eine tatsächliche Trennung dieser beiden Seiten. Sie ist deshalb möglich, weil das beneficial interest rechtlich selbständig übertragungsfähig ist. Wenn oben gesagt wurde, Zweck des Konkursverfahrens sei die Verteilung der dem Gemeinschuldner wirtschaftlich zustehenden Werte unter dessen Gläubiger, so muß nunmehr ergänzend hinzugefügt werden: die vom Konkurse zu erfassenden wirtschaftlichen Werte müssen dem Gemeinschuldner auch rechtlich zugeordnet sein. Der wirtschaftliche Wert des Treugutes ist aber nicht dem Treuhänder, sondern dem Treuhandbegünstigten rechtlich zugeordnet, und zwar nicht durch den legal title, sondern kraft der durch das beneficial interest gewährten Rechtszuständigkeit. Der Treuhandbegünstigte sondert also, genauso wie z. B. der Eigentümer einer an den Gemeinschuldner vermieteten Sache, einen ihm rechtlich zugeordneten Vermögensgegenstand aus. Dadurch ist die Treugutaussonderung ihrer juristischen Konstruktion nach in klarer und den wahren Verhältnissen entsprechender Weise begründet.

Die rechtliche Struktur des englischen Treuhandverhältnisses läßt den weiten Umfang der Treugutaussonderung als gerechtfertigt, ja notwendig erscheinen. Mit Ausnahme der seltenen Fälle, wo Treugut unverständlicherweise durch Anwendung der R.O.-Vorschrift in die Konkursmasse des Treuhänders fällt, wird die Treugutaussonderung bis zur Grenze des Treuhandverhältnisses überhaupt zugelassen. Diese Regelung ist die einzig mögliche, und jede Beschneidung des Aussonderungsrechtes des Treuhandbegünstigten muß, wie sich aus der Wertung der kontinentalrechtlichen Regelungen ergeben wird, als künstlich abgelehnt werden. Die Wertung des „Bestimmtheitsgrundsatzes" als Grenze für die Treugutaussonderung kann erst nach Untersuchung der anderen Grenzen vorgenommen werden.

Das durch Anwendung der R.O.-Vorschrift den Konkursgläubigern gezeigte Entgegenkommen erscheint nur insoweit gerechtfertigt, als dadurch eine besondere Form der Kredittäuschung getroffen werden soll, nämlich die, daß durch treuhänderische Übertragung von Vermögensgegenständen der Empfänger derselben mit dem Schein der Kreditwürdigkeit ausgestattet wird. Im übrigen aber ist die Anwendung der R.O.-Vorschrift nicht zu befürworten. Für einen Schutz des guten Glaubens der Gläubiger an den scheinbaren Umfang des Vermögens ihres Schuldners besteht kein Bedürfnis; mindestens aber ist das Interesse des Treuhandbegünstigten daran, daß ihm der Genuß der wirtschaftlichen Vorteile des Treugutes erhalten bleibt, höher zu bewerten. Wer einem anderen Kredit gewährt, hat die Möglichkeit, sich dafür eine Sicherheit geben zu lassen. Glaubt er, darauf verzichten zu können, so hat er sich eine etwaige Vermögenseinbuße selbst zuzuschreiben. Die Anwendung der R.O.-Vorschrift auf Treugut über die Fälle der Kreditvortäuschung hinaus bewirkt auch keinen Ausgleich dafür, daß sich nach englischem Recht ein rechtsgeschäftlicher Erwerber eines Rechtes am Treugut, etwa eines Pfandrechtes zur Kreditsicherung, bei Kenntnis oder grobfahrlässiger Unkenntnis der Treuguteigenschaft des betreffenden Gegenstandes nicht auf die Erlaubtheit der Verfügung des Treuhänders verlassen darf, denn die R.O.-Vorschrift greift gerade dann nicht ein, wenn der Treuhänder als solcher zu erkennen war. In den übrigen Fällen, in denen sich der Kreditgeber ohne Kenntnis oder grobfahrlässige Unkenntnis der Treuguteigenschaft ein Pfandrecht am Treugut einräumen ließ, hat er dieses nach den allgemeinen Regeln als „bona fide purchaser for value“ erworben und bedarf im Konkurse des Treuhänders nicht noch des Schutzes der R.O.-Vorschrift, die im übrigen nicht nur ihm zugute kommt, sondern auch allen anderen Gläubigern, selbst solchen, die vom Vorhandensein des Treugutes überhaupt keine Kenntnis hatten.

b) Kontinentale Rechte. – In den kontinentalen Rechten sind die Belange des Treuhandbegünstigten im Konkurse des Treuhänders nur in dem dargestellten Umfange der Treugutaussonderung geschützt. Es sind im folgenden die verschiedenen Grenzen der Treugutaussonderung in den kontinentalen Rechten auf ihre Vertretbarkeit zu untersuchen.

Eine *gegenständliche Begrenzung* der Aussonderung von Treugut findet sich im Schweizer und im französischen Recht. Im *Schweizer* Recht ist die Aussonderung auf fiduziarisch übertragene Inhaber- und Orderpapiere und durch mittelbare Stellvertreter treuhänderisch erworbene bewegliche Sachen beschränkt. Die Begründung für diese Beschränkung des Aussonderungsrechtes ist sehr formal. Die überwiegende Meinung betrachtet Treugut als zum Vermögen des Fiduziars und damit zu dessen Konkursmasse gehörig. Man sieht in Art. 201 SchKG und Art. 401 III OR Ausnahmevorschriften, die man glaubt, nicht ausdehnend dahin interpretieren zu dürfen, daß auch alle übrigen aus dem Vermögen des Fiduzianten an den Fiduziar übertragenen Gegenstände und, was Art. 401 III OR betrifft, auch alle durch mittelbare Stellvertreter erworbenen Immobiliarrechte dem Aussonderungsrecht des Fiduzianten bzw. Auftraggebers unterliegen. Eine derart formale Begründung kann nicht als genügend angesehen werden. Es ist nicht einzusehen, daß ausgerechnet fiduziarisch übertragene Inhaber- und Orderpapiere und durch mittelbare Stellvertreter erworbene bewegliche Sachen nicht zum Vermögen des Fiduziars gehören sollen, wenn dies schon bei allen anderen Gegenständen angenommen wird. Man kann im Ernst auch nicht auf die besondere Häufigkeit fiduziarischer Wertpapierübertragungen hinweisen, denn warum sollte der Fiduziant weniger gebräuchlichen Treugutes nicht ebenso geschützt werden? Dies um so mehr, als JÄGER[6] darauf hinweist, daß bei allgemeiner Zulassung der Treugutaussonderung für die Konkursgläubiger bald nichts mehr zu verteilen übrigbliebe. Die Zulassung der Aussonderung von weniger gebräuchlichem Treugut würde, falls man diesen Gesichtspunkt überhaupt anerkennen wollte, in einer viel geringeren Zahl von Fällen eine Schmälerung der Masse

---

[6] Siehe oben S. 84.

mit sich bringen als die Aussonderung von Wertpapieren. Aber auch vom Wert des Treugutes her betrachtet kann kein Unterschied gefunden werden, denn es dürfte nicht weniger häufig vorkommen, daß Wertpapiere über hohe Beträge fiduziarisch übertragen werden als nicht verbriefte Forderungen oder andere Gegenstände. Der Gesichtspunkt JÄGERS ist zwar als ein sachlicher Einwand anzuerkennen, da er sich zu dem Interesse der Konkursgläubiger an einem möglichst großen Umfange der Konkursmasse bekennt. Jedoch trifft dieser Einwand auch die Aussonderung fiduziarisch übertragener Inhaber- und Orderpapiere, und man vermißt eine Begründung für die hierbei gemachten Ausnahmen. Gegenüber der von GAUTSCHI [7] mit dem Bundesgericht für die Ablehnung der Aussonderung von Grundstücken, die durch mittelbare Stellvertreter erworben wurden, gegebenen Begründung, das Aussonderungsrecht breche sich am öffentlichen Glauben des Grundbuches, kann mit der zitierten Entscheidung der I. Zürcher Appellationskammer eingewendet werden, daß der öffentliche Glaube des Grundprotokolls zwar gegenüber gutgläubigen rechtsgeschäftlichen Erwerbern von Liegenschaftsrechten wirkt, nicht aber auch gegenüber den Gläubigern des Eingetragenen. Ein Gutglaubensschutz der Gläubiger kann, auch wenn diese sich auf das Grundbuch berufen, nicht befürwortet werden, da die Interessen des Treuhandbegünstigten in stärkerem Maße schutzbedürftig sind. Jene haben die Möglichkeit, und zwar anders als im englischen Recht, sogar trotz Kenntnis der Treuguteigenschaft eines Grundstückes sich daran wirksam eine Sicherungshypothek einräumen zu lassen, während der Treuhandbegünstigte vom Treuhänder praktisch niemals eine Sicherheit bekommen wird. Eine Sicherheitsleistung wäre in den Fällen der Sicherungstreuhand geradezu sinnwidrig, weil der Treuhänder selbst gesichert werden soll, und bei der Verwaltungstreuhand mindestens sehr schwer zu erlangen, weil der an der Verwaltung Interessierte der Treuhandbegünstigte ist und dem Treuhänder die Aussicht auf eine etwa versprochene Entlohnung für seine Verwaltungstätigkeit meist keine Sicherheitsleistung wert sein wird.

Eine so weitgehende Versagung des Aussonderungsrechtes muß sich auf die Schaffung von Treuhandverhältnissen lähmend auswirken. Sie steht damit den ständig zunehmenden Bedürfnissen des modernen Wirtschaftslebens nach Verwendung der Treuhand sehr im Wege.

Noch einfacher macht es sich die herrschende Meinung *Frankreichs* bei der Beschränkung des Aussonderungsrechtes auf treuhänderisch vollindos-

---

[7] Zum folgenden vgl. oben S. 94, 97.

sierte Wertpapiere. Sie will nicht wahrhaben, daß der Indossatar Eigentümer am Papier geworden ist, sondern sieht den Indossanten nach wie vor als Eigentümer an. Als solchem steht ihm, wie jedem anderen Eigentümer, das Aussonderungsrecht zu. Es bleibt dann aber unverständlich, warum nicht auch andere an einen prête-nom übertragene oder durch einen solchen von Dritten erworbene Gegenstände in dessen Konkurs als Eigentum des emprunteur de nom behandelt werden. Hier wird plötzlich das Interesse der Konkursgläubiger geschützt, ohne daß diese unterschiedliche Behandlung erklärt wird. Eine vernünftige Erklärung dafür dürfte sich ebensowenig wie für die Schweizer Regelung finden lassen.

Zusammenfassend wird festgestellt, daß eine Grenze für die Treugutaussonderung nach dem Gegenstande des Treugutes als künstlich abgelehnt werden muß.

Eine *Begrenzung* der Treugutaussonderung *nach der Herkunft* des Treugutes findet sich in den Rechtsordnungen der Schweiz, Frankreichs und Deutschlands. Während das französische und deutsche Recht nur die Aussonderung solchen Treuguts zulassen, das aus dem Vermögen des emprunteur de nom bzw. des Treugebers stammt (Unmittelbarkeitsgrundsatz), läßt das Schweizer Recht daneben auch die Aussonderung von beweglichen Sachen zu, die durch einen mittelbaren Stellvertreter für Rechnung des Auftraggebers erworben wurden. Ausnahmsweise kennt das deutsche Recht auch die Aussonderung von Forderungen eines Kommissionärs, die dieser im eigenen Namen für Rechnung des Kommittenten geschaffen hat. Gemeinsam ist allen drei Rechtsordnungen aber die Versagung des Aussonderungsrechtes an solchen Gegenständen, die aus dem eigenen Vermögen des Treuhänders herrühren.

Was zunächst das Unmittelbarkeitsprinzip angeht, so verlangt das Interesse des Auftraggebers die Erstreckung der Treugutaussonderung auch auf den Erwerb durch mittelbare Stellvertreter. Dieses Interesse des Auftraggebers ist nicht geringer zu veranschlagen als dasjenige des Treugebers. Das Aussonderungsrecht des Treugebers kann demgegenüber nicht mit dem Hinweis darauf gerechtfertigt werden, daß der von diesem begehrte Gegenstand zuvor bereits in seinen eigenen Händen war. Vom Augenblick der Weggabe an kann sein wirtschaftliches Interesse am Treugut nicht größer sein als das des Auftraggebers an den vom mittelbaren Stellvertreter erworbenen Gegenständen. Dies erhellt besonders aus dem Falle, daß jemand einen Vermögensgegenstand von einem Dritten erwerben, ihn aber der Verwahrung eines Treuhänders anvertrauen möchte und, um einen u. U. kostspieligen Umweg zu ersparen, den vorgesehenen Treuhänder mit dem Erwerb in dessen eigenem Namen beauftragt. Der Betreffende kann nicht als schutzwürdiger betrachtet werden, wenn er den Umweg wählt und sofort nach seinem Erwerb den Gegenstand auf den Treuhänder überträgt. Es erhebt sich die Frage, ob die Interessen der Konkursgläubiger des mittelbaren Stellvertreters vordringlicher sind als diejenigen der Konkursgläubiger eines Treuhänders, auf den Treugut „unmittelbar" übertragen wurde, und gegebenenfalls, ob die Konkursgläubiger des mittelbaren Stellvertreters schutzwürdiger sind als der Auftraggeber.

Man erkennt hier außer dem schon genannten allgemeinen Interesse der Konkursgläubiger an einem möglichst großen Umfange der Konkursmasse und dem Interesse am Schutz ihres Vertrauens auf den scheinbaren Umfang des Vermögens des späteren Gemeinschuldners ein besonderes Interesse bestimmter Gläubiger, nämlich derjenigen, aus deren Vermögen die vom mittelbaren Stellvertreter erworbenen Gegenstände stammen. Bezüglich der beiden erstgenannten Interessen gilt das schon Gesagte. Insoweit sind die Gläubiger eines mittelbaren Stellvertreters nicht im geringsten schutzwürdiger als die eines Treuhänders, der das Treugut durch unmittelbare Übertragung aus dem Vermögen des Treugebers erworben hat. Das Interesse des Dritten, aus dessen Vermögen der mittelbare Stellvertreter einen Gegenstand erworben hat, bedarf einer näheren Untersuchung.

Hatte der Dritte vor Konkurseröffnung über das Vermögen des mittelbaren Stellvertreters noch nicht geleistet, jedoch von diesem die Gegenleistung schon empfangen, so scheidet er als Gläubiger ohnehin aus. War noch von keiner Seite geleistet oder wenigstens nicht vollständig geleistet worden, so ist nach deutschem Recht, das in diesem Zusammenhang allein interessiert, der Dritte durch die Einrede des nicht erfüllten Vertrages geschützt, und der Konkursverwalter hat das Wahlrecht zwischen Erfüllung des Vertrages oder Ablehnung der Erfüllung. Der Konkursverwalter wird von seinem Ablehnungsrecht immer dann Gebrauch machen, wenn der Dritte seinerseits wertmäßig mehr geleistet hatte als der Gemeinschuldner. Eine Erfüllung des Vertrages ist vollends ausgeschlossen, wenn der Dritte voll geleistet hatte und die Gegenleistung des Gemeinschuldners noch ganz oder teilweise aussteht. Läßt man in diesem Falle die Aussonderung des vom Dritten geleisteten Gegenstandes durch den Auftraggeber zu, so erhält der Dritte u. U. nicht einmal gemeinsam mit den übrigen Konkursgläubigern anteilmäßige Befriedigung aus diesem Gegenstande. Daher läßt sich das Aussonderungsrecht des Auftraggebers nur dann rechtfertigen, wenn dieser dem mittelbaren Stellvertreter, sei es vor oder nach Konkurseröffnung, die Mittel zur vollständigen Bezahlung des Kaufpreises oder sonstigen Entgeltes übergeben hat. Solange dem mittelbaren Stellvertreter seine Aufwendungen, insbesondere die von ihm aufgewendeten Erwerbsmittel, nicht ersetzt sind, steht diesem an dem erworbenen Gegenstande ein Zurückbehaltungsrecht zu, das nach Konkurseröffnung ausgeübt werden kann. Hat der Auftraggeber dem mittelbaren Stellvertreter vollen Aufwendungsersatz geleistet, so steht der Gewährung des Aussonderungsrechtes an ihn nichts mehr im Wege. Der Dritte kann sich als Konkursgläubiger aus dem Wert des von ihm geleisteten Gegenstandes anteilmäßig befriedigen, und der Auftraggeber ist durch den Empfang des vom Gemeinschuldner für seine Rechnung erworbenen Gegenstandes nicht grundlos bereichert. Über eine anteilmäßige Befriedigung aus dem von ihm an den Gemeinschuldner geleisteten Gegenstande hinaus erscheint aber der Dritte grundsätzlich nicht schutzwürdiger als alle übrigen Konkursgläubiger. In dem weiter unten zu behandelnden Falle, daß ein Gläubiger gegen den Gemeinschuldner einen Anspruch auf Leistung eines bestimmten Vermögensgegenstandes hat, ergibt sich eine Ausnahme.

Die vorgenommene Bewertung des Interesses des Dritten gilt nur für den Regelfall, daß dieser eine Geldforderung oder eine Forderung auf sonstige unbestimmte Gegenstände, also eine Gattungsforderung gegen den mittelbaren Stellvertreter hat. Dieser Dritte ist interessenmäßig in derselben Lage wie jeder andere Gläubiger, der an den Gemeinschuldner einen Gegenstand geleistet hat, welcher von diesem nicht für fremde, sondern für eigene Rechnung bei ihm gekauft wurde. Auch dieser Gläubiger ist auf eine Konkursquote beschränkt, die sich durch Mitverwertung des von ihm geleisteten Gegenstandes anteilmäßig erhöht. Der Dritte kann nicht einwenden, der vom Konkursverwalter bei konkursmäßiger Verwertung zu erzielende Erlös hätte höher sein können als der vom Auftraggeber als Aufwendungsersatz bezahlte Betrag, denn gerade er hat sich ja mit diesem Betrag beim Verkaufe des Gegenstandes an den Gemeinschuldner einverstanden erklärt und damit klar zu erkennen gegeben, wie er den Wert des zu veräußernden Gegenstandes einschätzte. Eine etwaige Diskrepanz zwischen Kaufpreis und wirklichem Wert kann nur dem Auftraggeber infolge seiner besseren oder geringeren Geschäftstüchtigkeit zugute kommen bzw. zum Nachteil gereichen. Der Umstand, daß der Dritte im Unterschied zu anderen Gläubigern, die an den Gemeinschuldner einen Gegenstand für dessen eigene Rechnung verkauft haben, mitansehen muß, daß gerade der von ihm geleistete Gegenstand vom Auftraggeber ausgesondert wird, ist höchstens von psychologischer Bedeutung. Er hat durch den Verkauf dieses Gegenstandes mit aller Deutlichkeit zu erkennen gegeben, daß er gerade an diesem Gegenstande wirtschaftlich nicht mehr interessiert ist, und es kann ihm deswegen nicht darauf ankommen, ob dieser gerade vom Auftraggeber durch Aussonderung erworben wird oder von irgendeiner anderen Person durch konkursmäßige Veräußerung. Sein wahres Interesse ist nur auf den Empfang des Kaufpreises gerichtet, auf den allein er auch einen Anspruch hat. Ganz anders hat der Auftraggeber dadurch, daß er sich vom mittelbaren Stellvertreter Leistung gerade dieses Gegenstandes versprechen ließ, deutlich zum Ausdruck gebracht, daß er gerade an ihm wirtschaftlich interessiert ist.

Es könnte gegen die bisherigen Ausführungen eingewendet werden, damit sei zwar die Beschränkung des Dritten auf die Konkursdividende erklärt, nicht aber das Aussonderungsrecht des Auftraggebers. Da dieser ebenso wie der Dritte und jeder andere Gläubiger nur einen obligatorischen Anspruch gegen den Gemeinschuldner habe, nämlich auf Übertragung des von diesem für seine Rechnung erworbenen Gegenstandes, so sei nicht einzusehen, warum er durch Gewährung des Aussonderungsrechtes gegenüber anderen Gläubigern zu bevorzugen sei. Dieser Einwand würde aber auch das von der deutschen Rechtsprechung und überwiegenden Lehre gegebene Aussonderungsrecht an „unmittelbar" übertragenem Treugut treffen. Auch der Treugeber hat einen rein obligatorischen Anspruch gegen den Treuhänder auf Übertragung des Treugutes. Wie dieser, so ist auch der Auftraggeber, der dem mittelbaren Stellvertreter die Mittel zum Erwerb von Gegenständen für seine Rechnung verschafft hat, als der Schöpfer des in den Händen des Gemeinschuldners befindlichen Wertes anzusehen. Zwar ist letzterer beidemale dem Treugeber bzw. Auftraggeber gegenüber eine Verbindlichkeit eingegangen, doch hat er auch in beiden Fällen den zur Erfüllung dieser Verbindlichkeiten ausreichenden Wert erhalten: Im Falle eines durch unmittelbare Übertragung von Treugut geschaffenen Treuhandverhältnisses ist die Rückübertragung des Treugutes geschuldet; das Mittel zur Erfüllung dieser Verpflichtung ist ihm in Gestalt des Treugutes vom Treugeber in die Hand gegeben. Im Falle des Erwerbes eines Gegenstandes durch einen mittelbaren Stellvertreter schuldet dieser die Übertragung des betreffenden Gegenstandes an den Auftraggeber; um seiner Verpflichtung ohne eigene Vermögenseinbuße nachkommen zu können, sind ihm vom Auftraggeber die Mittel zum Erwerbe des Gegenstandes zur Verfügung gestellt worden. Der Unterschied zum ersten Fall besteht nur darin, daß einmal der aus dem Vermögen des Treugebers übertragene Gegenstand selbst geschuldet wird, das andere Mal der mit den aus dem Vermögen des Auftraggebers stammenden Mitteln erworbene Gegenstand. Der Wert des geschuldeten Gegenstandes stammt aber in beiden Fällen allein aus dem Vermögen des Treugebers bzw. des Auftraggebers. Bei Übertragung des geschuldeten Gegenstandes an den Treugeber bzw. Auftraggeber geht daher dem Treuhänder bzw. dem mittelbaren Stellvertreter an eigenem Vermögen wertmäßig nichts verloren. Es ist auf den Umfang des Vermögens des mittelbaren Stellvertreters von keinem Einfluß, ob er die ihm übertragenen Erwerbsmittel an den Auftraggeber zurück- oder den dafür erworbenen Gegenstand weiterüberträgt. In jedem Falle erhält er aus dem Vermögen seines Gläubigers einen Wert, welcher dem Werte der von ihm in Erfüllung seiner Rück- oder Weiterübertragungspflicht zu bewirkenden Leistung entspricht. Insoweit kann also kein sachlicher Unterschied zwischen den Fällen, in denen die Treugutaussonderung zugelassen wird, und den Fällen des Erwerbes von Vermögensgegenständen durch mittelbare Stellvertreter gefunden werden. Nicht anders ist aber der Fall zu beurteilen, wo der Auftraggeber dem mittelbaren Stellvertreter erst nachträglich Aufwendungsersatz leistet, sowohl dann, wenn der mittelbare Stellvertreter den Kaufpreis noch schuldet, als auch in dem Falle, daß dieser die Erwerbsmittel für den Auftraggeber einstweilen ausgelegt hat. Auch in diesem Falle erhält der mittelbare Stellvertreter den Vermögenswert des an den Auftraggeber weiterzuübertragenden Gegenstandes von diesem ersetzt.

Die Versagung des Aussonderungsrechtes an solchen Gegenständen, die von einem mittelbaren Stellvertreter erworben wurden, und die Gewährung des Aussonderungsrechtes an unmittelbar übertragenem Treugut gründet sich danach auf einen rein äußerlichen Unterschied nach der Herkunft des betreffenden Gegenstandes. Eine solche Regelung kann nicht gutgeheißen werden, da sie sachlich gleichgelagerte Tatbestände ungleich behandelt.

Das englische und das Schweizer Recht kennen den Unmittelbarkeitsgrundsatz nicht. Der Auftraggeber kann in beiden Rechtsordnungen nach Ersatz der Aufwendungen des mittelbaren Stellvertreters die von diesem für seine Rechnung erworbenen Gegenstände in dessen Konkurs aussondern. Diese Regelung ist der deutschen und französischen vorzuziehen.

Während es im englischen Recht, was die Herkunft des Treugutes angeht, für dessen Aussonderbarkeit auch nicht darauf ankommt, ob das Treugut aus einem für den Treuhänder fremden Vermögen oder aus seinem eigenen stammt, gibt das Schweizer Recht im letzteren Falle kein Aussonderungsrecht, um so weniger das deutsche und das französische Recht. Die Feststellung der wirklichen Grenzen des Treuhandverhältnisses hat ergeben, daß im englischen Recht nach der Struktur und den Rechtswirkungen des Treuhandverhältnisses auch die Fälle als Treuhandverhältnisse anzusehen sind, in denen sich jemand an einem bisher zu seinem eigenen Vermögen gehörigen Gegenstande zum Treuhänder für einen anderen bestellt. Da es, wie schon betont, für die kontinentalen Rechte wenig Sinn hätte, ein Rechtsverhältnis, das zwar der Struktur nach, nicht aber auch in den Rechtswirkungen dem Treuhandverhältnis gleicht, als solches zu bezeichnen, sollen nunmehr diejenigen Rechtsverhältnisse, die die Struktur des Treuhandverhältnisses aufweisen, ohne aber mit dessen Rechtswirkungen ausgestattet zu sein, daraufhin untersucht werden, ob man – von der Interessenlage aus gesehen – nicht auch ihnen die Wirkung der Aussonderungsfähigkeit der ihnen unterliegenden Gegenstände im Konkurse desjenigen beilegen sollte, dem sie als Eigentümer usw. zustehen.

Die Struktur des Treuhandverhältnisses ist in jedem Rechtsverhältnis zu erkennen, auf Grund dessen der Eigentümer usw. eines Gegenstandes verpflichtet ist, diesen Gegenstand im Interesse eines anderen zu verwalten und ihn nach Beendigung der Verwaltung auf diesen zu übertragen. Diese Voraussetzungen erfüllt das Rechtsverhältnis zwischen Käufer und Verkäufer (soweit das Eigentum nicht schon mit Abschluß des Kaufvertrages übergeht, wie dies außer bei Grundstücken z. B. im englischen und französischen Recht geschieht), zwischen Schenker und Beschenktem und zwischen den Parteien eines Tauschvertrages. Ferner erkennt man diese Struktur auch in den Rechtsverhältnissen, in welchen eine Person kraft Gesetzes verpflichtet ist, einen Vermögensgegenstand auf einen anderen zu übertragen, z. B. nach den Vorschriften über ungerechtfertigte Bereicherung. Als Hauptbeispiel mag im folgenden das Rechtsverhältnis zwischen Käufer und Verkäufer dienen. Es ist wiederum von der Interessenlage auszugehen. Der Käufer hat ein Interesse daran, daß der gekaufte Gegenstand trotz Konkurseröffnung über das Vermögen des Verkäufers ausschließlich seinen eigenen wirtschaftlichen Belangen diene und deswegen nicht in die Konkursmasse gezogen werde. Dem stehen die Interessen der anderen Gläubiger des Verkäufers gegenüber. Ähnlich wie im Falle des Konkurses eines mittelbaren Stellvertreters sind hier gewisse Sonderinteressen solcher Gläubiger im Spiele, die an den Gemeinschuldner den von diesem verkauften Gegenstand ihrerseits verkauft und übertragen hatten. Diese Interessen unterscheiden sich, wie schon erwähnt, von denen der Gläubiger eines mittelbaren Stellvertreters nicht und verdienen ebensowenig wie jene einen stärkeren Schutz gegenüber den anderen Konkursgläubigern. Durch den Verkauf haben sie klar zu erkennen gegeben, daß sie an dem verkauften Gegenstand wirtschaftlich nicht mehr interessiert sind, und es kann ihnen nur auf die Erlangung des Kaufpreises ankommen. Voraussetzung für das Gesagte ist jedoch hier wie in den Fällen der mittelbaren Stellvertretung, daß der die Aussonderung Begehrende, in dem gewählten Beispiel also der Käufer, den Kaufpreis bereits bezahlt hat oder vor Entgegennahme des gekauften Gegenstandes bezahlt. Es bleiben demnach die allgemeinen Interessen aller Konkursgläubiger an einem möglichst großen Umfang der Konkursmasse und am Schutze ihres etwa auf den scheinbaren Umfang des gemeinschuldnerischen Vermögens gegründeten Vertrauens, d. h. im vorliegenden Falle darauf, daß der betreffende Gegenstand noch nicht verkauft war.

Das Aussonderungsrecht des Käufers kann daher, ebenso wie das des Auftraggebers eines mittelbaren Stellvertreters, nur mit solchen Gründen versagt werden, die gleichzeitig auch das Aussonderungsrecht des Treugebers, der aus seinem eigenen Vermögen an den Gemeinschuldner Treugut übertragen hatte, zu Fall bringen müssen. Die Interessenlage ist ein und dieselbe: Der die Aussonderung Begehrende hat einen obligatorischen Anspruch gegen den Gemeinschuldner auf Leistung eines Gegenstandes, der sich zu vollem Recht, z. B. zu Eigentum, in dessen Händen befindet. Man erkennt nur zwei Unterschiede zwischen diesen beiden Fällen: einmal den, daß der vom Gemeinschuldner zu leistende Gegenstand nicht aus dem Vermögen des Käufers stammt; zum anderen den, daß der Verkäufer den verkauften Gegenstand normalerweise nur sehr kurze Zeit zu verwalten hat, wobei sich seine Verwaltungstätigkeit meist auf eine gewöhnliche Verwahrung beschränkt. Auf diese Unterschiede kann es aber nicht entscheidend ankommen. Der erste ist wiederum ein rein äußerer nach der Herkunft des geschuldeten Gegenstandes. Wollte man, was den an zweiter Stelle genannten Unterschied betrifft, die Aussonderung je nach Art und Dauer der Verwaltungstätigkeit der Person, die zur Übertragung eines Gegenstandes auf den an der Verwaltung wirtschaftlich Interessierten verpflichtet ist, zulassen oder versagen, so würde sich damit nicht nur der Umfang der bisher allgemein zugelassenen Treugutaussonderung notwendig verringern und von Fall zu Fall geprüft werden müssen, welche Verwaltungstätigkeit des Treuhänders mit Übertragung des Treugutes bezweckt war (man denke an die Fälle der Sicherungsübereignung, wo die Tätigkeit des Treuhänders vielfach über eine bloße Verwahrung nicht hinausgeht), sondern es wäre hierdurch auch die ungleiche Behandlung der Fälle nicht erklärt, wo zwischen Käufer und Verkäufer eine längerdauernde und kompliziertere Verwaltung des Kaufgegenstandes durch letzteren vereinbart wurde.

Endlich würde auch eine Betonung des Treuegedankens nicht weiterhelfen, da sowohl bei unmittelbarer Treugutübertragung als auch im Falle des Kaufes der Schuldner des übertragenen bzw. des gekauften Gegenstandes gleichermaßen zu getreuer Verwaltung verpflichtet ist und diesem insofern beidemal der geschuldete Gegenstand „anvertraut" ist. Man kann auch nicht darauf hinweisen, daß in den klassischen Fällen der Treuhand der Treugeber sich die Person seines Vertrauens ausgesucht habe, während der Käufer den Verkäufer nicht in erster Linie nach dem Gesichtspunkt der Vertrauenswürdigkeit der Person, mit der er in Rechtsbeziehungen tritt, auswähle, sondern nach der Günstigkeit des Angebotes. Abgesehen davon, daß der Käufer gerade deswegen eher einen stärkeren Schutz verdient, weil er gewöhnlich in seiner Wahl beschränkter ist als der Treugeber, hat sich der Treugeber im Falle der Sicherungsübereignung auch an die oft sehr beschränkte Zahl von Möglichkeiten zu halten und muß das Treugut eben einer solchen Person anvertrauen, die gerade bereit ist, ihm dafür Kredit zu gewähren. In den anderen Fällen, in denen jemand kraft Gesetzes die Leistung eines Vermögensgegenstandes schuldet, kann sich der Gläubiger seinen Schuldner überhaupt nicht aussuchen, und das Schicksal des ihm geschuldeten Gegenstandes ist einer Person anvertraut, auf deren Auswahl er keinen Einfluß ausüben konnte. Eine gerechte Bewertung der Interessen des Treugebers und desjenigen, der kraft Gesetzes die Übertragung eines Gegenstandes zu fordern hat, läßt den letzteren mindestens ebenso schutzwürdig, wenn nicht noch schutzwürdiger erscheinen als den ersteren. Wer die Möglichkeit hat, sich den Schuldner eines Vermögensgegenstandes, an dem er wirtschaftlich interessiert ist, auszusuchen, hat seine Enttäuschung vielfach seiner zu großen Vertrauensseligkeit zuzuschreiben; wem aber diese Möglichkeit genommen oder doch in beschränkterem Umfange gegeben ist, dem kann eine eigene Unvorsichtigkeit überhaupt nicht oder nicht in gleichem Maße entgegengehalten werden.

Es bleibt sonach einzig und allein bei dem Unterschied, daß im Falle der „unmittelbaren" Übertragung das Treugut aus dem Vermögen des Treugebers stammt und im Falle des Kaufes der gekaufte Gegenstand aus dem Vermögen des Verkäufers. Dieser Unterschied nach der Herkunft des geschuldeten Gegenstandes wurde bereits mehrfach als rein äußerlich bezeichnet. Der ungleichen Behandlung von Treugut und gekauften Gegenständen liegt mithin ein sachfremder Gesichtspunkt zugrunde, weshalb sie überwunden werden sollte.

Kann auch die Herkunft des Treugutes für eine verschiedenartige Behandlung desselben nicht maßgebend sein, so ist erwiesen, daß alle in den kontinentalen Rechtsordnungen der Aussonderung von ursprünglichem

Treugut gezogenen Grenzen vom Standpunkt einer gerechten Interessenabwägung aus unhaltbar sind. Es bleibt nun noch die in England durch den „Bestimmtheitsgrundsatz" der Treugutaussonderung gesetzte Grenze auf ihre Sachgemäßheit hin zu überprüfen.

c) Begrenzung der Treugutaussonderung durch den Bestimmtheitsgrundsatz. – Die Interessenlage stellt sich folgendermaßen dar: Da jeder, der gegen den Gemeinschuldner einen Anspruch auf Leistung eines bestimmten Gegenstandes hat, diesen als Treugut aussondern kann, kommen als Konkursgläubiger nur solche Personen in Betracht, denen gegen den Gemeinschuldner eine Forderung auf Leistung unbestimmter Gegenstände zusteht, also Gläubiger von Gattungsforderungen. Diese Gläubiger können nur ein ganz allgemeines Interesse daran haben, daß die Konkursmasse möglichst groß gehalten werde, und allenfalls noch, daß ihr Vertrauen auf den Umfang des gemeinschuldnerischen Vermögens geschützt werde. Dies letzte Interesse wurde schon mehrmals erörtert; bezüglich des Interesses der Konkursgläubiger an einer großen Konkursmasse sei noch folgendes ausgeführt: Dieses Interesse richtet sich gegen jede Aussonderung überhaupt. Die Frage, ob es gegenüber den Belangen einer Person, die einen Gegenstand als ihr Eigentum oder ihr sonstiges Vollrecht gegen die Masse in Anspruch nimmt, höher zu bewerten ist, braucht nicht geprüft zu werden. Das Aussonderungsrecht des Eigentümers ist über jeden Zweifel erhaben und wohl in allen modernen Rechten anerkannt. Zu beantworten ist hingegen die Frage, ob es gerechtfertigt ist, das genannte Interesse der sonstigen Konkursgläubiger geringer zu bewerten als dasjenige solcher Personen, denen das Aussonderungsrecht an Gegenständen gewährt wird, die im Eigentum oder sonstigen Vollrechte des Gemeinschuldners stehen.

Ist innerhalb der Gruppe derjenigen, die gegen den Gemeinschuldner einen Anspruch auf Leistung eines bestimmten, in dessen Eigentum usw. stehenden Gegenstandes haben, eine unterschiedliche Bewertung der Interessen nicht möglich, so gibt es – rein logisch betrachtet – für den Fall, daß die Interessen der übrigbleibenden Konkursgläubiger denjenigen dieser Aussonderungsberechtigten gleichzuachten sind und kein sonstiger sachlicher Gesichtspunkt für eine verschiedene Behandlung gefunden wird, zwei Möglichkeiten einer gerechten Regelung: entweder man gibt auch den übrigen Konkursgläubigern ein Aussonderungsrecht, oder man versagt jede Treugutaussonderung schlechthin. Die erste Möglichkeit scheidet aus, da ein Aussonderungsrecht schon begrifflich das Vorhandensein eines bestimmten Gegenstandes, dessen Aussonderung begehrt wird, voraussetzt. Den Konkursgläubigern kann auch dadurch nicht geholfen werden, daß man etwa an jeden einen beliebigen Massegegenstand im Werte ihrer Forderung herausgibt, denn wenn dies bei gleichmäßiger Berücksichtigung aller Konkursgläubiger möglich wäre, so hätte es der Eröffnung des Konkursverfahrens nicht bedurft. Die begriffliche und tatsächliche Unmöglichkeit, den Gläubigern unbestimmter Gegenstände im Konkurse ihres Schuldners ein Aussonderungsrecht zu gewähren, setzt der Treugutaussonderung eine endgültige, unüberschreitbare Grenze. Aus dieser Erkenntnis ergibt sich auch die Begründung für die Güte der im englischen Recht dem Treuhandverhältnis gezogenen Grenze. Da es die Aussonderung von Treugut bis zur natürlichen Grenze der Aussonderungsmöglichkeit überhaupt zuläßt, bezeichnet man in England mit vollem Recht alle innerhalb dieser Grenze befindlichen Rechtsverhältnisse als Treuhandverhältnisse. Die jenseits der „Bestimmtheitsgrenze" liegenden Rechtsverhältnisse können den Rechtswirkungen des Treuhandverhältnisses nicht zugänglich gemacht werden, so daß also im englischen Recht die endgültige Grenze des Begriffes Treuhandverhältnis erreicht ist.

Zu prüfen ist nunmehr, ob die Interessen derjenigen, die vom Gemeinschuldner die Leistung unbestimmter Vermögensgegenstände zu fordern haben, gegenüber denjenigen der Treuhandbegünstigten geringer zu bewerten sind oder ob sie diesen gleichgeachtet werden können und ob, falls das letztere zutrifft, etwa ein anderer sachlicher Gesichtspunkt die Treugutaussonderung bis zur Grenze des Bestimmtheitsgrundsatzes als gerechtfertigt erscheinen läßt.

Die Zulassung der Treugutaussonderung bis zur natürlichen Grenze des Treuhandverhältnisses hat praktisch häufig zur Folge, daß für die Konkursgläubiger nurmehr wenig zur Verteilung übrigbleibt. Von dieser Folge werden insbesondere diejenigen Gläubiger betroffen, die wegen unerlaubter Handlungen des Gemeinschuldners gegen diesen eine Schadensersatzforderung in Geld haben; in gleichem Maße haben unter dieser Folge auch solche Gläubiger zu leiden, die ursprünglich einen Anspruch auf Leistung eines bestimmten Gegenstandes gegen den Gemeinschuldner hatten, der sich aber infolge einer Forderungsverletzung seitens des Gemeinschuldners in einen Geldanspruch verwandelt hat – kurz, alle Gläubiger von Gattungsforderungen. Unter den Gläubigern, die auf die meist sehr kleine Konkursdividende beschränkt sind, finden sich also nicht nur solche, die von Anfang an unbestimmte Gegenstände zu fordern hatten, sondern auch solche, die bei einwandfreiem Verhalten des Gemeinschuldners den von ihnen beanspruchten Gegenstand als Treugut hätten aussondern können. Der Konkurs ihres Schuldners kann also Gläubigern mit Anspruch auf

Leistung bestimmter Gegenstände gleichermaßen Verluste bringen wie solchen mit Anspruch auf Leistung unbestimmter Gegenstände. Eine unerlaubte oder vertragswidrige Handlung einer Person, durch welche dem Betroffenen ein Anspruch auf Schadensersatz in Geld entsteht, setzt jedermann denselben Gefahren für den Fall des Konkurses dieser Person aus. Niemand kann sich dagegen schützen, außer er betreibe noch rechtzeitig die Zwangsvollstreckung. Bei einer bevorzugten Behandlung des einen oder anderen Gläubigers durch den Gemeinschuldner vor Verlust seiner Verfügungsbefugnis durch Befriedigung oder Sicherstellung oder, was einem solchen Vorgehen gleichzustellen ist, durch Konkretisierung von Gattungsschulden (etwa Bündelung von Geldscheinen mit Namensaufschrift des Gläubigers) können die allgemeinen Regeln über Konkursanfechtung Abhilfe schaffen [8].

Es liegt in der Natur des Konkursverfahrens, daß diejenigen Gläubiger des Gemeinschuldners, welche vor Konkurseröffnung Befriedigung oder irgendeine Art von Sicherung ihrer Forderungen erlangt haben, abgesehen von den Fällen der Anfechtbarkeit von Rechtshandlungen des Gemeinschuldners vor Konkurseröffnung, an der Verlustgemeinschaft nicht teilnehmen. So sehr oder sowenig wie diese Gläubiger durch einen Zufall einem Vermögensverlust entrinnen und die übrigen Gläubiger auf die Konkursdividende beschränkt werden müssen, so sehr oder sowenig kann es als Zufall angesehen werden, wenn diejenigen Gläubiger, die – wiederum von den der Konkursanfechtung unterliegenden Fällen abgesehen – zum Zeitpunkt der Konkurseröffnung einen Anspruch auf Leistung bestimmter Vermögensgegenstände haben, aus der Verlustgemeinschaft ausscheiden, während die übrigen auf die Konkursdividende beschränkt sind. Die Startbedingungen sind also für beide Arten von Gläubigern dieselben. Es zeigt sich aber, daß für die Gläubiger mit einer Forderung auf Leistung bestimmter Gegenstände das Ziel näher liegt als für die anderen Gläubiger. Ein schon von vornherein oder doch vor Konkurseröffnung durch Konkretisierung bestimmter Vermögensgegenstand, den der Gemeinschuldner zu leisten hat, ist wirtschaftlich dem Vermögen des Gemeinschuldners bereits entrückt. Der Schuldner kann auch rechtlich nicht mehr anderweitig über diesen Gegenstand verfügen, ohne sich damit einer Forderungsverletzung schuldig zu machen. Ist aber der Leistungsgegenstand noch unbestimmt, so steht zwar fest, daß er sich im Vermögen des Gemeinschuldners befindet, doch ist diesem die Auswahl freigestellt. Der zu leistende Gegenstand ist wirtschaftlich und rechtlich noch fest mit dem gemeinschuld-

[8] Hierüber vgl. das folgende Kapitel über das deutsche Recht, unten S. 160 ff.

nerischen Vermögen verbunden. Der Schuldner hat im ersten Falle mit aller Deutlichkeit zu erkennen gegeben, daß er an diesem bestimmten Vermögensgegenstand wirtschaftlich nur noch insofern interessiert ist, als er ihn bis zur Bewirkung der Gegenleistung zurückbehalten kann. Im Falle einer kraft Gesetzes entstandenen Verpflichtung zur Leistung eines bestimmten Gegenstandes ist aus dem Gesetz selbst zu entnehmen, daß ein etwa doch vorhandenes wirtschaftliches Interesse des Schuldners an dem zu leistenden Gegenstande nicht schutzwürdig ist. Im Falle der Unbestimmtheit oder der nur gattungsmäßigen Bestimmtheit des geschuldeten Gegenstandes ist es unmöglich, dem Schuldner an dem Leistungsgegenstand ein eigenes wirtschaftliches Interesse abzusprechen. Er weiß noch gar nicht, welchen Gegenstand aus seinem Vermögen er nun gerade leisten wird.

Die bisherigen Erwägungen bezogen sich auf das unterschiedliche Interesse am Leistungsgegenstande bei Stück- und Gattungsschulden auf seiten des Schuldners. Auf seiten der Gläubiger von Spezies- und Gattungsforderungen kann aber eine verschiedene Bewertung der Interessen nicht erfolgen. Das Interesse jeder der beiden Arten von Gläubigern erscheint gleichermaßen schutzwürdig. Das wirtschaftliche Interesse an ausstehendem Gelde kann nicht geringer sein als das an einer noch nicht übereigneten Speziessache. Das Interesse des Kondiktionsgläubigers, der infolge Vermischung oder Verarbeitung des zu fordernden Gegenstandes seitens des späteren Gemeinschuldners einen bestimmten Gegenstand nicht mehr zu fordern hat, kann dem Interesse desjenigen Kondiktionsgläubigers, der die ohne Rechtsgrund an den späteren Gemeinschuldner gelangte Sache noch bestimmt zu bezeichnen vermag, schwerlich nachgestellt werden[9]. Daraus ergibt sich, daß der Bestimmtheitsgrundsatz vom reinen Interessenstandpunkt der Gläubiger aus ebensowenig eine angemessene Grenze für die Treugutaussonderung abgibt wie die kontinentalrechtlichen Grenzen. Eine weitere Hinausverlegung der Grenze ist aber nicht möglich. Die Konsequenz wäre hiernach, auf die Treugutaussonderung überhaupt zu verzichten. Die Betrachtung des englischen, Schweizer und französischen Rechtes hat aber ergeben, daß auch dort überall die Aussonderung von Treugut, wenn auch in verschiedenem Umfange, zugelassen wird. Die Gewährung des Aussonderungsrechtes an den Treuhandbegünstigten entspringt einem elementaren Gerechtigkeitsdenken und wirtschaftlichen Bedürfnis, und jeder Versuch, die Treugutaussonderung gänzlich zu versagen, wäre ein Rückschritt.

[9] Vgl. v. Caemmerer, Rechtsvergleichung und Reform der Fahrnisübereignung: RabelsZ 12 (1938/39) 675 ff. (700).

Wenn die Untersuchung der Interessen auf der Gläubigerseite die Unbrauchbarkeit der verschiedenen Abgrenzungen der Treugutaussonderung erwiesen hat, so müssen diese vom Schuldnerinteresse her überprüft werden. Auf seiten des Schuldners kann vernünftigerweise ein unterschiedliches Interesse am Leistungsgegenstande nur zwischen bestimmten und unbestimmten Gegenständen gesehen werden. Soweit es sich um bestimmte Leistungsgegenstände handelt, kann für ihn kein unterschiedliches Interesse danach bestehen, ob nun der geschuldete Gegenstand aus dem Vermögen des Gläubigers, aus dem eines Dritten oder aus seinem eigenen Vermögen stammt, noch weniger danach, welche gegenständliche Beschaffenheit dieser gerade aufweist. Ferner kann der Schuldner kein größeres Interesse an der Erfüllung haben, wenn ihm der geschuldete Gegenstand für eine längere Zeit zur Verwaltung übertragen wurde, als in einem Falle, wo es dem Gläubiger auf eine möglichst rasche Übertragung des ihm geschuldeten Gegenstandes ankommt und die Verwahrungspflicht des Schuldners nur eine notwendige Begleiterscheinung des Verpflichtungsgeschäftes ist. Endlich kann der Schuldner nicht mehr und nicht weniger an der Erfüllung interessiert sein, ob er rechtsgeschäftlich oder kraft Gesetzes verpflichtet ist.

Hat sich der Bestimmtheitsgrundsatz auch vom Gesichtspunkt der Gläubigerinteressen aus so wenig wie alle übrigen Grenzziehungen bewährt, so hat er diesen gegenüber doch den Vorzug, eine klare Scheidung der Schuldnerinteressen zu ermöglichen und damit eine Grenze für die Treugutaussonderung zu ergeben, die nicht – wie die übrigen Grenzen – dem Vorwurf ausgesetzt ist, auf rein äußerlichen und sachfremden Kriterien zu beruhen. Die unterschiedliche Interessenlage auf seiten des Schuldners muß sich in dessen Konkurs auswirken. Der Fall, daß jemand sich zur Leistung eines bestimmten Gegenstandes lediglich verpflichtet hat, ist dem, daß dieser Gegenstand von ihm in Erfüllung der Verpflichtung bereits übertragen wurde, im wesentlichen gleichzuachten: In beiden Fällen hat der Schuldner bekundet, daß ihm, spätestens nach Erhalt der Gegenleistung, an dem betreffenden Gegenstande wirtschaftlich nichts mehr liegt. Der eine Unterschied, der darin besteht, daß der Schuldner vor Übertragung des Gegenstandes über diesen noch verfügen kann, darf nicht ins Gewicht fallen, denn durch eine anderweitige Verfügung würde sich der Schuldner ins Unrecht setzen. Es kann daher insofern die englische und französische Regelung, wonach außer bei Grundstücken sofort mit Kaufabschluß das Eigentum auf den Käufer übergeht, nur gutgeheißen werden. Die oben gemachte Unterscheidung zwischen den Interessen der Speziesschuldner und denen der Gattungsschuldner findet sich im französischen Recht auch insofern bestätigt, als ein sofortiger Eigentumsübergang mit Kaufabschluß nur dann stattfindet, wenn der Leistungsgegenstand von vornherein bestimmt ist, und das Eigentum im Falle des Gattungskaufes erst im Augenblick der Konkretisierung auf den Käufer übergeht. War der Leistungsgegenstand bei Konkurseröffnung noch nicht konkretisiert, also noch unbestimmt, so erhält der Käufer nur die Konkursquote. Insoweit geht also im Ergebnis der Schutz des Gläubigers einer auf Leistung bestimmter Gegenstände gerichteten Forderung über das Aussonderungsrecht im Konkurse des Verkäufers hinaus. Letzterer kann sogar vor Konkurseröffnung, abgesehen von den Fällen des gutgläubigen Erwerbes Dritter, über den verkauften Gegenstand nicht mehr wirksam verfügen.

Der Bestimmtheitsgrundsatz stellt sich nach alledem als sachlich gerechtfertigte Grenze für die Treugutaussonderung dar, und es erscheint erstrebenswert, alle Rechtsverhältnisse, auf Grund welcher jemand einen Anspruch auf Leistung eines bestimmten Gegenstandes hat, der sich im Eigentum usw. der Person befindet, gegen die der Anspruch gerichtet ist, als Treuhandverhältnisse zu bezeichnen.

d) Das Verbot der Surrogation von Treugut. – Nach der vorangegangenen Analyse der Interessenlage bleibt über die Frage, wie die Einstellung der verschiedenen Rechtsordnungen zur Treugutsurrogation zu bewerten ist, nicht mehr viel zu sagen. Da die Fälle des Erwerbes von Treugut durch mittelbare Stellvertreter regelmäßig bereits solche der Surrogation von Treugut sind, kann insoweit auf das früher Gesagte verwiesen werden [10]. Die Interessenlage ist aber in allen übrigen Fällen, in denen der Treuhänder einen Vermögensgegenstand als Ersatz für Treugut erlangt, nicht anders zu beurteilen. Immer wenn ein Schuldner nach dem Inhalt des Schuldverhältnisses auch zur Leistung des Ersatzgutes verpflichtet ist, trifft das bisher Ausgeführte zu. Als einzig mögliche und sachgemäße Grenze ist auch für die Treugutsurrogation der Grundsatz der Bestimmtheit des Treuguts anzuerkennen. Wenn Surrogate von der Masse nicht mehr unterscheidbar sind, so besteht nurmehr ein Anspruch auf Leistung unbestimmter Gegenstände, der aus den dargestellten Gründen nicht gleichermaßen geschützt werden kann wie die ursprüngliche Forderung. Das Surrogationsverbot ist eine künstlich eingeführte Schranke für die Treugutaussonderung, durch die man im Wege verschiedenartiger Behandlung gleichgelagerter Fälle die Konkursmasse großzuhalten versucht.

---

[10] Siehe oben S. 144 ff.

6. Kapitel

Folgerungen für das deutsche Recht

Im vorausgehenden Kapitel wurde die englische Regelung der Behandlung von Treugut im Konkurse des Treuhänders, von geringfügigen Ausnahmen abgesehen, sowohl hinsichtlich der rechtlichen Konstruktion der Rechtszuständigkeit des Treuhandbegünstigten als auch dem Umfange der Treugutaussonderung nach als die angemessenste, ja, einzig sachgemäße Lösung erkannt. Es sollen nun abschließend die sich daraus für das deutsche Recht bezüglich der rechtlichen Konstruktion und des Umfanges der Treugutaussonderung ergebenden Folgerungen gezogen werden, wobei die Hindernisse, die einer Übernahme der englischen Regelung im Wege stehen, ebenso wie die Möglichkeit ihrer Beseitigung aufzuzeigen sein werden.

A. RECHTLICHE KONSTRUKTION DER TREUGUT-AUSSONDERUNG

Zur Begründung der vom deutschen Recht zugelassenen Treugutaussonderung sind zahlreiche verschiedene Theorien aufgestellt worden [1]; es kann nicht Aufgabe dieser Arbeit sein, sich mit ihnen auseinanderzusetzen. Da die Begründung des englischen Rechts für die Aussonderung von Treugut als die angemessenste und alle Fälle derselben deckende erachtet wurde, interessiert hier nur die Frage, ob und inwieweit eine solche Konstruktion des Aussonderungsrechtes sich im deutschen Recht durchführen läßt.

Das Aussonderungsrecht läßt sich nur aus der Rechtszuständigkeit des Aussonderungsberechtigten an dem begehrten Gegenstande erklären. Wenn der Eigentümer einer Sache oder der Gläubiger einer Forderung die Sache oder die Forderung aussondert, so tut er dies kraft seines Eigentümer- oder

[1] Eine Aufzählung der einschlägigen Literatur findet sich bei JÄGER, Anm. 38 zu § 43 KO.

Gläubigerrechtes an dem betreffenden Gegenstand. Der Treuhandbegünstigte des englischen Rechtes sondert nicht als Inhaber des legal title aus. Sein Aussonderungsrecht ist vielmehr eine der ihm als Inhaber des beneficial interest gegenüber Dritten am Treugut zustehenden Befugnisse. Als solcher ist er im englischen Recht nicht nur gegen Zugriffe der Gläubiger des Treuhänders auf das Treugut geschützt, sondern auch weitgehend gegen unerlaubte rechtsgeschäftliche Verfügungen des Treuhänders. Dem deutschen Recht ist eine solche Spaltung des Eigentums in den förmlichen Titel und den materiellen Gehalt dieses Rechtes unbekannt. Sie läßt sich im deutschen Recht in dem Umfange, wie dies in England geschieht, nicht ohne einen Eingriff in grundlegende Strukturprinzipien unseres Rechtes durchführen. Die von GUBLER [2] für das Schweizer Recht angeführten Gesichtspunkte stehen auch einer Rezeption des englischen trust im deutschen Recht entgegen. Wenn man zwar an dem „monistischen Rechtssystem" festhalten wollte, aber das Begünstigtenrecht als beschränktes dingliches Recht zu konstruieren versuchte, so würde damit, wie GUBLER m. E. richtig bemerkt, neben anderen Grundsätzen der „numerus clausus" der Sachenrechte erschüttert werden, der nicht nur um ein einziges dingliches Recht zu erweitern wäre, sondern auf den überhaupt verzichtet werden müßte, da der Inhalt des Begünstigtenrechtes von Fall zu Fall ganz verschieden sein kann. Die nur im Schuldrecht anerkannte Vertragsfreiheit würde auch auf das Gebiet der dinglichen Verträge übergreifen. Ob eine solche Strukturveränderung unseres Rechtes wünschenswert wäre, ist hier nicht zu erwägen.

Diese Schwierigkeiten treten jedoch nur dann auf, wenn man versucht, den persönlichen Anspruch des Treuhandbegünstigten gegen den Treuhänder mit einem Rechtsschutz auszustatten, der den Begünstigten vor unerlaubten rechtsgeschäftlichen Verfügungen des Treuhänders bewahrt, nicht dagegen, wenn man den Rechtsschutz auf das Aussonderungsrecht (und die Drittwiderspruchsklage in der Einzelzwangsvollstreckung gegen den Treuhänder) beschränkt. Das Beispiel des englischen Rechtes zeigt, daß eine Verstärkung des obligatorischen Anspruchs des Begünstigten durch Befugnisse gegen Dritte nicht notwendig durch Gewährung eines vollen „dinglichen Rechtes", das gegenüber jedermann wirkt, zu erfolgen braucht. Die Verstärkung der Rechtsstellung des cestui que trust, also der Ausbau der Rechtszuständigkeit des Treuhandbegünstigten, hat sich dort erst ganz allmählich vollzogen, so daß die Summe der Befugnisse des cestui que trust erst nach dem heutigen Stande mit einer eigentümerähnlichen Rechtszu-

[2] GUBLER 348a ff.

ständigkeit vergleichbar ist. Vielleicht bedeutet die Gewährung des Aussonderungsrechtes (und der Drittwiderspruchsklage) an den Treugeber den ersten Schritt der deutschen Rechtsprechung zu einem ebenso umfassenden Ausbau des Begünstigtenrechtes wie in England. Wenn man die Zulassung der Treugutaussonderung im deutschen Recht in diesem Sinne als *Frühstufe der Verdinglichung des Begünstigtenrechtes* betrachtet (unabhängig davon, ob man einen weiteren Ausbau in absehbarer Zeit für möglich und wünschenswert hält oder nicht), so drängt sich einem der Gedanke auf, daß es sich bei dem Aussonderungsrecht des Treuhandbegünstigten um einen spezifischen Schutz seines zunächst nur durch einen obligatorischen Anspruch gegen den Treuhänder geschützten wirtschaftlichen Interesses am Treugut handelt und daß damit auch das deutsche Recht das „beneficial interest" des Treuhandbegünstigten, wenigstens im Konkurse des Treuhänders, dem „legal title" des Treuhänders vorzieht.

So sehr das Eigentum als einheitliches Ganzes zu betrachten ist, im Konkurse des Treuhänders muß es als in seine Teile zerlegbar angesehen werden, wenn man überhaupt zu einer den wahren Verhältnissen angemessenen Begründung des Aussonderungsrechtes des Treuhandbegünstigten gelangen will. Diese Notwendigkeit hat das Reichsgericht schon frühzeitig erkannt [3]. Es wäre unrichtig, dem Reichsgericht den Vorwurf zu machen, es wolle mit seiner Unterscheidung zwischen rechtlichem und wirtschaftlichem Eigentum den Eigentumsbegriff im ganzen aufspalten [4]. Der Vorwurf kann sich höchstens gegen die Benennung dessen richten, was das Reichsgericht in Wirklichkeit meint. Die Bezeichnung der Rechtszuständigkeit des Treuhandbegünstigten als „materiell-wirtschaftliches Eigentum" könnte den Eindruck erwecken, als ob diesem neben seinem Aussonderungsrecht auch Befugnisse gegenüber solchen Dritten zu gewähren seien, die vom Treuhänder durch Rechtsgeschäft Rechte am Treugut erwerben. Derartige Folgen aus dem „wirtschaftlichen Eigentum" abzuleiten, ist, wie gesagt, ohne eine grundlegende Strukturveränderung des deutschen Rechtes nicht möglich. Eine solche Konsequenz ist vom Reichsgericht aber auch gar nicht gewollt [5]. Es hieße jedoch die Bedeutung der genannten Unterscheidung des Reichsgerichts verkennen, wenn man im „materiellen Eigentum" nicht einen neuen Rechtsbegriff erblicken würde, sondern es als eine

---

[3] Dieser Gedanke kommt in RGZ 91, 14 besonders klar zum Ausdruck.

[4] So SCHUMACHER, Treuhand und Reichsgericht (Diss. Köln 1931) 28; KATZMANN (oben S. 125 N. 12) 22; vorsichtiger SCHLESS, Mittelbare Stellvertretung und Treuhand (Leipziger rechtswissenschaftliche Studien 66, Leipzig 1931) 31 f.

[5] RADKE 20.

„auf die knappste und schärfste Formel gebrachte, auf wirtschaftlicher Grundlage beruhende, für die Aussonderungsfrage wichtige Billigkeitserwägung“ [6] oder gar als „unklare Umschreibung und völlig unbestimmten und in keiner Weise verwertbaren Begriff“ [7] ansähe. Man braucht die Bezeichnung „materiell-wirtschaftliches Eigentum“ nur so abzuändern, daß man nicht versucht ist, aus ihr neben den konkursrechtlichen Wirkungen auch solche gegenüber rechtsgeschäftlichen Erwerbern von Rechten am Treugut abzuleiten, und man hat einen brauchbaren Rechtsbegriff für die Rechtszuständigkeit des Treuhandbegünstigten, der sehr wohl mit dem geltenden Recht vereinbar ist. Wählt man für die vom Reichsgericht in Wirklichkeit gemeinte Rechtszuständigkeit des Treuhandbegünstigten die Bezeichnung „Begünstigten-“ oder „Benefiziarrecht“ und versteht darunter einen durch das Aussonderungsrecht geschützten obligatorischen Anspruch auf Gewährung des wirtschaftlichen Genusses an einem Vermögensgegenstande, so hat man einen Rechtsbegriff, der in seiner Brauchbarkeit dem des „beneficial interest“ des englischen Rechtes in keiner Weise nachsteht. Der Umstand, daß das deutsche Benefiziarrecht dem Treuhandbegünstigten weniger Befugnisse verleiht, vermag an der Güte dieses Begriffes nichts zu ändern. Würden diese weitergehenden Befugnisse eines Tages auch im deutschen Recht gewährt werden, so stünde allerdings nichts im Wege, die Rechtszuständigkeit des Treuhandbegünstigten mit „materiellem“ oder „wirtschaftlichem Eigentum“ bzw. Gläubigerrecht oder, wenn es sich um andere Rechte handelt, mit „materieller“ oder „wirtschaftlicher Rechtsinhaberschaft“ zu bezeichnen [8]. Gerade der Begriff „Begünstigtenrecht“ oder „Benefiziarrecht“ erscheint der Anpassung an eine solche Entwicklung fähig, während der Begriff des „materiell-wirtschaftlichen Eigentums“ bei dem heutigen Stande des Ausbaues der Rechtszuständigkeit des Treuhandbegünstigten zuviel besagt und insofern mit Recht bekämpft wird.

---

[6] Radke 20; ähnlich Geiger, Fiducia und Aussonderung (Diss. Tübingen 1931) 39.

[7] Schless (oben N. 4) 32.

[8] Schless (oben N. 4) 30 Anm. 9, erkennt diese Ähnlichkeit des „beneficial interest“ mit dem „materiell-wirtschaftlichen Eigentum“, wenn er sagt: „Übrigens erinnert die englisch-amerikanische Auffassung, nach der das Eigentum am Trustgut nach ‚Common Law‘ dem ‚trustee‘, nach Billigkeitsrecht (‚Equity‘) aber dem Benefiziar (‚cestui que trust‘) zugeschrieben wird ... etwas an die Lehre des RG.“ Er glaubt die Lehre des Reichsgerichts deswegen ablehnen zu müssen, weil der Begriff des englischen Rechtes weitergehende Befugnisse gibt, die sich deshalb mit dem geltenden deutschen Recht nicht vertragen, weil eine solche „relative Rechtsstellung des Treugebers wohl durch Gesetz, nicht aber durch Parteiwillkür geschaffen werden kann“, und übersieht dabei, daß diese weitergehenden Befugnisse keine begriffliche Notwendigkeit der Rechtszuständigkeit des Treuhandbegünstigten sind, sondern ebensogut fehlen können.

Der vorgeschlagene Rechtsbegriff läßt sich auch mit dem Gesetz vereinbaren, ja, das Gesetz scheint sogar stillschweigend von einem solchen auszugehen: Die für das Aussonderungsrecht maßgebende Bestimmung des § 43 KO knüpft das Aussonderungsrecht an die Voraussetzung, daß es sich bei dem auszusondernden Gegenstande um einen solchen handeln muß, der dem Gemeinschuldner „nicht gehört". § 1 KO erklärt das Wort „gehören" noch etwas näher, indem er sagt, daß das Konkursverfahren das „Vermögen des Gemeinschuldners" umfasse, welches ihm zur Zeit der Eröffnung des Verfahrens „gehört". Entscheidend für die Aussonderungsfähigkeit ist also die Nichtzugehörigkeit eines Gegenstandes zum gemeinschuldnerischen Vermögen. Es trifft zu, daß im Normalfalle und in aller Regel solche Gegenstände, die zum Vermögen einer Person gehören, auch in deren Eigentum, Gläubigerrecht usw. stehen, so daß im allgemeinen nach § 43 KO solche Gegenstände ausgesondert werden können, deren Eigentümer, Gläubiger oder Inhaber nicht der Gemeinschuldner ist. Da § 43 in Verbindung mit § 1 KO schon nach dem Wortlaut die Aussonderung nicht auf solche Gegenstände beschränkt, die nicht im Eigentum usw. des Gemeinschuldners stehen, liegt die Annahme nahe, daß der Kreis der aussonderungsfähigen Gegenstände auf solche ausgedehnt ist, die sich zwar im Eigentum usw. des Gemeinschuldners befinden, nicht aber zu dessen Vermögen gehören. Die Vermögenszugehörigkeit ist in erster Linie ein wirtschaftlicher Begriff. Um einen Rechtsfall, bei dem es um die Frage geht, ob ein Gegenstand zum Vermögen einer bestimmten Person gehört, entscheiden zu können, muß ein juristisches Kriterium für die Vermögenszugehörigkeit gefunden werden. Würde man keine Treuhandverhältnisse anerkennen, so wäre es unbedenklich, ja notwendig, das Eigentum, das Gläubigerrecht und die Rechtsinhaberschaft als Kriterium anzusehen. Da aber das Treuhandverhältnis sich allgemeiner Anerkennung erfreut und sein Wesen gerade darin besteht, daß eine Person, der das Eigentum usw. an einem Gegenstande zusteht, nicht gleichzeitig auch wirtschaftlich an diesem Gegenstande interessiert ist, sondern diesen im wirtschaftlichen Interesse eines anderen zu verwalten hat, der diesen Gegenstand als zu seinem Vermögen gehörig betrachtet, so kann das Eigentum usw. des Gemeinschuldners an einem Gegenstande höchstens als Indiz für dessen Zugehörigkeit zum gemeinschuldnerischen Vermögen gewertet werden, keinesfalls aber als maßgebendes Kriterium[9]. Wenn nachgewiesen wird, daß der betreffende Gegenstand

[9] Max Wolff, Widerspruchsklage und Aussonderungsrecht: JW 1930, 1470 ff. (1472), begnügt sich zwar mit dem rein wirtschaftlichen Begriff der Vermögenszugehörigkeit, kommt aber auch zu der Feststellung: „Grundsätzlich gilt noch die alte Defini-

einem Treuhandverhältnis unterliegt, wobei der Gemeinschuldner Treuhänder ist, so ergibt sich daraus, daß dieser Gegenstand wirtschaftlich zu einem massefremden Vermögen gehört. Entscheidend für die Nichtzugehörigkeit eines Gegenstandes zum gemeinschuldnerischen Vermögen kann daher nur das Bestehen eines Benefiziarrechtes sein, das einer vom Gemeinschuldner verschiedenen Person zusteht. Damit ist die rechtliche Entscheidung über die Vermögenszugehörigkeit einer rein wirtschaftlichen Betrachtungsweise entzogen.

Die Einführung des „Benefiziarrechtes" als Rechtsbegriff würde eine Anpassung des Rechtes an wirtschaftliche Bedürfnisse und Gegebenheiten darstellen, ohne daß dabei der Wortlaut des Gesetzes übergangen wird. Abgesehen davon, daß es bei der Auslegung einer Rechtsvorschrift nicht entscheidend auf den Willen des seinerzeitigen Gesetzgebers ankommt, sondern ihrem Wortlaut im Laufe einer Weiterentwicklung der Lebensbedürfnisse ein veränderter Sinn beigelegt werden kann, darf die Fassung des § 43 KO auch nicht auf eine redaktionelle Zufälligkeit zurückgeführt werden. Wie sich aus den Kommissionsprotokollen zum Entwurf der Konkursordnung ergibt [10], war der Fall eines treuhänderischen Eigentums des Gemeinschuldners sehr wohl bedacht worden, und man glaubte, daß die Aussonderungsfähigkeit von treuhänderisch übertragenen Wertpapieren durch den Wortlaut des § 43 KO klar genug zum Ausdruck gebracht sei. Die Beschränkung der Beratungen auf die Fälle einer treuhänderischen Übertragung von Wertpapieren dürfte nur durch die besondere Häufigkeit dieser Art von Treugut bedingt sein [11]. Die neben der Aussonderung von Treugut zugelassene Drittwiderspruchsklage gemäß § 771 ZPO findet allerdings

---

tion, Vermögen einer Person sei die Gesamtheit der (geldwerten) Rechte dieser Person. Aber man hat doch allmählich bemerken müssen, daß es Fälle gibt, wo der Vermögensinhaber das Recht weggibt, aber dennoch den Gegenstand des Rechts in seinem Vermögen behalten will und behält. Diese Fälle hat man in dem Begriff Treuhandverhältnisse zusammengefaßt." Der Satz von JÄGER, Anm. 3 zu § 3 KO, in der Konkurslage bewähre sich die Dinglichkeit des Rechtes, hat für das Recht des Treuhandbegünstigten keine Gültigkeit.

[10] Die gesamten Materialien zur Konkursordnung, hrsg. von HAHN, 666: Protokolle der Kommission (2. Lesung) S. 172, wo es heißt: „Auf Anregung des Abg. Dr. Goldschmidt wird hierauf noch als die übereinstimmende Auffassung der Kommission und der Regierungsvertreter zu Protokoll konstatiert: ‚Durch § 35 des Entwurfes [jetzt § 43 KO] soll nicht ausgeschlossen sein die Zurückforderung von Wechseln und anderen durch Indossament übertragbaren Urkunden aus der Konkursmasse, sofern sie dem Gemeinschuldner nur behufs der Einziehung oder mit der Bestimmung übertragen worden sind, daß sie nur zur Sicherstellung des Gemeinschuldners dienen sollen, obwohl das Indossament den Zusatz ‚zur Einziehung', ‚zur Sicherung' oder eine ähnliche beschränkende Klausel nicht enthält'."

[11] RGZ 45, 84.

im Gesetzeswortlaut keine Stütze. Das wirtschaftliche Interesse am Treugut ist gesetzlich nur durch die Aussonderungsbefugnis im Konkurse des Treuhänders geschützt, nicht auch gegen unerlaubte rechtsgeschäftliche Veräußerung des Treugutes durch den Treuhänder. Dem Treugeber steht nach geltendem Recht kein „die Veräußerung hinderndes Recht" am Treugut zu, weshalb die Gewährung der Drittwiderspruchsklage wohl nur als eine gewohnheitsrechtliche Entwicklung zu begründen ist. Jedoch läßt sich auch diese Befugnis des Treuhandbegünstigten als Bestandteil des „Benefiziarrechtes" erfassen, womit der Anfang eines neben dem Gesetz sich vollziehenden Ausbaues der Rechtszuständigkeit des Treuhandbegünstigten gemacht ist. Das „Benefiziarrecht" verliert dadurch keineswegs seine Brauchbarkeit als Rechtsbegriff, sondern beweist gerade seine Elastizität im Hinblick auf etwaige Weiterentwicklungen.

B. UMFANG DER TREUGUTAUSSONDERUNG

Im vorangehenden Kapitel wurde deutlich gemacht, daß die im deutschen Recht der Treugutaussonderung durch das Unmittelbarkeitsprinzip und das Surrogationsverbot gezogenen Grenzen einer sachlichen Nachprüfung nicht standhalten. Die Wertung der Grenzen für die Treugutaussonderung konnte nur von der Interessenlage ausgehen, da diese, für sich betrachtet, in allen Rechtsordnungen die gleiche sein muß und außerdem für die Frage, ob diese oder jene Regelung den Bedürfnissen der Gerechtigkeit und des Wirtschaftslebens entspricht, allein ausschlaggebend sein kann. Bei der Erwägung, ob die Aussonderung von Treugut auch im deutschen Recht in vollem Umfange zugelassen werden kann, darf man sich indessen nicht mit einer Betrachtung der Interessenlage zufriedengeben. Es ist vielmehr zu prüfen, welche Hindernisse dieser Ausdehnung der Treugutaussonderung auf seiten des geltenden Rechtes entgegentreten [12].

---

[12] Vgl. ZWEIGERT, Rechtsvergleichung als universale Interpretationsmethode: RabelsZ 15 (1949) 5 ff. (10): „Die durch Rechtsvergleichung gewonnene Einsicht, daß eine ausländische Norm besser sei als die entsprechende eigene, kann nie dazu führen, der nationalen Norm ihre Geltung abzusprechen. Die Achtung vor dem klaren Wortlaut des Gesetzes ist heute wie eh und je eines der wichtigsten Fundamente unserer Rechtsordnung."

I. Überwindung des Unmittelbarkeitsprinzips

1. Durchbrechungen des Prinzips

Gegen das Unmittelbarkeitsprinzip ist im deutschen Schrifttum schon von verschiedener Seite angegangen worden. Es erleidet auch nach herrschender Meinung gewisse, wenn auch sehr begrenzte Ausnahmen. In den Kommentaren von JÄGER [13], STAUB [14] und den Reichsgerichtsräten [15], ferner bei RADKE [16] wird betont, daß auch solche Gegenstände der Treugutaussonderung unterliegen, die von einem Treuhänder mittels Einziehung einer auf ihn treuhänderisch übertragenen Forderung erworben wurden, ferner solche, die aus dem Vermögen eines Dritten, der die Leistung dieser Gegenstände an den Treugeber schuldete, infolge einer Anweisung, an den Treuhänder zu leisten, in dessen Hände kamen. Auch das Reichsgericht läßt die Aussonderung von Treugut in solchen Fällen zu [17].

Über diese doch sehr beschränkte Durchbrechung des Unmittelbarkeitsgrundsatzes hinaus wurde, vor allem von SCHLESS [18] und EMMERICH [19], der Versuch unternommen, die Treugutaussonderung auf die Fälle des Erwerbes von Treugut durch mittelbare Stellvertreter auszudehnen. SCHLESS entwickelt einen Treuhandbegriff, wonach der Treuhänder Rechtsträger für fremde Rechnung ist. Als solcher ist nach ihm vor allem auch der mittelbare Stellvertreter zu betrachten. Das Aussonderungsrecht des Auftraggebers leitet er aus § 392 II HGB ab. Er sieht in dieser Vorschrift keine Ausnahmebestimmung, sondern den Ausdruck eines allgemeinen Gedankens, nach dem solche Werte, die jemandem für fremde Rechnung zustehen, auch für dessen Gläubiger unangreifbar sein sollen. EMMERICH stellt fest, daß das Reichsgericht die Nichtgewährung des Aussonderungsrechtes an Gegenständen, die durch mittelbare Stellvertreter erworben wurden, durch Ablehnung der Annahme eines Treuhandverhältnisses zu erreichen suche [20].

---

[13] JÄGER, Anm. 41 zu § 43 KO.
[14] STAUB (oben S. 124 N. 9), Anm. 94 b zu § 368 HGB.
[15] RGR-Komm.[10] I (Berlin 1953), Vorbem. 1 vor § 164 BGB.
[16] RADKE 43 f. [17] RG RGZ 79, 121; 84, 218; WarnE 1921 Nr. 130.
[18] SCHLESS (oben S. 162 N. 4) 47 ff.
[19] EMMERICH, Die Sanierung I (Mannheim-Berlin-Leipzig 1930) 160.
[20] EMMERICH (vorige Note) 150. Vgl. hierzu RGZ 127, 344: „Im Rechtssinne liegt ein Treuhandverhältnis vor, wenn der Treuhandgeber einen bisher auch rechtlich zu seinem Vermögen gehörenden Gegenstand dem Treuhänder übereignet derart, daß das Treugut zwar rechtlich, aber nicht wirtschaftlich aus seinem Vermögen ausgeschieden wird. Dagegen ist die Annahme eines Treuhandverhältnisses abgelehnt worden, wenn jemand einen Gegenstand lediglich für Rechnung eines anderen als stiller Stellvertreter für diesen von einem Dritten erworben hatte (RGZ 84, 217; 91, 16). In solchem Falle

Weiter unten[21] führt er aus: „Das Interventions- und Aussonderungsrecht könnte dem Treugeber der mittelbaren Treuhand aus begrifflichen oder praktischen Gründen versagt sein. Die Unterscheidung der beiden Treuhandfälle aus begrifflichen Gründen erscheint unzulässig ... Die vom RG geltend gemachten praktischen Erwägungen, die von ihm nur als Hilfsmittel seiner Begriffsbildung gebraucht sind, treten deshalb unverdeckt in den Vordergrund ... Ein praktischer Grund, ihn [den Fall der mittelbaren Treuhand] anders zu behandeln als den ersten, ist nicht ersichtlich. Die entscheidenden Merkmale sind die gleichen. Das Treugut gehört wirtschaftlich zum Vermögen des Treugebers, das Eigentum des Treuhänders ist formaler Art. Dies sind die Gründe für die Gewährung des Aussonderungsrechtes." Hervorzuheben ist auch die Stellungnahme von NORD[22], der sich für ein bloßes Verwaltungsrecht des Treuhänders einsetzt. Er betont, daß das Wesen des Treuhandverhältnisses durch die unmittelbare Vermögensübertragung überhaupt nicht berührt werde, und fährt fort: „Warum nach dem Wesen des Treuhandverhältnisses nicht auch bei Gegenständen, die von Dritten auf den Treuhänder übertragen worden sind oder die er als Gegenwert für das ursprüngliche Treugut von Dritten empfängt, ein Treuhandverhältnis bestehen könne, ist einfach nicht einzusehen. Der einzige Grund kann eben nur die Furcht sein, das Treuhandverhältnis sonst zu weit auszudehnen." [23] HEIN[24] drückt sich vorsichtiger aus, wenn er sagt: „Ein Treuhandverhältnis setzt nicht nur wirtschaftlich, sondern auch rechtlich notwendig einen bestimmten Vermögensgegenstand voraus ... Anders bei der Stellvertretung ... Trotzdem muß man bei allem juristischen Scharfsinn und wirtschaftlichen Einfühlungsvermögen, welches bei der Aufstellung und der Analyse dieser Konstruktionen in Schrifttum, Rechtsprechung und Wirtschaftspraxis aufgewendet wurde, mit einer gewissen Skepsis sagen, daß die an sich theoretisch sauber herauskristallisierten Unterschiede sich in der Praxis leicht verwischen können und sich,

---

besteht nur ein schuldrechtlicher Anspruch gegen den Treuhänder auf Übereignung des Gegenstandes."

[21] EMMERICH (oben N. 19) 160.

[22] NORD, Das Recht des Treuhänders (Berlin 1927) 29.

[23] Weitere Anhänger dieser Meinung sind GEIGER (oben S. 163 N. 6) 24; KATZMANN (oben S. 125 N. 12) 36. Auch das Reichsgericht ist in einem Falle vom Unmittelbarkeitsgrundsatz abgewichen: RG 31. 1. 1929 (HRR 29 Nr. 946). Die übrigen von EMMERICH (oben S. 167 N. 19) 147 ff. und GEIGER a.a.O. 24 angeführten Entscheidungen sind nach den eingehenden Untersuchungen von FRIEDMANN, Empfiehlt sich eine gesetzliche Regelung des Treuhänderverhältnisses? (Verhandlungen des 36. Deutschen Juristentages I, Berlin-Leipzig 1931) 805 ff. (893 ff.) nicht als abweichend anzusehen.

[24] HEIN, Grundriß des Treuhandrechts (Berlin 1929) 60.

wie die Erfahrung bereits gelehrt hat, auch tatsächlich verwischen." Aus diesen Bemerkungen scheint eine Ahnung des Bestimmtheitsgrundsatzes hervorzugehen.

2. *Begründungen des Prinzips*

Die wichtigsten Begründungen für die Beibehaltung des Unmittelbarkeitsgrundsatzes sind folgende:

a) Das *Reichsgericht* beruft sich hauptsächlich darauf, daß bei Zulassung der Aussonderung der durch einen mittelbaren Stellvertreter erworbenen Gegenstände der Treuhandbegriff „ins Unbestimmte zerfließen würde" [25].

b) JÄGER betrachtet den Rechtssatz der Treugutaussonderung, ob er nun auf Gesetz oder Gewohnheitsrecht beruhe, als eine Regelwidrigkeit, weshalb er eng auszulegen sei [26].

c) FRIEDMANN betont, daß eine beispiellose Rechtsunsicherheit entstehen könnte, da sich schwer feststellen ließe, ob der Treuhänder von vornherein für Rechnung des Auftraggebers erworben hat oder ob erst nachträglich zur Benachteiligung der Gläubiger ein Treuhandverhältnis abgeschlossen worden ist [27].

d) LEHMANN weist darauf hin, daß bei der mittelbaren Stellvertretung eine Berührung des Treuhänders mit dem Vermögen Dritter stattfinde [28]. RADKE [29] verdeutlicht diesen Gesichtspunkt, indem er ausführt: „... ohne weiteres Zutun des Treuhänders fiele dann alles Gut, das er für seinen Hintermann erwerben würde, derart an diesen, daß den Gläubigern des Treuhänders jeder Zugriff durch Einzel- oder Gesamtvollstreckung versperrt würde. Kreditiert also der Gläubiger in diesem Falle dem Treuhänder einen Gegenstand, ohne sich das Eigentum daran vorzubehalten, dann ist ihm bei Nichterfüllung des Vertrages durch den Treuhänder eine Pfändung in seine eigene Ware, die der Treuhänder noch besitzt, unmöglich."

e) RADKE will daneben noch einen mehr praktischen Gesichtspunkt geltend machen. Er fragt, welches Treugut im Konkurse aussonderungsfähig sein solle, wenn sich zwei Treugüter im Vermögen des Gemeinschuldners befänden, ein Fall, der dann praktisch werde, wenn der Auftraggeber dem mittelbaren Stellvertreter die Erwerbsmittel treuhänderisch anvertraut

---

[25] RG RGZ 84, 214; 91, 16; 92, 342; 94, 308; 127, 341; 133, 87; 153, 353; WarnE 1921 Nr. 130 u. a.

[26] JÄGER, Anm. 41 zu § 43 KO.

[27] FRIEDMANN (oben N. 23) 892.

[28] LEHMANN, Allgemeiner Teil des Bürgerlichen Gesetzbuches[6] (Berlin 1949) 230.

[29] RADKE 48.

hatte und der Treuhänder bei Ausbruch des Konkurses sowohl noch die Erwerbsmittel als auch schon eine Forderung gegen den Drittkontrahenten oder gar schon den für Rechnung des Auftraggebers zu erwerbenden Gegenstand in seinen Händen habe. Es stelle sich dann die Frage, ob das Geld oder die Forderung auf das Ersatzgut, bzw. das Ersatzgut selbst, oder beide Gegenstände aussonderungsfähig seien, oder ob der Treugeber ein Wahlrecht haben solle und wie gegebenenfalls dieses Wahlrecht zu begründen wäre. RADKE bezweifelt, daß es billig wäre, dem Treugeber das Recht zu gewähren, das wirtschaftlich wertvollere Gut für sich auszusondern und den Gläubigern, die sich ohnehin mit einer Konkursquote begnügen müßten, das weniger wertvolle Gut zu überlassen [30].

f) SIEBERT [31] stellt vor allem auf die Verkehrs- und Kreditsicherheit ab und erwähnt, das Unmittelbarkeitsprinzip rechtfertige sich letzten Endes durch das Publizitätsprinzip, dessen weitere Einschränkung verhütet werden müsse. Gegen die Beschränkung einer derartigen Billigkeitserwägung, wie sie das Reichsgericht im Falle der unmittelbaren Übertragung von Treugut anstelle, so meint er, bestünden keine logischen oder systematischen Bedenken. Die indirekte Stellvertretung äußere keinerlei Erwerbswirkungen über die Person des Vertreters hinaus, und dieser klaren, vom Gesetzgeber gewollten Systematik müßten alle Billigkeitserwägungen weichen.

Keine dieser Begründungen dürfte einer sachgemäßen Nachprüfung standhalten.

a) Die Befürchtung des *Reichsgerichtes,* der Treuhandbegriff würde bei Zulassung der Aussonderung von Gegenständen, die durch mittelbare Stellvertreter erworben wurden, ins *Unbestimmte* zerfließen, läßt sich gerade durch Hinweis auf den als natürliche Grenze des Treuhandverhältnisses erkannten Grundsatz der *Bestimmtheit* des Treuguts zurückweisen [32].

[30] RADKE 47 f. [31] SIEBERT 193 f.

[32] In RG WarnE 1921 Nr. 130 scheint diese Grenze, wenn auch sehr unklar, erkannt zu sein, wenn dort ausgeführt wird: „Daß auch die Fortentwicklung des Rechtes dazu drängt, den Fall der stillen Stellvertretung mit dem eines Treuhandverhältnisses gleichzustellen, läßt sich nicht erkennen. Denn eine solche Gleichstellung würde nicht bloß den Begriff des Treuhandverhältnisses verdunkeln, sondern auch die Grenzen zwischen dem Begriff des dinglichen und persönlichen Rechtes verwischen. Sie würde am letzten Ende dazu führen, eine Betreuung auch schon dann anzunehmen, wenn aus einem ähnlichen Grunde eine schuldige Leistung vom Schuldner nicht abverlangt wird. Das aber kann den Treuzweck nicht erfüllen, weil ihm der Anspruch auf die Leistung jedesmal entgegenstehen würde." Der Hauptirrtum des Reichsgerichts dürfte darin zu suchen sein, daß es unter dem für das Treuhandverhältnis gewiß wesentlichen Merkmal des „Anvertrauens" eine von dem Treugeber bezweckte längerdauernde und meist nicht ganz einfache Verwaltungstätigkeit versteht, was in den immer wiederkehrenden Wendun-

b) Die von Jäger gegebene Begründung ist rein formal. Sie kann allenfalls noch als Hinweis darauf gewertet werden, daß nach geltendem Recht eine Ausdehnung der Treugutaussonderung nicht möglich sei, besagt aber gegen ein etwaiges Bedürfnis nach entsprechender Änderung des geltenden Rechtes überhaupt nichts. Schless [33] bemerkt m. E. nicht ganz mit Unrecht, daß der Satz von der „strikten Interpretation" von Ausnahmebestimmungen eine der unglücklichsten Maximen sei, die je geprägt worden seien, und daß er weder sachlich noch logisch haltbar sei. Das Beispiel des Art. 401 des Schweizer Obligationenrechtes zeigt, ganz abgesehen von der englischen Regelung, daß man auch anders denken und die Bestimmung des § 392 II HGB als Ausdruck eines auch für den mittelbaren Stellvertreter des bürgerlichen Rechtes geltenden Gedankens ansehen kann, der wohl nur deswegen im Gesetz keinen Niederschlag gefunden hat, weil das Institut der mittelbaren Stellvertretung im BGB überhaupt keine Regelung erfahren hat. Die Offenkundigkeit des Handelns für fremde Rechnung beim Kommissionär durch seinen Beruf kann, wie Schless wieder sehr mit Recht betont, nicht ausschlaggebend sein, da jeder Gläubiger damit rechnen muß, daß sein Schuldner „Rechtsträger für fremde Rechnung" ist, und es bei der Zwangsvollstreckung auf den guten oder bösen Glauben des Gläubigers nicht im geringsten ankommt [34].

c) Der Hinweis Friedmanns auf die entstehende Rechtsunsicherheit hätte nur dann Bedeutung, wenn man die Treugutaussonderung auf unmittelbar übertragenes und durch mittelbare Stellvertreter erworbenes Treugut beschränken wollte. Läßt man diese aber bis zur Grenze des Be-

---

gen wie „Betreuung" oder „fiduziarisches Anvertrauen" u. dgl. zum Ausdruck kommt. Gerade in der angeführten Entscheidung heißt es: „Vielleicht würde eine solche Betreuung auch angenommen werden müssen, wenn der Käufer eines Grundstückes den Verkäufer anweist, das gekaufte Grundstück einem Dritten, in dessen Hand das Grundstück fiduziarisch bleiben soll, unmittelbar aufzulassen." Bei Zugrundelegung eines derart unbestimmten und unbestimmbaren Treubegriffes ist es nicht verwunderlich, daß man sich vor einer Grenzverwischung des Treuhandverhältnisses fürchtet. Die verständliche Folge davon ist, daß man eine äußerliche Abgrenzung nach der Herkunft des Treugutes sucht und davon ausgeht, daß bei unmittelbarer Übertragung von Treugut in aller Regel eine Vermögensbetreuung im obigen Sinne erstrebt sein muß. Wenn man dagegen den Begriff „anvertrauen" dahin auffaßt, daß jede Art von Verwaltungstätigkeit, ob einfach oder schwierig, ob kurz- oder langdauernd, ob sie bezweckt war oder nur als notwendige Folge eines Rechtsgeschäftes oder einer Rechtslage geduldet wird, braucht man keine Verdunkelung des Begriffes Treuhandverhältnis zu besorgen und keine künstlichen Grenzen einzuführen. In der genannten Entscheidung wird zwar nachdrücklich betont, das Unmittelbarkeitsprinzip gründe sich nicht bloß auf eine äußere Verschiedenheit der Rechtslage, sondern es bestehe auch „eine sachlich verschiedene Rechtsgestaltung der Dinge", jedoch fehlt jegliche Begründung für diese Behauptung.

[33] Schless (oben S. 162 N. 4) 78.

[34] Schless (oben S. 162 N. 4) 79.

stimmtheitsgrundsatzes zu, schließt also auch die Fälle des Selbsteintritts des Kommissionärs [35] und des gewöhnlichen Verkaufes ein, so kommt niemand in die Versuchung, zur Begründung seines Aussonderungsrechtes Zuflucht bei der Behauptung zu suchen, der Gemeinschuldner habe den von ihm begehrten Gegenstand als mittelbarer Stellvertreter für seine Rechnung erworben. Es genügt dann vielmehr der Beweis von seiten des die Aussonderung Begehrenden, daß er einen persönlichen Anspruch gegen den Gemeinschuldner auf Leistung dieses oder jenes ganz bestimmten Gegenstandes habe, gleichgültig aus welchem Rechtsgrunde. Das Bestehen eines solchen Anspruchs läßt sich genauso leicht oder so schwer feststellen wie sonst auch. Man sollte nur nicht so weit gehen wie das englische Recht und das Zustandekommen eines Treuhandverhältnisses schon durch bloße „declaration of intention" anerkennen. Es muß vielmehr verlangt werden, daß dem Treuhänder eine rechtsgeschäftliche oder gesetzliche Verpflichtung zur Leistung eines bestimmten Gegenstandes obliegt, und die Beweisschwierigkeiten werden, auch wenn es sich um Grundstücke handelt [36], nicht größer sein als bisher.

d) Die Ausführungen von LEHMANN und vor allem von RADKE stellen auf die Interessenlage ab. Es wurde bereits im vorangehenden Kapitel dargelegt, daß sich durch eine „Berührung des Treuhänders mit dem Vermögen Dritter" die Interessenlage keinesfalls verändert. RADKE scheint übersehen zu haben, daß dann, wenn der Auftraggeber dem Gemeinschuldner die von diesem gemachten Aufwendungen noch nicht ersetzt hat, der Konkursverwalter dem Aussonderungsbegehren des Auftraggebers ein Zurückbehaltungsrecht am Treugut entgegenhalten kann. So wie bei der Sicherungsübereignung der Treugeber nur gegen Bezahlung der zugrunde liegenden Forderung das Treugut aussondern darf [37], muß bei der „Ver-

[35] SCHLESS (oben S. 162 N. 4) 83 f. Auch er sieht im selbsteintretenden Kommissionär einen „Rechtsträger für fremde Rechnung", sobald sich das für den Kommittenten bestimmte Geld oder die Ware vom Vermögen des Kommissionärs unterscheiden läßt. Auch SCHLESS erscheint es unbedenklich, den Fall, daß jemand bisher ihm zustehende Rechte „auf die Rechnung eines anderen überträgt", als Treuhandverhältnis anzusehen und zu behandeln (a.a.O. 50). Man vermißt aber eine Erklärung dazu, wie diese „Übertragung auf die Rechnung eines anderen" erfolgen soll, und es ist nicht ersichtlich, ob er auch den Speziesschuldner als „Rechtsträger für fremde Rechnung", also als Treuhänder betrachtet und behandelt wissen will.

[36] Vgl. RG JW 1928, 1814 Nr. 34, wonach § 313 BGB auf die Verpflichtung zur Übertragung eines treuhänderisch erworbenen Grundstücks keine Anwendung findet, da es sich um eine gesetzliche, nämlich sich aus § 667 BGB ergebende Verpflichtung handelt.

[37] NAGEL, Das Sicherungseigentum im Konkurs und in der Zwangsvollstreckung

waltungstreuhand" dem Treuhänder bis zum Ersatze seiner Aufwendungen gemäß § 273 BGB ein Zurückbehaltungsrecht am Treugut zustehen. Ist aber dem Treuhänder sein Erwerbsaufwand ersetzt worden, so befindet sich genau der Gegenwert für das Treugut in dessen Konkursmasse, den der Dritte für angemessen erachtete. Der Zugriff des Dritten auf „seine Ware" durch Gesamtvollstreckung ist diesem also keineswegs versperrt. Der Umstand, daß der Gemeinschuldner etwa diese Mittel vor Konkurseröffnung ersatzlos verbraucht hat, darf dem Auftraggeber nicht zum Nachteil gereichen. Es wurde schon ausgeführt, daß der Dritte nur ein schutzwürdiges Interesse an anteilmäßiger Befriedigung aus dem Werte des von ihm geleisteten Gegenstandes haben kann, wobei es gleichgültig ist, ob der Gegenstand vom Konkursverwalter „versilbert" oder an den Auftraggeber herausgegeben wird. Der Dritte hat gerade kein wirtschaftliches Interesse an dem von ihm veräußerten Gegenstande. Etwas anderes ist es, wenn die ihm vom Treuhänder versprochene Gegenleistung ein bestimmter Gegenstand ist, der sich zur Zeit der Konkurseröffnung noch unterscheidbar in den Händen des Gemeinschuldners befindet oder später vom Auftraggeber zur Einlösung des für seine Rechnung erworbenen Gegenstandes an den Konkursverwalter übergeben wird. Auf diesen bestimmten Gegenstand hat der Dritte Anspruch, und es ist ihm deswegen als Treuhandbegünstigtem ein Aussonderungsrecht zu gewähren. Dieser Fall wird vor allem dann praktisch, wenn das Erwerbsgeschäft des mittelbaren Stellvertreters ein Speziestausch ist.

e) Auch die anderen Bedenken Radkes, die er für den „Stellvertretungsfall mit vorhergehender fiduziarischer Treuhänderstellung" anmeldet, sind zurückzuweisen. Zunächst muß festgestellt werden, daß der mittelbare Stellvertreter, der mit der Veräußerung des ihm vom Auftraggeber übergebenen Gegenstandes betraut ist, in den allermeisten Fällen schon deswegen als Treuhänder für diesen Gegenstand nicht in Betracht kommt, weil ihm dieser nicht übereignet zu werden pflegt, sondern lediglich übergeben wird, damit er über ihn als einen fremden im eigenen Namen verfüge[38]. Befinden sich bei Konkurseröffnung sowohl dieser Gegenstand als auch die vom mittelbaren Stellvertreter in Ausführung des Auftrages gegen einen Dritten erworbene Forderung bzw. der von diesem Dritten bereits übertragene Gegenstand in den Händen des Gemeinschuldners, so kann der Auftraggeber die Forderung bzw. den Ersatzgegenstand nur gegen Über-

---

(Diss. Breslau 1939) 42 mit dem überwiegenden Teil des Schrifttums und der Rechtsprechung.

[38] Lehmann (oben S. 169 N. 28) 230.

tragung des zur Veräußerung übergebenen Gegenstandes an den Gemeinschuldner aussondern, da diesem ein Zurückbehaltungsrecht zusteht, welches vom Konkursverwalter ausgeübt wird. Wenn der Gemeinschuldner seine Verbindlichkeit gegenüber dem Dritten nur durch Leistung gerade des ihm vom Auftraggeber übergebenen Gegenstandes erfüllen kann, so kann im Weigerungsfalle der Konkursverwalter die Übereignung des Gegenstandes im Wege der Klage erzwingen. Anderenfalls ist vom Auftraggeber vor Aussonderung der Wert der vom Dritten zu beanspruchenden Gegenleistung zu ersetzen. Es kann daher in diesen Fällen meist nur die Forderung oder das Ersatzgut ausgesondert werden, und wenn der Auftraggeber sein Eigentum aussondern will, hat er den vollen Wert der Gegenleistung zu ersetzen, so daß also die Konkursgläubiger in keinem Falle zu Schaden kommen. Soweit der vom mittelbaren Stellvertreter zu veräußernde Gegenstand in einer Geldsumme besteht, die ihm als Vorauszahlung für seinen Erwerbsaufwand gegeben wurde, geht dieses Geld meist durch Vermischung in das Eigentum des mittelbaren Stellvertreters über, und eine Aussonderung ist allein schon mangels Unterscheidbarkeit ausgeschlossen. Es lassen sich allerdings auch Fälle denken, wo der zu veräußernde Gegenstand durch ausdrückliche Vereinbarung zwischen dem Auftraggeber und dem beauftragten mittelbaren Stellvertreter in das Eigentum des letzteren übergehen soll, ohne daß eine Vermischung stattfindet. In solchen Fällen kann es vorkommen, daß die in Ausführung des Auftrages gegen einen Dritten erworbene Forderung oder der vom Dritten in Erfüllung dieser Verbindlichkeit geleistete Gegenstand sich neben dem vom Auftraggeber zum Zwecke der Veräußerung zu vollem Recht übertragenen Gegenstand in den Händen des Gemeinschuldners befindet. Gerade in diesem Falle kann der vom Auftraggeber übertragene Gegenstand nicht als dessen Treugut angesehen werden, da diesem im allgemeinen kein Anspruch auf Rückübertragung gegen den Gemeinschuldner zusteht. Er kann vom Beauftragten bzw. von dessen Konkursverwalter lediglich die Übertragung dieses Gegenstandes an den Dritten Zug um Zug gegen Bewirkung der Gegenleistung fordern. Da es sich in dem angenommenen Falle um einen bestimmten Gegenstand handelt, dessen Leistung der Dritte vom Gemeinschuldner verlangen kann, ist bei Anerkennung des Bestimmtheitsgrundsatzes dieser Gegenstand Treugut des Dritten, weshalb nicht der Auftraggeber, sondern der Dritte ein Aussonderungsrecht hat. Auch im Falle des Widerrufes durch den Auftraggeber kann dieser den betreffenden Gegenstand nicht zurückfordern, wenn der Beauftragte sich einem Dritten gegenüber zur Leistung dieses Gegenstandes verpflichtet hatte, da der Beauftragte gemäß §§ 670, 257 BGB vom Auftraggeber Befreiung von der Verbindlichkeit verlangen kann. Bestand zur Zeit des Widerrufes von dritter Seite noch kein Anspruch auf Leistung des betreffenden Gegenstandes, so hat der Auftraggeber allerdings Anspruch auf Rückübertragung des Gegenstandes gemäß § 667 BGB. Gerade dieser Fall bietet aber keinerlei Schwierigkeiten, da als Objekt der Treugutaussonderung einzig und allein dieser Gegenstand in Betracht kommt. In den von RADKE angeführten Fällen der „Stellvertretung mit vorhergehender fiduziarischer Treuhänderstellung" hat der Auftraggeber also nur ein Aussonderungsrecht bezüglich der Forderung oder, wenn diese schon eingezogen ist, bezüglich des Ersatzgutes. Das ursprüngliche Treugut kann, wenn es bestimmt ist, vom Drittkontrahenten, wenn es, etwa infolge Vermischung, unbestimmt ist, von niemandem ausgesondert werden.

f) Endlich kann auch die Warnung SIEBERTS vor einer untragbaren weiteren Einschränkung der Verkehrs- und Kreditsicherheit nicht durchschlagen. SIEBERT setzt sich damit für einen Gutglaubensschutz zugunsten der Vollstreckungsgläubiger ein, der im Gesetz nirgendwo anerkannt ist. Nicht einmal die §§ 892, 893 BGB schützen einen Gläubiger, der im Vertrauen auf die Richtigkeit der Grundbucheintragung dem Schuldner Kredit gewährt hat. Ein solcher Schutz ist auch nicht erforderlich. Es hat jeder die Möglichkeit, sich von seinem Schuldner eine Sicherheit geben zu lassen. Es kann z. B. auch eine Hypothek an einem Grundstück, das der Schuldner treuhänderisch für einen anderen innehat, wirksam bestellt werden, ohne Rücksicht auf guten oder bösen Glauben des Kreditgebers. Wer auf eine Sicherheit verzichten zu können glaubt, nimmt das Risiko eines Verlustes freiwillig auf sich. Es muß jeder Gläubiger nicht nur damit rechnen, daß die Gegenstände, von denen er glaubt, sie stünden dem Schuldner ohne treuhänderische Einschränkung zu, in Wirklichkeit doch Treugut sein können, sondern auch (mit Ausnahme der Immobilien), daß vielleicht der Schuldner überhaupt nicht Eigentümer ist, sondern Mieter usw., oder daß sie dem Schuldner unter Eigentumsvorbehalt geliefert wurden. Praktisch läßt sich, jedenfalls wenn es sich um größere Geschäfte handelt, auch jeder vorsichtige Kreditgeber eine Sicherheit gewähren, und sofern das nicht geschieht, beruht dieses Verhalten in erster Linie auf einem persönlichen Vertrauen und erst in zweiter Linie auf dem Vertrauen auf den scheinbaren Umfang des Schuldnervermögens. In Fällen einer vorsätzlichen Kredittäuschung reicht § 826 BGB zur Vermeidung unbilliger Härten aus. Im übrigen treffen die Bemerkungen von SIEBERT auch auf unmittelbar übertragenes Treugut zu, und eine Beschränkung des Aussonderungsrechtes nur auf solches erscheint, wie schon dargelegt, willkürlich. Auch für die Berücksichtigung von Billigkeitsgesichtspunkten gilt, daß gleiche Tatbestände eine gleiche Behandlung erfahren müssen, da andernfalls die Unbilligkeit noch größer wäre.

Die dargelegten Einwendungen gegen die Erweiterung der Treugutaussonderung auf die Fälle der mittelbaren Stellvertretung können zum großen Teil nur unter der Voraussetzung als widerlegt angesehen werden, daß man im Falle einer Erweiterung nicht bei den Fällen der mittelbaren Stellvertretung stehenbleibt und damit eine neue, ebenso künstliche Grenze einführt, wie sie der Unmittelbarkeitsgrundsatz darstellt, sondern daß man die Treugutaussonderung bis zur Grenze des Bestimmtheitsgrundsatzes zuläßt.

Eine derartige Ausdehnung der Treugutaussonderung wird, soweit im Schrifttum überhaupt erwogen, abgelehnt[39]. EMMERICH[40] bildet den Fall, daß jemand, der zur Übertragung des Eigentums an einer Sache verpflichtet ist, mit Zustimmung des Berechtigten das Eigentum zur Sicherung einer Forderung, die ihm gegen diesen zusteht, zurückbehält. Hier lehnt er das Aussonderungsrecht des Berechtigten wie folgt ab: „Selbst wenn man auch hier ein Treuverhältnis annimmt, ist es durch die Art seiner obligatorischen Grundlage wesentlich abgeschwächt. Es ist der Sache nach nur eine Verzögerung der Eigentumsübertragung, wenn auch zu Treuhandzwecken. Ist aber der Anspruch des Treugebers der Sache nach nur der alte obligatorische Verschaffungsanspruch, so gibt es kein Aussonderungsrecht.“ Er versucht einen Unterschied zwischen Treuhandverhältnis und Kaufvertrag herauszuarbeiten und erklärt[41]: „Der Kaufvertrag ist auch ohne Eigentumsübertragung vollständig und wirksam ... Die Treuhand ist dagegen nur durch die Verbindung dieser obligatorischen und dinglichen ... Geschäftsbestandteile möglich. Die Vereinbarung eines Treuhandverhältnisses ist keine Treuhand. Die abstrakte Eigentumsübertragung ... stellt keine Treuhand dar. Nur die Verbindung beider, ihre eigenartige Verknüpfung dahin, daß die Obligation (Treupflicht) die dingliche ... Seite (Treumacht) maßgebend beeinflußt, führt zur Treuhand.“ Bezüglich dieser Ansicht muß sich EMMERICH den Vorwurf gefallen lassen, daß er damit denselben Fehler begeht wie die von ihm so bekämpfte herrschende Lehre

[39] SCHLESS (oben S. 162 N. 4) und die von ihm a.a.O. 50 Anm. 18 Zitierten stoßen nicht bis zum Bestimmtheitsgrundsatz vor und lassen es im übrigen an Deutlichkeit fehlen.

[40] EMMERICH (oben S. 167 N. 19) 160 f.

[41] EMMERICH (oben S. 167 N. 19) 153.

und das Reichsgericht. Auch er unterscheidet rein begrifflich, indem er im Grunde auch auf die äußerliche Herkunft des Treugutes abstellt. Die von ihm hervorgehobene „eigenartige Verknüpfung" ist auch beim Spezieskauf vorhanden: Die dingliche Rechtsmacht des Verkäufers wird durch die Obligation, den verkauften Gegenstand zu übertragen und bis dahin zu verwahren, ebenso maßgebend beeinflußt wie die des Treuhänders durch dessen Verpflichtungen.

Radke [42] lehnt den Kaufvertrag als Treuhandverhältnis ebenfalls ab, verzichtet aber auf weitere Ausführungen hierüber und begnügt sich mit der Feststellung, eine dingliche Vermögensbewegung habe hier überhaupt nicht stattgefunden. Damit unterscheidet auch er rein äußerlich nach der Herkunft des Treugutes, ohne sachliche Gründe für eine verschiedenartige Behandlung anführen zu können.

Stier [43] gibt eine „gewisse" Verwandtschaft zwischen den Ansprüchen des Gläubigers gegen den Schuldner aus Kauf oder Tausch einerseits und dem Anspruch des Treugebers gegen den Treuhänder aus einem Treuhandverhältnis zu, erblickt aber einen wesentlichen Unterschied darin, daß bei jenen die Rechtsbeziehungen zwischen dem Käufer und der gekauften Sache immer erst auf dem Umwege über den Anspruch gegen eine Person geltend gemacht werden können, während bei den Treuhandverhältnissen eine „mehr oder minder ausgeprägte Rechtsbeziehung zwischen dem Treugeber und den Gegenständen direkt" bestehe. Diese Argumentation ist schon logisch unhaltbar. Wenn überhaupt von einer direkten Rechtsbeziehung des Treugebers zum Treugut gesprochen werden kann, so nur wegen dessen Aussonderungsbefugnis. Der Umstand, daß der Käufer keine solche Rechtsbeziehung zur gekauften Sache hat, ist nur daraus zu erklären, daß diesem kein Aussonderungsrecht gewährt wird. Stier sagt also im Grunde: Dem Käufer ist das Aussonderungsrecht deswegen zu versagen, weil er kein solches hat. Wenn man seinen Ausdruck „mehr oder minder ausgeprägte direkte Rechtsbeziehung" aber dahin zu verstehen hat, daß sich der Treugeber dem Treugut deswegen besonders verbunden fühlt, weil es aus seinem Vermögen stammt, so läuft seine Begründung wiederum auf eine Unterscheidung nach der Herkunft des Treugutes hinaus, die schon mehrmals als äußerlich und sachfremd abgelehnt wurde.

---

[42] Radke 50 f.

[43] Stier, Das sogenannte wirtschaftliche und formaljuristische Eigentum (Leipzig 1933) 25.

3. Möglichkeit der Überwindung des Unmittelbarkeitsprinzips

Wirft man die Frage auf, ob nach geltendem deutschem Recht einer Ausdehnung der Treugutaussonderung bis zur Bestimmtheitsgrenze Hindernisse im Wege stehen, so scheint eine erste Schwierigkeit schon dadurch gegeben zu sein, daß es nach geltendem Recht möglich ist, sich gegenüber verschiedenen Personen nacheinander und völlig unabhängig voneinander zur Leistung ein und desselben Gegenstandes zu verpflichten. Es kann z. B. der Verkäufer einer Sache diese ein zweites Mal an einen anderen verkaufen, so daß, wenn er vor Übereignung dieser Sache an den einen oder anderen Käufer in Konkurs gerät, beide nur die Konkursdividende aus ihrer Forderung erhalten. Sieht man dagegen den Käufer als Treuhandbegünstigten an, so könnte man sich fragen, welcher Käufer nun das Recht zur Aussonderung des gekauften Gegenstandes haben soll. Diese Schwierigkeit läßt sich mit einem Blick in das englische Recht ohne weiteres in sachgemäßer Weise lösen. Dort gilt der Grundsatz, daß der Treuhänder entgegen dem Willen des Treuhandbegünstigten einem anderen ohne Übertragung des legal title ein beneficial interest nicht wirksam einräumen kann, sondern daß nach der Regel „prior tempore potior iure" der erste Inhaber des beneficial interest in seiner Rechtsstellung verbleibt, unabhängig davon, ob der andere im guten Glauben gehandelt und Entgelt entrichtet hat. Eine Ausnahme wird nur in solchen Fällen gemacht, wo das beneficial interest des ersten etwa wegen Kollusion gegenüber den Interessen des zweiten nach billiger Betrachtungsweise nicht schutzwürdig erscheint. In deutsches Rechtsdenken übersetzt heißt das: Da der erste Käufer (oder sonstige Treuhandbegünstigte) bereits ein „Benefiziarrecht" an dem betreffenden Gegenstande erworben hatte und eine wirksame anderweitige Verfügung über Treugut durch den Treuhänder nur im Wege der Veräußerung (auch Belastung) des Treugutes erfolgen kann, nicht aber auch durch isolierte Übertragung eines Rechtes, das ihm gar nicht zusteht (das Benefiziarrecht steht ja ausschließlich dem Treuhandbegünstigten zu), so ist ein Erwerb des Benefiziarrechtes durch Dritte ohne Einwilligung des Treuhandbegünstigten gemäß § 185 BGB nicht möglich; auch nicht kraft guten Glaubens, da ein solcher Erwerb ja Einigung und Besitzübergabe voraussetzt. Im übrigen kann dem Dritten im Falle der Kollusion zwischen Treuhänder und Treuhandbegünstigtem mit § 826 BGB geholfen werden. Eine solche Regelung, wie sie hier vorgeschlagen wird, widerspräche keiner Gesetzesbestimmung, sondern könnte aus den allgemeinen Grundsätzen abgeleitet werden.

§ 3 KO stellt für die Ausdehnung der Treugutaussonderung ebensosehr oder ebensowenig ein Hindernis dar wie für die bisher schon zugelassenen Fälle. Auch der Treugeber, welcher Treugut unmittelbar an den Treuhänder überträgt, ist persönlicher Gläubiger des Treuhänders mit einem Vermögensanspruch an den Gemeinschuldner. Dennoch möge folgende Berichtigung des ersten Absatzes dieser Vorschrift empfohlen werden:

> „Die Konkursmasse dient zur gemeinschaftlichen Befriedigung aller persönlichen Gläubiger, welche einen zur Zeit der Eröffnung des Verfahrens begründeten Anspruch gegen den Gemeinschuldner auf Leistung unbestimmter Vermögensgegenstände haben (Konkursgläubiger)." [44]

Die Bestimmung des § 17 KO bedürfte nach der vorgeschlagenen Richtigstellung des § 3 I KO keiner Änderung. Aus § 3 I KO würde sich ohne weiteres ergeben, daß § 17 KO nur auf solche gegenseitigen Verträge Anwendung findet, auf Grund derer der „andere Teil" gegen den Gemeinschuldner einen Anspruch auf Leistung unbestimmter Vermögensgegenstände hat. Umgekehrt wäre ersichtlich, daß der andere Teil, falls er vor Eröffnung des Konkursverfahrens schon vorausgeleistet hatte und seine Gegenforderung auf Leistung bestimmter Gegenstände gerichtet ist, diese aussondern dürfte, ebenso, daß in dem Falle, wo von dem Gemeinschuldner und dem anderen Teil noch nicht oder nicht vollständig erfüllt worden war, der Konkursverwalter die Erfüllung dann nicht ablehnen kann, wenn der Anspruch des anderen Teiles auf Leistung eines bestimmten Vermögensgegenstandes gerichtet ist, weil der andere auch in diesem Falle das Recht zur Aussonderung der Gegenstände hat, diesmal Zug um Zug gegen Bewirkung der Gegenleistung.

Um eine unerwünschte Benachteiligung der Konkursgläubiger von seiten des Gemeinschuldners zu vereiteln, wären die Bestimmungen des § 30

[44] Eine interessante Parallele, die zeigt, daß schon nach geltendem deutschem Recht der Bestimmtheitsgrundsatz als Abgrenzung für die Frage der Vermögenszugehörigkeit von Bedeutung ist, stellt die Vorschrift des § 2169 BGB dar. Nach Absatz 1 ist das Vermächtnis eines bestimmten Gegenstandes grundsätzlich unwirksam, soweit der Gegenstand zur Zeit des Erbfalles nicht zur Erbschaft gehört. Absatz 4 bestimmt: „Zur Erbschaft *gehört* im Sinne des Abs. 1 ein Gegenstand *nicht*, wenn der Erblasser zu dessen Veräußerung verpflichtet ist." PALANDT, BGB[14] (München-Berlin 1955) Anm. 3 zu § 2169, erklärt diese Bestimmung wie folgt: *„Bei Veräußerungspflicht gehört der* (z. B. verkaufte, aber noch nicht übergebene) *Gegenstand dem Erblasser wirtschaftlich nicht mehr."* In Anm. 1 unterscheidet er (mit HRR 25 Nr. 1766) zwischen Eigentum und Vermögenszugehörigkeit. Man findet hier dieselben Gründe, die das Reichsgericht veranlaßten, dem Treugeber das Aussonderungsrecht zu gewähren. STAUDINGER, Kommentar zum Bürgerlichen Gesetzbuch[9] V (München-Berlin-Leipzig 1928) Anm. 1 zu §§ 2169, 2170 betont, es müsse sich um einen bestimmten Gegenstand, nicht um eine nur der Gattung nach bestimmte Sache handeln.

Nr. 1 Halbsatz 2 und Nr. 2 KO dahin auszulegen, daß der „Sicherung oder Befriedigung“ eines Konkursgläubigers der Fall gleichzuachten sei, daß der Gemeinschuldner zwischen Krisis und Konkurseröffnung einen bis dahin nur der Gattung nach bestimmten Leistungsgegenstand konkretisiert, um dadurch dem betreffenden Gläubiger zu einem Aussonderungsrecht zu verhelfen. Eine solche Interpretation wäre nach dem Sinn der genannten Vorschriften vollauf zu rechtfertigen.

II. Beseitigung des Surrogationsverbotes

Entgegen dem Standpunkt des Reichsgerichts wurde schon mehrfach das Surrogationsprinzip für das Treuhandrecht bejaht [45]. Hier sei dazu nur noch folgendes bemerkt:

Wenn JÄGER feststellt, daß Unterscheidbarkeit für sich allein die Aussonderung von Gegenständen, die mit Treugutmitteln erworben wurden, nicht rechtfertige [46], so gibt er jedoch andererseits zu, daß die Versagung der Aussonderung von Gegenständen, die vom Gemeinschuldner durch Einziehung der nach § 46 KO aussonderbaren Forderung erworben wurden, ein unbilliges Ergebnis sei, und spricht die Vermutung aus, dieser Fall sei bei Abfassung des Gesetzes offenbar nicht in Erwägung gezogen worden [47]. Ähnlich äußert er sich zu der Bestimmung des § 392 Abs. 2 HGB: „Freilich ist der Schutz dieser Vorschrift nur eine Halbheit. Sie verwirklicht den Zweck, für den Fall eines Konkurses des Kommissionärs ... den Kommittenten sicherzustellen, bei Einkaufskommission nicht auch für das bereits an den Kommissionär gelieferte Gut, sondern nur für den noch unerfüllten Anspruch auf dessen Lieferung, eine Schranke, deren Beseitigung seit langem angestrebt wird.“ [48]

Das Reichsgericht begründet das von ihm aufgestellte Surrogationsverbot mit der Feststellung, daß der Grundsatz der Surrogation kein allgemein geltender sei, sondern in Ansehung seiner Wirksamkeit und seines

---

[45] Eine Zusammenstellung der verschiedenen Ansichten zu diesem Problem findet sich bei SCHLESS (oben S. 162 N. 4) 62 ff.

[46] JÄGER, Anm. 41 zu § 43 KO. [47] JÄGER, Anm. 12 zu § 46 KO.

[48] Vgl. die bei JÄGER, Anm. 49 zu § 43 KO angegebene Literatur. JÄGER fährt dann fort: „Indessen spricht mancherlei für die Annahme, daß die Schutzvorschrift mit Absicht so eng gefaßt worden ist. Denn die zu einer Aussonderung erforderliche Unterscheidbarkeit wird zwar stets bei der ausstehenden Forderung, seltener aber bei der eingekauften Ware (man denke an den Einkauf von Gattungssachen für verschiedene Kommittenten) und wohl niemals bei dem durch eine Verkaufskommission erlösten Gelde vorliegen.“

Umfanges nach den einzelnen ihn betreffenden Bestimmungen zu bemessen sei [49].

Die Bestimmung des § 46 KO muß nun aber keineswegs so verstanden werden, als ob über das dort genannte Recht auf die Gegenleistung hinaus die Aussonderung von Treugutsurrogaten nicht möglich sei. Entsprechendes gilt für § 392 II HGB. § 46 KO regelt einmal nur die Fälle, wo eine Veräußerung von ursprünglichem Treugut stattgefunden hat, nicht aber solche, wo auch ohne Veräußerung von Treugut neue Gegenstände an dessen Stelle getreten sind, z. B. eine Schadensersatzforderung gegen den Zerstörer des ursprünglichen Treugutes. Diese Vorschrift steht also der Aussonderung der durch Einziehung einer solchen Forderung durch den Gemeinschuldner erworbenen Gegenstände nicht notwendig im Wege. Zum anderen ist aber auch der Umkehrschluß aus § 46 KO, daß im Falle der Veräußerung von ursprünglichem Treugut nicht auch die vom Gemeinschuldner durch Einziehung seiner Forderung erlangten Gegenstände aussonderungsfähig seien, nicht zwingend. Es liegt sogar die Annahme nahe, daß das Gesetz nur vom Normalfalle ausgeht, daß die Gegenleistung für veräußertes Treugut in Geld besteht, das bei der Einziehung in aller Regel vermischt wird [50]. Die im französischen Recht dem § 46 KO entsprechende Vorschrift des Art. 575 C. com. wird von der französischen Rechtslehre tatsächlich auch in dieser Weise erklärt, ohne daß jedoch von der dort herrschenden Meinung die sich daraus ergebenden Folgerungen gezogen werden [51].

Soweit der vom Gemeinschuldner durch Einziehung der aussonderungsfähigen Forderung erlangte Vermögensgegenstand von der Konkursmasse ausnahmsweise noch unterscheidbar ist, der Treuhandbegünstigte also nachweisen kann, daß er gegen den Gemeinschuldner Anspruch auf Leistung gerade dieses Gegenstandes hat, könnte dem Treuhandbegünstigten ohne Mißachtung des Gesetzeswillens das Aussonderungsrecht zugestanden werden. Diese Auslegung wäre geradezu zwingend, wenn die Bestimmung des § 3 I KO in der bezeichneten Weise richtiggestellt würde.

---

[49] RGZ 94, 308 mit Verweisungen auf RGZ 70, 233 und RGZ 94, 2C.

[50] Vgl. hierzu oben N. 48.

[51] Siehe oben S. 110 ff.

SACHREGISTER

MATERIALIEN ZUM AUSLÄNDISCHEN UND INTERNATIONALEN PRIVATRECHT

HERAUSGEGEBEN VOM MAX-PLANCK-INSTITUT FÜR AUSLÄNDISCHES UND INTERNATIONALES PRIVATRECHT

4

QUELLEN DES INTERNATIONALEN PRIVATRECHTS

(Recueil de textes concernant le droit international privé)

Zusammengestellt von

A. N. MAKAROV

2. Auflage

Band II: Texte der Staatsverträge

Loseblattausgabe

Lieferung 1 und 2 Subskriptionspreis DM 36.–

Eine 3. Lieferung (Schlußlieferung), die auch die Register enthalten wird, ist in Vorbereitung. Einzelne Lieferungen werden nicht abgegeben. Der Subskriptionspreis erlischt mit dem Erscheinen der Schlußlieferung.

WALTER DE GRUYTER & CO.
BERLIN

J. C. B. MOHR (PAUL SIEBECK)
TÜBINGEN

FSC
www.fsc.org
MIX
Papier | Fördert gute Waldnutzung
FSC® C083411

Kolibri 360 GmbH
Ferdinand-Jühlke-Straße 7
99095 Erfurt, Deutschland
produktsicherheit@kolibri360.de